DIE KULTURPFLANZE

Beiheft 5

DIE KULTURPFLANZE

BERICHTE UND MITTEILUNGEN
AUS DEM INSTITUT FÜR KULTURPFLANZENFORSCHUNG
DER
DEUTSCHEN AKADEMIE DER WISSENSCHAFTEN ZU BERLIN
IN GATERSLEBEN KRS. ASCHERSLEBEN

BEIHEFT 5

MERKMALSANALYSE UND GRUPPENBILDUNG BEI MUTANTEN VON *LYCOPERSICON ESCULENTUM* MILLER

VON

JOACHIM KRUSE

MIT 92 ABBILDUNGEN UND 13 TAFELN

AKADEMIE-VERLAG · BERLIN
1968

Erschienen im Akademie-Verlag GmbH, 108 Berlin, Leipziger Straße 3–4

Lizenznummer: 202 · 100/439/69
Herstellung: IV/2/14 VEB Werkdruck, 445 Gräfenhainichen · 2969
Bestellnummer: 2052/B 5 · ES 18 G 2/22 D
48,–

Inhalt

I. Einleitung

Eine wertvolle Voraussetzung zur Aufklärung von Verwandtschaftsbeziehungen ergäbe sich aus einer genauen Kenntnis der Basensequenzen in der DNS-Kette. Diese schwer zugänglichen Merkmalsstrukturen stehen jedoch zum jetzigen Zeitpunkt für die Bearbeitung systematischer Fragestellungen nicht zur Verfügung. Gegenwärtig ist die Systematik in starkem Maße auf den Vergleich von morphologischen Merkmalen angewiesen.

Die Mittelbarkeit dieser Methode bedingt jedoch eine Reihe von Mängeln. Sie beruhen auf der Schwierigkeit, den annähernden evolutionsgeschichtlichen Wert eines Merkmals zu bestimmen. So kann die häufig vertretene Auffassung, nach der sehr auffällige oder sehr komplizierte Merkmalsstrukturen phylogenetisch bedeutender seien als weniger auffällige und einfachere Merkmalsunterschiede, leicht zu Fehlschlüssen führen. Dieses zeigt sich bei der Betrachtung induzierter Mutanten, bei denen auffällige oder sehr komplizierte Bildungen oft durch einen einzigen Mutationsschritt erreicht werden.

Eine andere Fehlerquelle bei der Beurteilung von Verwandtschaftsverhältnissen bilden jene morphologischen Merkmale, die durch verschiedene Gene bedingt sein können, da derartige konvergente Bildungen durch ihre Merkmalsähnlichkeit eine Verwandtschaft vortäuschen.

Schwierigkeiten ergeben sich auch durch die pleiotrope Wirkung zahlreicher Gene, wobei durch ein einziges mutiertes Gen oft mehrere Organe gleichzeitig erhebliche Veränderungen erfahren, so daß die Wirkung einiger abweichender Gene und damit ein größerer Evolutionsschritt vermutet wird.

Diese Fehlschlüsse lassen sich nur – im Verein mit genetischen Untersuchungsmethoden – durch eine genaue Kenntnis der möglichen Auswirkung von einzelnen Mutationsschritten einschränken. Die Aufklärung der speziellen merkmalsbeeinflussenden Wirkung der verschiedenen Gene bildet also eine wichtige Voraussetzung für die Einschätzung der Merkmalswertigkeit bei taxonomischen Untersuchungen.

Die vorliegenden Untersuchungen sollen zu einer näheren Charakterisierung der durch mutative Veränderungen im morphologischen Bereich sichtbar werdenden Genwirkungen, wie sie bei zahlreichen Mutanten der Kulturtomate auftreten, beitragen. Dazu werden die sich in einer größeren Mutantenvielfalt abzeichnenden Entwicklungsrichtungen vergleichend dargestellt. Neben der Auswertung der ausdifferenzierten Organe werden komplizierte morphologische Bildungen entwicklungsgeschichtlich untersucht.

Die zunehmende Anzahl von Mutanten erschwert die Übersicht über ihre Mannigfaltigkeit. Es wird versucht, anhand der hier untersuchten Tomatenmutanten Möglichkeiten ihrer Gliederung, insbesondere auf der Grundlage ihrer morphologischen Merkmale aufzuzeigen.

Das den Untersuchungen zugrunde liegende Material besteht aus annähernd 250 Mutanten der Kulturtomate, *Lycopersicon esculentum* Miller. Sie gingen aus langjährigen Versuchen hervor, die unter der Leitung von Prof. Dr. Dr. h. c. mult. H. Stubbe standen. Die durch ionisierende Strahlen induzierten Mutanten entstammen drei verschiedenen Ausgangssorten (Stubbe, 1957, 1958, 1959 a, 1963 und 1964).

Ein bedeutender Vorteil dieses Sortimentes besteht in der Kenntnis der Ausgangsform jeder Mutante und in seinem Umfang. Fast sämtliche Sippen zeigen den bei Mutanten allgemein zu beobachtenden rezessiven Erbgang gegenüber der Ausgangsform.

Einige Erläuterungen, die sich auf die Nomenklatur der Tomatenmutanten beziehen, sollen der Arbeit vorangestellt werden. Durch relativ früh erfolgte Nomenklaturregelungen (Barton et al., 1955; Clayberg et al., 1960) herrschen erfreulich klare Verhältnisse in der Nomenklatur der Tomatenmutanten. Die Benennung der amerikanischen und Gaterslebener Mutanten erfolgte nach den gleichen Prinzipien. Ein Unterschied zwischen den Mutanten der beiden Herkünfte besteht lediglich darin, daß für die Benennung der amerikanischen Mutanten ein, seltener mehrere englischsprachige Wörter verwandt werden, während die Kennzeichnung der Gaterslebener Mutanten durch jeweils einen lateinischen Namen erfolgte.

Phaenotypisch ähnliche Mutanten, die aber durch die Mutation unterschiedlicher Gene bedingt sind, können den gleichen Namen erhalten. Die Unterschiede wurden bis zum jetzigen Zeitpunkt durch eine als Index geschriebene unterschiedliche Ziffer gekennzeichnet. Hierbei erhält die zuerst benannte Mutante stets die Ziffer 1.

Handelt es sich bei zwei Mutanten um unterschiedliche Allelmutationen, d. h. um Mutationen des gleichen Gens, so wird der gleiche Name und der gleiche Index verwendet. Die verschiedenen Allele eines Gens werden durch eine als Exponent geschriebene Ziffer gekennzeichnet. In seltenen Fällen wurde an Stelle des Exponenten ein Name verwendet. Die neuesten Nomenklaturregeln (Clayberg et al., 1966) empfehlen, die 1, die naturgemäß am häufigsten auftritt, als Exponent und Index zur Vereinfachung stets unerwähnt zu lassen. Der Index wird auf die Zeile gerückt und durch einen Bindestrich mit dem Namen vereinigt.

Für jede Mutante wurde weiterhin ein aus ein bis wenigen Buchstaben bestehendes Symbol festgelegt. Dominanter oder rezessiver Erbgang gegenüber der Ausgangsform wird durch Groß- bzw. Kleinschreibung des Mutantennamens angezeigt.

II. Morphologie der Blattorgane

1. MORPHOLOGIE DER KOTYLEDONEN BEI *LYCOPERSICON ESCULENTUM* MILLER

Die beiden etwa 3 cm langen Kotyledonen zeichnen sich durch eine lanzettliche Blattspreite aus, die an ihrer Basis allmählich in den Blattstiel verschmälert ist (Abb. 1a). Diese Blätter können sowohl hinsichtlich ihrer Größe als auch ihres Längen-Breiten-Verhältnisses je nach den gegebenen Kulturbedingungen mehr oder weniger stark variieren.

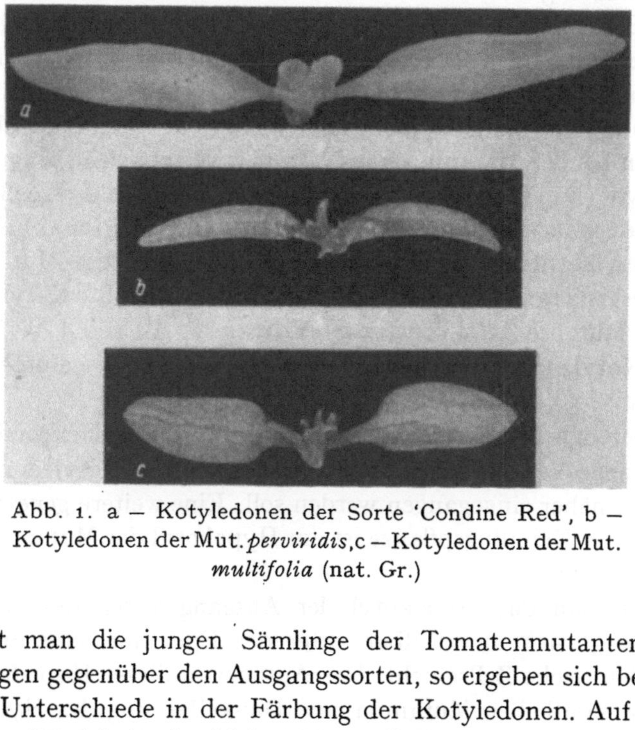

Abb. 1. a – Kotyledonen der Sorte 'Condine Red', b – Kotyledonen der Mut. *perviridis*, c – Kotyledonen der Mut. *multifolia* (nat. Gr.)

Untersucht man die jungen Sämlinge der Tomatenmutanten auf Merkmalsänderungen gegenüber den Ausgangssorten, so ergeben sich bei einem Teil der Formen Unterschiede in der Färbung der Kotyledonen. Auf diese Blattverfärbungen, die sich in der Mehrzahl der Fälle auch noch an den Primär- und Folgeblättern oder ausschließlich an diesen beobachten lassen, soll jedoch erst in einem späteren Kapitel eingegangen werden. Nur bei einer sehr geringen Zahl von Mutanten lassen sich an den Kotyledonen dagegen morphologische Veränderungen erkennen. Dieses wird verständlich, wenn man bedenkt, daß bei einer so einfachen morphologischen Struktur, wie sie die Kotyledonen der Tomate darstellen, nur geringe Variationsmöglichkeiten gegeben sind.

Eine stark verschmälerte Spreite zeichnet die Kotyledonen der Mutanten *punctata*, *perviridis* (Abb. 1b) und *fragilis* aus. Die ebenfalls verschmälerten Kotyledonen der Mutante *oligosperma* sind außerdem von sukkulenter Konsistenz. Die eingeschränkte Spreitenentwicklung tritt auch bei den Laubblättern auf, die bei diesen vier Mutanten von geringer Größe sind. Die Kotyledonen der Mutante *firma* weisen unregelmäßige Krümmungen auf.

Einige weitere Formen sind dagegen durch eine deutliche Verkürzung der Kotyledonen charakterisiert, die gleichzeitig eine relative Verbreiterung dieser Blattorgane bedingt. Es handelt sich hier um die Mutanten *rustica*, *dwarf* ^{crispata}, *rotundifolia* und *multifolia* (Abb. 1c). Wie ein Vergleich mit den Laubblättern zeigt, ist dieses Merkmal bei den drei ersteren Mutanten mit einer Verbreiterung oder relativ stumpfen Ausbildung der Laubblattfiedern korreliert. Bei der Mutante *multifolia* steht dieses Merkmal mit einer sehr ausgeprägten Gliederung der Laubblattfiedern in Zusammenhang. Die Keimblattspreite der letzteren Mutante geht relativ unvermittelt in den Blattstiel über, so daß Spreite und Blattstiel dieser Mutante deutlicher gegeneinander abgegrenzt sind.

Weitere Veränderungen der Kotyledonenmerkmale finden sich bei der Mutante *wiry-4*, deren Kotyledonen verschmälert und gekerbt sind (Rick, 1961). Neben den auch bei der Normalform mehr oder weniger deutlich erkennbaren Längsnerven treten bei der Mutante *veined cotyledon* verschiedene sekundäre Nerven deutlich hervor (Kerr, 1964). Unregelmäßige schorfige Bildungen kennzeichnen die Kotyledonenoberfläche der Mutante *scurfy* (Rick, 1965b). Die während einer längeren Zeitdauer persistierenden Kotyledonen der Mutante *propeller* sind propellerartig in sich verdreht (Butler, 1954d). Gerollte Kotyledonen kennzeichnen die Mutante *rolled cotyledons* (Young, P. A., and J. W. MacArthur, 1947). Die Kotyledonen der Mutante *Furrowed* sind tief gefurcht (Rick and Butler, 1956).

Andere, bei den Mutantenkeimpflanzen auftretende Merkmalsänderungen sind geringfügige Veränderungen der Hypokotyl- und Kotyledonengröße, auf die hier nicht näher eingegangen werden soll. Eine weitere genetisch bedingte Veränderung der Keimlingspflanze ist am Hypokotyl der Mutante *anthocyanin gainer*^{2} ausgeprägt.

Untersucht man das Hypokotyl der Ausgangssorten des Mutantensortimentes, so zeigt sich unmittelbar unter der Epidermis eine an anthozyanhaltigen Zellen reiche Zellschicht. Das Anthozyan dieser Hypodermis bedingt auch bei fast sämtlichen Mutanten eine Dunkelfärbung des Hypokotyls. Bei der Mutante *anthocyanin gainer*^{2} unterbleibt die Anthozyanbildung, so daß das Hypokotyl eine hellgrüne Färbung annimmt.

2. MORPHOLOGIE DER LAUBBLÄTTER BEI *LYCOPERSICON ESCULENTUM* MILLER

Das Tomatenblatt ist ein unpaares Fiederblatt, das sich aus einer Endfieder und 3–4 Seitenfiederjochen zusammensetzt (Abb. 9a). Die Ränder sämtlicher Fiederspreiten gehen an der Fiederbasis in einen an der Rhachis sich fortsetzenden, etwa 1 mm breiten Spreitensaum über, der gleichzeitig eine klare Trennung von Ventral- und Dorsalseite der Rhachis ermöglicht. Charakteristisch ist weiterhin das Auftreten von Zwischenfiedern unterschiedlicher Größe. Alle Fiedern 1. und 2. Ordnung einschließlich der Zwischenfiedern können eine randliche Zähnung aufweisen, die oft alle Übergänge zu einer Fiederung erkennen läßt. Außerdem können an der Basis der Fiederorgane freie Fiedern auftreten.

Troll bezeichnet Blattorgane, „die wie Fiederblätter angelegt werden, infolge nachträglicher Veränderungen aber die Fiederung in erwachsenem Zustand entweder gar nicht mehr oder bloß in Form randlicher Einschnitte erkennen lassen" (Troll, 1935), als getarnte Fiederblätter. Entsprechend hierzu sollen getarnte Blattglieder im folgenden als getarnte Fiedern bezeichnet werden. Dieses gilt insbesondere für die Fiedern höherer Ordnung, da die Fiedern 1. Ordnung bei der Tomate gewöhnlich frei entwickelt sind.

Sowohl an der Endfieder als auch an den Seitenfiedern zeichnet sich eine mesotone Förderung der Seitenfiedern 2. Ordnung, die teilweise als getarnte Fiedern ausgebildet sind, ab. An der Endfieder sind unterhalb des größten Fiederpaares 2. Ordnung 3–4 Fiederpaare angelegt, wovon die beiden untersten meist frei entwickelt sind. Oberhalb des größten Fiederpaares treten gewöhnlich 2–3 Fiederpaare auf, die meist relativ undeutlich ausgebildet, wie das größte Fiederpaar selbst, getarnte Fiedern 2. Ordnung darstellen. Sehr ähnlich sind die Seitenfiedern 1. Ordnung gegliedert. Unterhalb der größeren Fieder 2. Ordnung sind 3–4 Fiederjoche angelegt, während spitzenwärts 2–3 mehr oder weniger deutliche Fiederpaare entwickelt werden. Die beiden Hälften der Endfieder verhalten sich zur Blattrhachis symmetrisch, dagegen sind die Seitenfiederhälften hinsichtlich der Ausbildung freier Fiedern von unterschiedlicher Form. Meist werden an der akroskopen Hälfte mehr freie Fiedern 2. Ordnung entwickelt als an der basiskopen Hälfte. Das erste der drei größeren Fiederjoche 1. Ordnung zeigt diese Verhältnisse besonders deutlich. Die Zählung erfolgt entsprechend der Anlegungsfolge von oben nach unten, so daß das oberste als erstes Fiederjoch anzusehen wäre. Es unterscheidet sich von allen folgenden darin, daß die Seitenfiedern 1. Ordnung nur geringe Neigung zur Abgliederung von freien Fiedern 2. Ordnung zeigen. Meist ist hier nur eine freie Fieder vorhanden, die dann stets an der Basis der akroskopen Fiederhälfte auftritt, wodurch die Asymmetrie der Seitenfiedern hervorgehoben wird. Die beiden folgenden Joche bringen meist mehrere freie Fiederpaare 2. Ordnung hervor, jedoch ist auch bei diesen die akroskope Hälfte oft stärker gegliedert.

Zwei verschiedene Gründe bedingen zuweilen das Fehlen einzelner freier Fiedern. Einmal können sämtliche Fiedern 2. Ordnung miteinander verwachsen. Ferner kann die Bildung dieser Fiedern unterdrückt werden. Oft sind beide Gründe für das Fehlen gleichzeitig verantwortlich. Besonders deutlich läßt sich die Reduktion am 1. Fiederjoch nachweisen. Hier sind gewöhnlich sämtliche Seitenfiedern 2. Ordnung bis auf eine akroskope Fieder miteinander vereinigt. Der verwachsene Teil der Fiedern 1. Ordnung zeichnet sich daher an der Basis durch eine starke Asymmetrie aus. Fehlt die freie akroskope Fieder 2. Ordnung zuweilen, so ändert sich meist nichts an der Asymmetrie der Fiederbasis, so daß man annehmen kann, daß die Anlegungsstelle der freien Fieder nicht in die Spreitenbildung der Fieder 1. Ordnung einbezogen wurde, d. h., daß die freie Fieder reduziert wurde.

Außer den 3 größeren Fiederjochen 1. Ordnung ist noch ein viertes entwickelt, das sich aber in seiner Größe und seiner Gliederung kaum von den Zwischenfiedern unterscheidet. So sind auch hier freie Fiedern 2. Ordnung gewöhnlich nicht zu beobachten.

Sowohl zwischen dem 1. und 2., als auch zwischen dem 2. und 3. Fiederjoch werden Zwischenfiedern ausgebildet. Es handelt sich hier im Idealfall um je ein größeres Zwischenfiederpaar, dem ober- und unterhalb je ein kleineres Zwischenfiederjoch benachbart sind. Außer diesen können weitere Zwischenfiedern auftreten. Sie fehlen gewöhnlich vollständig zwischen dem 3. und 4. Fiederjoch. Die Zwischenfiedern und freien Fiedern 2. Ordnung zeichnen sich meist durch eine getarnte Fiederung aus.

Auf die bei der Gattung *Lycopersicon* bestehende Homologie von Zwischenfiedern und Seitenfiedern 2. Ordnung hat Müllerott (1940) hingewiesen. Danach sind die Zwischenfiedern des Tomatenblattes Seitenfiedern 2. Ordnung, die durch kongenitale Verwachsung von Blattrhachis und Seitenfiedern 1. Ordnung der Rhachis ansitzen.

Hierauf deutet auch die außergewöhnliche Blattbildung der Mutante *entire* (Abb. 2a) hin. Bei dieser Mutante zeichnet sich eine starke Tendenz zur Verwachsung der großen Zwischenfiedern mit den jeweils oberhalb derselben inserierten Fiedern 1. Ordnung ab (Abb. 2a). Die Fiedern 1. Ordnung sind ungeteilt, und die getarnte Fiederung ist nur durch eine schwache randliche Wellung sichtbar. Kleine Zwischenfiedern fehlen ganz. Teilweise sind auch die Fiedern des 1. Fiederjoches noch weitgehend mit der Endfieder verwachsen. Bei den großen Zwischenfiedern treten alle Übergänge von der völlig freien Entwicklung an der Blattrhachis (Abb. 2b) zu einer weitgehenden Verwachsung mit der darüber inserierten Fieder 1. Ordnung auf, wobei die Zwischenfieder im letzteren Falle oftmals von der Basis der Fieder 1. Ordnung ihren Ausgang nimmt, also kein klarer Unterschied zu einer Fieder 2. Ordnung mehr gegeben ist (Abb. 2c).

Die geschilderten Blattbildungen lassen es möglich erscheinen, daß die Zwischenfiedern der Tomaten phylogenetisch aus freien Fiedern 2. Ordnung

Abb. 2. a – Laubblatt der Mut. *entire*, b – Mut. *entire*, c – Mut. *entire* ($\frac{1}{3}$ nat. Gr.)

hervorgegangen sind, die durch das kongenitale Verwachsen der Fiedern 1. Ordnung mit der Rhachis Bildungen der letzteren zu sein scheinen. Bei dem Fiederblatt der Tomate kongenitale Verwachsungen zu vermuten, ist nicht abwegig, da auch im Bereich der Sproßachse zahlreiche kongenitale Verwachsungen vorkommen. Ebenso lassen sich beim Tomatenblatt nicht selten Verbänderungen zwischen der Rhachis und der Fieder 1. Ordnung beobachten, so daß zumindest in Ansätzen eine kongenitale Verwachsung von Fiedern und Rhachis mit Sicherheit nachgewiesen werden kann. Ein weiterer Hinweis ist in der Tatsache zu sehen, daß die Zwischenfiedern immer nur mit den darüber inserierten Fiedern 1. Ordnung verwachsen.

Auch die Entwicklungsgeschichte der Zwischenfiedern dieser Mutante deutet auf die engen Beziehungen zu den Fiedern 1. Ordnung hin.

Das potentielle Zwischenfiedergewebe erscheint bei sehr frühen Entwicklungsstadien als Basis der Fiederspreite, da beide durch keinerlei Abgrenzung voneinander getrennt sind. Die Ausgliederung der getarnten Fiedern 2. Ordnung beginnt an den Fiedern 1. Ordnung und geht in basipetaler Richtung kontinuierlich auf die Zwischenfiedern über (Abb. 3a und b). Erst viel später werden die basalen, der Rhachis ansitzenden, basiskopen Teile der Fiedern 1. Ordnung durch eine mehr oder weniger deutliche Einbuchtung abgegrenzt (Abb. 3c und Abb. 2a).

Auch die Blattentwicklung der Ausgangsformen nimmt ihren Weg über Stadien, bei denen die Ausgliederung der großen Zwischenfiedern unmittelbar an der Basis der Seitenfiedern 1. Ordnung erfolgt. Erst die nachfolgende

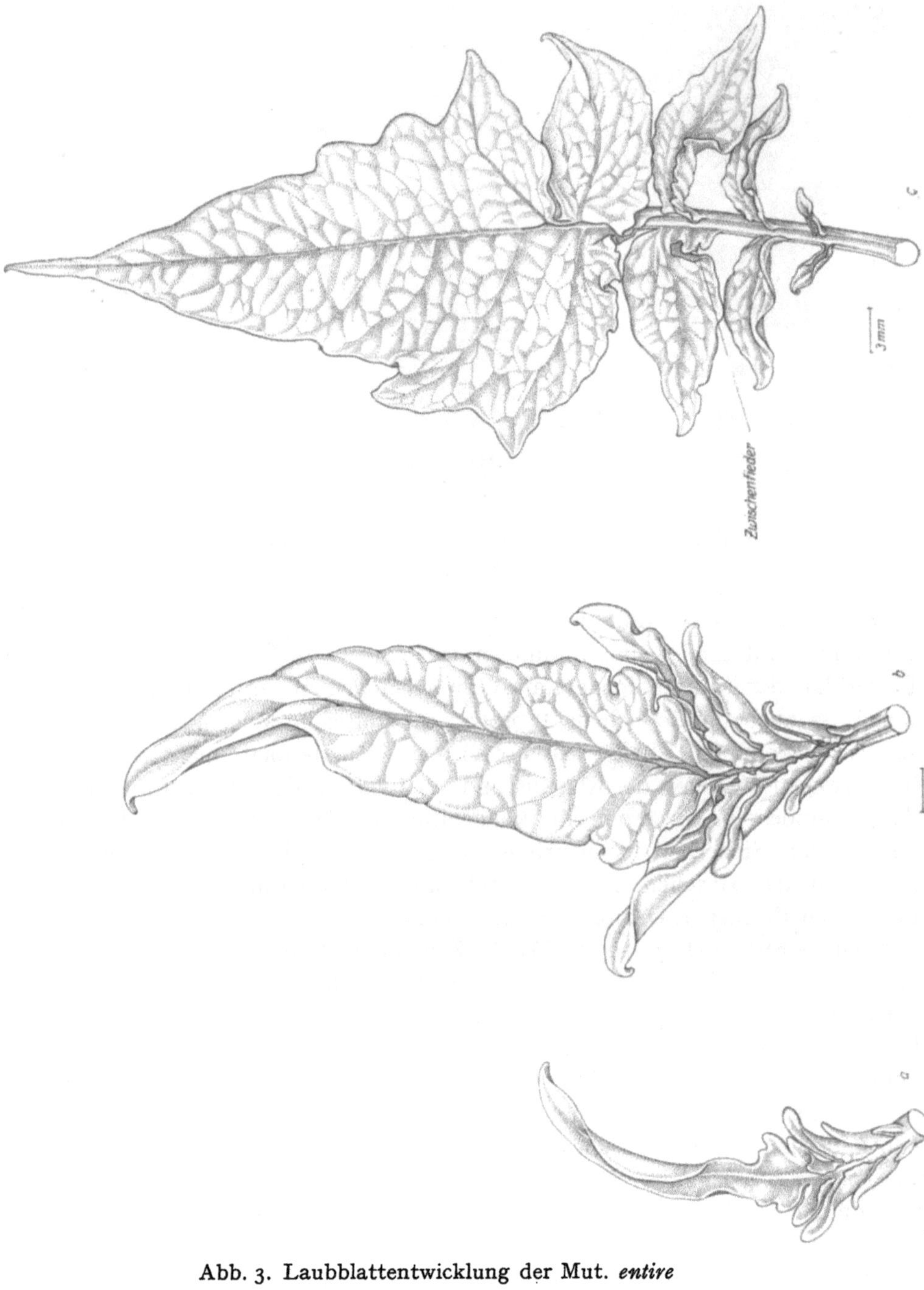

Abb. 3. Laubblattentwicklung der Mut. *entire*

Rhachisstreckung trennt diese Fiederorgane. Eine andere Mutante, bei der auch die Endstadien der Blattentwicklung nicht selten eine größere Nachbarschaft von Seitenfiedern 1. Ordnung und Zwischenfiedern erkennen lassen, ist die Mutante *oligosperma*.

Trotz der vielfältigen Anzeichen ist die Homologie dieser beiden Fiederformen nicht mit Sicherheit nachzuweisen. Ein anderer Entwicklungsweg könnte zu den gleichen Blattformen führen. Danach wäre es ebenso denkbar, daß ein bei den übrigen Formen nicht auftretender Grad von kongenitalem Wachstum bei der Mutante *entire* die Verschmelzung von Blattrhachis und Basis der Fiedern 1. Ordnung bedingt. Die nachfolgende Abschnürung der verwachsenen Fiederbasis könnte zu Fiederformen führen, die den bekannten Zwischenfiedern ähnlich, aber nicht homolog sind. Wenn auch die letztere Deutung wegen der bei der Mutante *entire* dann völlig fehlenden echten Zwischenfiedern eine geringere Wahrscheinlichkeit hat, läßt sich diese Möglichkeit nicht ganz ausschließen.

Eine weitere Besonderheit der Tomatenblätter besteht in der oft undeutlichen Ausprägung der Fiederjoche, deren zugehörige Seitenfiedern häufig nicht in gleicher Höhe an der Blattrhachis inserieren, sondern mehr oder weniger gegeneinander verschoben sind, was in wenigen Extremfällen, wenn sämtliche Fiedern eines Blattes in etwa gleichen Abständen an der Battrhachis verteilt sind, eine völlige Auflösung der Fiederjoche zur Folge haben kann.

3. ENTWICKLUNGSGESCHICHTE DER LAUBBLÄTTER BEI *LYCOPERSICON ESCULENTUM* MILLER

Zahlreiche Mutanten des Gaterslebener Sortimentes sind als Reduktionsformen anzusehen. Da allgemein die zu einem späteren Zeitpunkt angelegten Organe oder Organteile am ehesten einer Reduktion anheimfallen, soll den Beschreibungen der verschiedenen Mutantenformen die entwicklungsgeschichtliche Untersuchung der Normalform vorangestellt werden.

Die Entwicklung des Laubblattes beginnt mit einer im Profil s-förmig gekrümmten Blattanlage, in deren mittlerem Bereich frühzeitig die Anlage des ersten Fiederjoches erscheint (Taf. 1a). Ein wulstförmiger Saum, aus dem sämtliche Spreitenorgane hervorgehen, ist schon vor der Ausgliederung der ersten Seitenfiedern deutlich erkennbar. Bald darauf werden in basipetaler Richtung das 2. und 3. Fiederjoch ausgegliedert (Taf. 1b und c). Während der Anlage des 2. Fiederjoches, verstärkt aber bei der Hervorwölbung des 3. Fiederjoches, beginnt an der Endfieder die Ausgliederung der Seitenfiedern 2. Ordnung. Sie erfolgt divergent mit stark basipetaler Tendenz. Ähnlich verhalten sich die Seitenfiedern 1. Ordnung. Durch die mesotone Förderung der Seitenfiedern 2. Ordnung läßt sich an der fertigen Endfieder annähernd die Anlegungsfolge ablesen. Bemerkenswert ist hierbei die Tatsache, daß die Ausgliederung der Fiedern 2. Ordnung stets auf der basiskopen Seite der Seitenfiedern 1. Ordnung beginnt und erst dann auf die akroskope Fiederseite übergreift.

Besondere Schwierigkeiten in der Beurteilung der Fiederanlegungsfolge bilden solche Objekte, deren Fiedern nicht eindeutig in der Reihenfolge der Anlegung gefördert werden. Erschwerend kommt hinzu, daß die verschiedenen Entwicklungsstadien nicht an einem Einzelblatt beobachtet werden können, sondern von einer Vielzahl von Blättern abgelesen werden müssen. Um die letztere Schwierigkeit zu umgehen, wurde die Differerenzierung der Laubblätter an der lebenden Pflanze untersucht. Dabei wurde so schonend präpariert, daß ein normales Weiterwachsen möglich war. Im Abstand von jeweils mehreren Tagen wurden an den gleichen Blättern die Seitenfiedern des 1. und 2. Fiederjochs beobachtet und ihre veränderte Blattgliederung ausgewertet. Hierbei konnten die bei der Präparation einer allerdings sehr viel größeren Zahl von fixierten Blattstadien gewonnenen Ergebnisse im wesentlichen bestätigt werden. Die problematische Anlegungsfolge der Fiedern 2. Ordnung erwies sich auch hier als divergent mit sehr starker Betonung der basipetalen Anlegungsrichtung, so daß man fast – und in manchen Fällen mit Recht – von einer basipetalen Anlegungsfolge sprechen kann. Obwohl häufig eine der Anlegungsfolge parallel laufende Förderung der Fiedern 2. Ordnung beobachtet werden konnte, traten auch solche Fiedern auf, die nach ihrer Anlegung durch das Wachstum des Blattrandes bald nicht mehr zu erkennen waren und nicht selten solche, die trotz ihrer frühen Ausdifferenzierung relativ klein blieben.

Eine Bestätigung der vorwiegend basipetalen Anlegungsfolge ergibt sich aus den Versuchen von Breil und Davis (1964), die die Chlorophyllbildung behindernde Wirkung des 3-Amino, 1, 2, 4-Triazol an Tomatenblättern studierten. Chlorophyllose Regionen entstanden nach der Behandlung nur dort, wo zahlreiche Mitosen stattfanden, was eine Unterscheidung von älteren und jüngeren Fiedern bzw. Fiederteilen ermöglichte.

Einen gleichen Hinweis lieferten die Versuche von Sagromsky (1961) an der Mutante *venosa*. Eine reichliche Nährstoffversorgung der Mutante rief bei allen unter diesen Bedingungen entstehenden Blatteilen eine charakteristische Färbung hervor. Ein Wechsel der Wuchsbedingungen bewirkte auch eine Farbänderung bei den sich unter diesen veränderten Verhältnissen bildenden Geweben. Der so entstandene Farbunterschied kennzeichnet deutlich die Entstehungsfolge der einzelnen Blatteile, so daß sich die basipetale Anlegung der Fiedern 2. Ordnung klar abzeichnet.

Nach der Anlegung des 3. Fiederjochs erfolgt die Ausgliederung der großen Zwischenfiedern, zunächst zwischen dem 1. und 2. und gleich darauf zwischen dem 2. und 3. Fiederjoch (Tafel 1d). In der folgenden Wachstumsphase vergrößern sich die vorhandenen Fiedern 1. Ordnung. Während die Ausgliederung der Seitenfiedern 2. Ordnung an der Endfieder fast abgeschlossen ist, beginnt am 1. und anschließend am 2. Fiederjoch die Anlegung der Seitenfiedern 2. Ordnung (Tafel 1e). Die Seitenfiedern des 3. Fiederjoches sind in diesem Stadium noch völlig ungegliedert. Zwischen dem 1. und 2. Fiederjoch wird jetzt auch ober- und unterhalb des großen Zwischenfiederjoches je ein weiteres

Zwischenfiederpaar angelegt. An den Endfiedern sind bereits deutlich Seitenfiedern 3. Ordnung zu erkennen. Die Ausgliederung des 4. Fiederjoches erfolgt erst relativ spät (Tafel 1f). An der Endfieder, die auch in diesem Stadium die größte Fieder darstellt, ist die Ausgliederung von Seitenorganen endgültig abgeschlossen. Hier, wie an den Fiedern der drei obersten Fiederjoche, sind zahlreiche Seitenfiedern 2. Ordnung in basipetaler Richtung entstanden, in akropetaler Richtung dagegen nur wenige. Das große Zwischenfiederpaar zwischen dem 1. und 2. Fiederjoch zeigt in diesem Stadium auch seitliche Fiederanlagen, während ein Teil der zu erwartenden kleinen Zwischenfiedern zwischen dem 2. und 3. Fiederjoch ebenfalls bereits entwickelt ist.

Im Endstadium zeichnen sich sowohl die Zwischenfiedern als auch die Fiedern 1. und 2. Ordnung durch eine Fiederung aus (Tafel 1g). Sämtliche Fiedern können entweder als freie Fiedern oder aber, was häufiger bei den Fiedern höherer Ordnung beobachtet wird, als getarnte Fiedern auftreten. Freie Fiedern höherer Ordnung treten gewöhnlich nur an den Basen der übergeordneten Fiedern auf. Auch die Fiedern 2. Ordnung sind in den meisten Fällen selbst gefiedert. Das 4. Fiederjoch, das relativ klein bleibt, bildet gewöhnlich nur getarnte Seitenfiedern. Eine Bildung von Zwischenfiedern zwischen dem 3. und 4. Fiederjoch unterbleibt.

4. DIE BLATTFOLGE BEI *LYCOPERSICON ESCULENTUM* MILLER

Die Erfassung der Blattfolge wurde an unter Gewächshausbedingungen kultiviertem Material vorgenommen. Von den drei Ausgangssorten wurden jeweils 20 Pflanzen untersucht. Bei der Auszählung der Blätter an den einzelnen Sympodialgliedern wurde das durch kongenitales Wachstum über die Infloreszenz hinausgehobene Blatt jeweils dem nächstfolgenden oberen Sympodialglied zugerechnet. Die Untersuchungen ergaben, daß die Pflanzen am Hauptsproß, d. h. am basalen Sympodialglied des Haupttriebes, außer den zwei Kotyledonen 9–10 Laubblätter ausbilden. In zwei Fällen wurden 11 Blätter beobachtet. Das zweite Sympodialglied vermittelt meist zwischen dem basalen und den folgenden Sympodialgliedern und bildet gewöhnlich 3–5 Laubblätter aus, wobei in zwei Fällen auch 6 Blätter gezählt werden konnten. Alle folgenden Sympodialglieder bringen in der Mehrzahl der Fälle 3 Blätter hervor. Die drei Ausgangssorten unterscheiden sich in der Blattzahl des Hauptsprosses kaum voneinander, nur bei der Sorte 'Lukullus' werden vorwiegend 10 Blätter ausgebildet. Ebenso ist die Wandlung der Blattform innerhalb der Blattfolge bei den drei Ausgangssorten im wesentlichen ähnlich.

Auf die beiden Kotyledonen folgen Primärblätter, deren oft einziges Fiederjoch vollständig mit der Endfieder verwachsen ist, so daß die Seitenfiedern nur

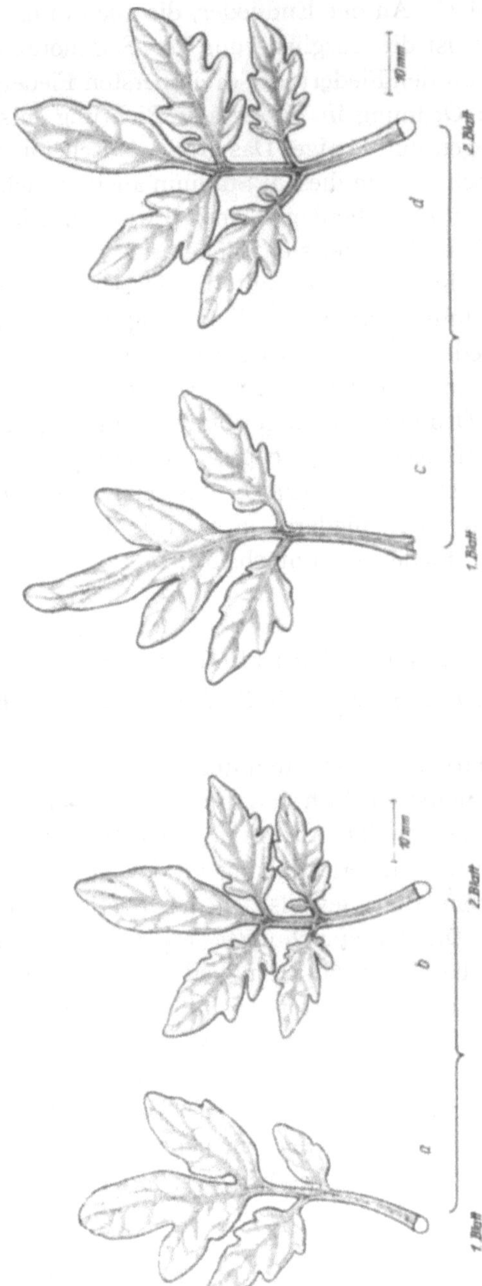

Abb. 4. Primär- und Übergangsblätter der Sorte 'Condine Red'

als seitliche Lappen erscheinen (Abb. 4a und c). Oftmals ist am ersten Primärblatt auch schon das zweite Fiederjoch vorhanden, das dann aber völlig frei entwickelt ist.

Auf die Bildung der obersten Seitenfiedern 1. Ordnung soll hier näher eingegangen werden. Das oberste Fiederpaar eines Folgeblattes – betrachtet man die gesamte Blattfolge – entstammt der Endfieder. Das wird deutlich, wenn man das 1. und 2. Primärblatt vergleicht. Die Endfieder des ersteren zeichnet sich gewöhnlich durch zwei große Seitenlappen aus, die mehr oder weniger stark gegenüber dem Medianteil abgegliedert sind. Zusätzlich können 1 oder 2 frei entwickelte Fiedern 1. Ordnung vorhanden sein. An dem 2. Primärblatt können zwei Seitenfiederpaare auftreten, die großen Seitenlappen der Endfieder dagegen fehlen. Dieses morphologische Verhalten legt die Vermutung nahe, daß sich die großen Seitenlappen der Endfieder im Verlaufe der Blattfolge abspalten und zu den Seitenfiedern des obersten Fiederjoches werden. Die Richtigkeit dieser Annahme wird durch viele Übergangsbildungen bestätigt, die allerdings nicht alle an einer Einzelpflanze auftreten. So wird z. B. häufig zunächst nur eine einzelne Seitenfieder von der Endfieder abgespalten, die aber durch ihre starke Asymmetrie noch deutlich auf die enge Beziehung zu der in diesem Falle ebenfalls asymmetrischen Endfieder hinweist. Erst wenn im weiteren Verlauf der Blattfolge die Fiedern des 1. Fiederjoches und die Endfieder weiter auseinander rücken, erhalten sie ihre weitgehend symmetrische Form.

Wie entwicklungsgeschichtliche Untersuchungen dieser Primärblätter zeigen, werden die großen Fiederlappen der Endfieder, wenn sie im Endstadium die normale Größe erreichen, von allen Seitenfiedern zuerst angelegt, so daß sie sich auch hierin mit den bei den Folgeblättern auftretenden Fiedern des 1. Fiederjoches als homolog erweisen. Da nicht bei allen Primärblättern diese Verwachsungen auftreten, war es erforderlich, das gleiche Laubblatt während verschiedener Entwicklungsstadien zu beobachten. Hierzu wurden die jungen Blätter schonend präpariert und dabei an der Pflanze belassen. Danach wurde durch Überdecken der jungen Pflanzen mit einem Becherglas das Austrocknen der nun nicht mehr völlig geschlossenen Terminalknospe verhindert. Diese Methode ermöglichte die Weiterentwicklung der bereits präparierten Blätter und damit eine mehrmalige Beobachtung der gleichen Blattindividuen.

Das 2. und alle folgenden Fiederjoche werden nicht von der Endfieder abgespalten, sondern erscheinen an der Basis der gefiederten Blattspreite als Neubildungen. Dieses läßt sich daraus ableiten, daß in der weiteren Blattfolge niemals größere Seitenlappen an der Endfieder auftreten, die durch Abspaltung zu separaten Seitenfiedern 1. Ordnung werden könnten. Andererseits sind die an der Basis im Verlauf der Blattfolge neu hinzu gekommenen Fiedern meist relativ klein, so daß es sich hier nicht um von oben „nachgerückte" Fiedern, die relativ groß sind, handeln kann. Dieses bestätigt ebenfalls die Auffassung, daß die Fiedern des zweiten und der weiteren Fiederjoche im Verlauf der Blattfolge als basale Neubildungen entstehen.

Bereits an den Primärblättern kann ein Merkmal zur Ausprägung gelangen, das für die Mehrzahl der Tomatenfiederblätter typisch ist. Sehr häufig sind die Fiedern 1. und 2. Ordnung und die Zwischenfiedern des Tomatenblattes mehr oder weniger stark gegeneinander verschoben. So sind auch in Abb. 4a die linken und rechten Seitenfiedern 1. Ordnung gegeneinander versetzt, was sich hier auch auf den Gliederungsgrad und die Fiedergröße auswirkt. Die rechte Seitenfieder des 1. Fiederjoches ist durch ihre in basaler Richtung verlagerte Insertionsstelle im weit geringeren Maße mit der Endfieder verwachsen als die entsprechend linke Seitenfieder. Ebenso bewirkt die basale Verschiebung des Insertionspunktes bei der rechten Fieder des 2. Fiederjoches eine Verkleinerung der Blattfieder gegenüber der zugehörigen linken Fieder. Die Verkleinerung dieser untersten Fieder wird verständlich, wenn man bedenkt, daß die Primärblätter der Tomate durch Wegfall der untersten Fiederjoche stark reduziert sind. Die verkleinerte Seitenfieder wäre in diesem Fall der Reduktionszone am stärksten genähert. Die gleiche Erscheinung läßt sich auch bei den untersten gegeneinander versetzten Fiedern der Folgeblätter beobachten.

Die Übergangsblätter zeichnen sich vor allem durch die Abspaltung des obersten Fiederjoches von der Endfieder (Abb. 4b und d) und die Ausbildung der großen Zwischenfiedern zwischen dem 1. und 2. Seitenfiederjoch aus. Bei den sich hieran anschließenden Blattorganen erfolgt die Anlage des 3. Fiederjoches. Im weiteren Verlauf der Blattfolge kommt es zur Ausbildung der großen Zwischenfiedern zwischen dem 2. und 3. Seitenfiederjoch, deren erstmalige Ausgliederung in manchen Fällen mit der der großen Zwischenfiedern zwischen dem 1. und 2. Fiederjoch zusammenfallen kann. An den Blättern, die erstmals in der Blattfolge zusätzlich zu den großen Zwischenfiedern auch kleine zur Entwicklung bringen, zuweilen aber auch erst an späteren Blättern, tritt das 4. Fiederjoch in Erscheinung. Daß es sich um das 4. Seitenfiederpaar und nicht um ein weiteres Zwischenfiederpaar handelt, geht unter anderem aus der Tatsache hervor, daß in den übrigen Blattbereichen ebenfalls zunächst die Seitenfiedern und dann erst die darüber befindlichen Zwischenfiedern angelegt werden. Einen weiteren Hinweis liefert die Mutante *prunoidea* (Abb. 32), bei der diese durch ihre geringe Größe zu Zweifeln Anlaß gebenden Blattgebilde sich innerhalb der Blattfolge langsam vergrößern, so daß in einer Reihe von Fällen ein 4. Fiederpaar von normaler Größe entsteht, und darüber ein Zwischenfiederpaar auftritt. Im Gegensatz zu der stufenweisen Vergrößerung des untersten Fiederjoches dieser Mutante treten bei den Ausgangssorten die Fiederpaare innerhalb der Blattfolge meist völlig übergangslos auf.

Zusammenfassend soll festgestellt werden, daß sich der Übergang vom einfachen Primärblatt mit oft nur einer Endfieder und einem Fiederjoch zum im wesentlichen vollständigen Folgeblatt bereits innerhalb der 9–10 Blätter des Hauptsprosses vollzieht, während sich die endgültige Gliederung der Zwischenfiedern und Fiedern 1. Ordnung meist erst viel später einstellt. Unter Freilandbedingungen kann sich dieser Prozeß jedoch häufig noch weiter verzögern.

5. MORPHOLOGIE DER LAUBBLÄTTER BEI *LYCOPERSICON PIMPINELLIFOLIUM* (JUSL.) MILLER

Die sehr kleinen Laubblätter von *L. pimpinellifolium* sind gegenüber denen von *L. esculentum* stark vereinfacht (Abb. 5). Außer der Endfieder sind meist nur drei Seitenfiederpaare vorhanden, wobei die Fiedern des untersten Fiederjoches meist nochmals stark verkleinert sind. Die Fiedern 1. Ordnung bringen gewöhnlich keine freien Fiedern 2. Ordnung hervor; nur an der Basis der Endfieder tritt häufig ein freies Fiederpaar auf. Zwischen dem 1. und 2. und dem 2. und 3. Fiederjoch sind gewöhnlich nur die großen Zwischenfiedern ausgebildet. Die Fiedern 1. Ordnung zeichnen sich wie bei *Lycopersicon esculentum* durch eine getarnte Fiederung aus, die in den Endstadien der Blattentwicklung bei *Lycopersicon pimpinellifolium* nur undeutlich erkennbar ist, da sich die getarnte Fiederung hier meist nur in einer sehr schwachen Wellung des Fiederrandes ausdrückt. Die Entwicklungsgeschichte dieser Blattorgane läßt jedoch keinen Zweifel darüber, daß diese schwachen, welligen Ausbuchtungen den bei *Lycopersicon esculentum* als deutliche Fiederzähne ausgeprägten, getarnten Fiedern 2. Ordnung homolog sind. Auch bei *Lycopersicon pimpinellifolium* erfolgt die Anlegung der getarnten Fiedern 2. Ordnung vorwiegend basipetal bzw. schwach divergent.

Seltener treten Blätter mit einer stärkeren Blattgliederung auf. So können außer den großen Zwischenfiedern zwischen dem 1. und 2. und dem 2. und 3. Fiederjoch jeweils 2 kleinere Zwischenfiederjoche ausgebildet sein. Ebenso kann wie bei *Lycopersicon esculentum* ein 4. Fiederjoch vorhanden sein, das dann

Abb. 5. Laubblätter von *Lycopersicon pimpinellifolium* ($\frac{3}{4}$ nat. Gr.)

allerdings ebenfalls nur die Ausmaße der großen Zwischenfiedern erreicht. Weiterhin ist es möglich, daß auch freie Fiedern 2. Ordnung zur Ausbildung gelangen. Diese erscheinen dann aber gewöhnlich nur am 2. Fiederjoch, seltener am 3. Fiederjoch. Meist treten sie nur in der Einzahl an der akroskopen Fieder-

Abb. 6. Laubblatt der Mut. *bipinnata-2* (*Lycopersicon pimpinellifolium*)

hälfte auf. Seltener sind an einer Fieder mehrere freie Seitenfiedern 2. Ordnung entwickelt, die dann auf beiden Seiten der Fieder inseriert sein können. Die Insertionsstellen der Fiedern 1. und 2. Ordnung sind häufig – wie bei *Lycopersicon esculentum* – gegeneinander versetzt.

Es zeigt sich deutlich, daß das Laubblatt von *Lycopersicon pimpinellifolium* trotz seiner geringen Größe und stärker vereinfachten Form zahlreiche Entsprechungen zu der Blattform von *Lycopersicon esculentum* aufweist. Sowohl die Entwicklungsgeschichte als auch die Art der Blattgliederung stimmen bei beiden Arten weitgehend überein. Unterschiede ergeben sich dagegen mehr in quantitativer Hinsicht.

Einen morphologischen Übergang zwischen den Blättern der beiden Arten bildet die Mutante *bipinnata-2* (Abb. 6). Die zu *Lycopersicon pimpinellifolium* gehörige Mutante besitzt zwar noch die Blattgröße dieser Art, ist aber hinsichtlich der Stärke der Blattgliederung der Art *L. esculentum* weitgehend angenähert. So sind die großen und kleinen Zwischenfiedern und die Fiedern des 4. Fiederjoches gewöhnlich stets ausgeprägt. Meist mehrere freie Fiedern 2. Ordnung treten an den Fiedern des 2. und 3. Fiederjoches auf. An den Fiedern des 1. Fiederjoches ist wie bei *L. esculentum* meist je eine akroskope freie Fieder 2. Ordnung entwickelt und die getarnten Fiedern 2. Ordnung erscheinen als relativ deutliche Blattzähne, was auf die enge Formverwandtschaft der beiden Arten deutlich hinweist.

6. MORPHOLOGIE DER LAUBBLÄTTER BEI *LYCOPERSICON HIRSUTUM* HUMBOLDT ET BONPLAND

Eine andere Wildart, *Lycopersicon hirsutum*, zeichnet sich durch Laubblätter aus, die durch eine verstärkte Fiederbildung und große Regelmäßigkeit in der Fiederanlegung gekennzeichnet sind (Abb. 7). Da die Laubblätter von *Lycopersicon esculentum* einen vergleichsweise abgeleiteten Typ darstellen, soll auf die Blattmorphologie dieser Wildart näher eingegangen werden.

Das Laubblatt von *Lycopersicon hirsutum* ist ein unpaares Fiederblatt mit einer Endfieder und zahlreichen Seitenfiedern. Mit 5–7 Seitenfiederpaaren übertrifft diese Art die bereits besprochenen Formen erheblich. Zwischen den oberen und mittleren Fiederjochen ist jeweils ein großes Zwischenfiederpaar entwickelt, dem oberhalb und unterhalb jeweils ein kleineres Zwischenfiederpaar benachbart sind. Außerdem können an diesen Teilen der Rhachis weitere kleinste Zwischenfiedern auftreten. Zwischen den Seitenfiedern am unteren Teil der Rhachis ist gewöhnlich nur das große Zwischenfiederjoch ausgebildet, während zwischen dem vorletzten und dem sehr kleinen letzten Fiederpaar die Zwischenfiedern gewöhnlich fehlen.

Die Tendenz zur Bildung freier Fiedern höherer Ordnung ist bei *Lycopersicon hirsutum* kaum ausgeprägt. So sind die Fiedern des 1. Fiederjoches, das auch bei *Lycopersicon esculentum* nur in sehr geringem Maße oder gar nicht zur Bildung von freien Fiedern neigt, und mehrerer unterer Fiederjoche ohne freie Seitenfiedern 2. Ordnung. Ebenso konnten an den Zwischenfiedern freie Seitenfiedern niemals beobachtet werden. Die mittleren Seitenfiedern 1. Ordnung

Abb. 7. Laubblatt von *Lycopersicon hirsutum* ($\frac{1}{3}$ nat. Gr.)

zeichnen sich meist nur durch jeweils eine freie akroskope Fieder 2. Ordnung aus. Die Endfieder entwickelt gewöhnlich ebenfalls nur wenige freie Fiedern. Im Gegensatz hierzu sind vornehmlich an den Fiedern 1. Ordnung, aber auch an den Zwischenfiedern, zahlreiche getarnte Fiedern 2. Ordnung ausgebildet. Diese treten als relativ spitze Zähne an den Fiederrändern in Erscheinung. Oft wechseln größere Blattzähne mit kleineren ab. Letztere erweisen sich bei der Betrachtung der Entwicklungsgeschichte des Blattes als getarnte Fiedern 3. Ordnung.

7. ENTWICKLUNGSGESCHICHTE DER LAUBBLÄTTER BEI *LYCOPERSICON HIRSUTUM* HUMBOLDT ET BONPLAND

Die länglichen Blattprimordien lassen sehr frühzeitig die Anlage des wulstförmigen Spreitensaumes erkennen (Tafel 2a). Bald nach der Abgliederung mehrerer Fiederjoche in basipetaler Richtung stellt sich die s-förmige Krümmung der Blattanlage ein (Tafel 2 b). Auf die Anlegung des 4. Fiederjoches (Tafel 2 c) folgt die Ausgliederung des großen Zwischenfiederpaares zwischen dem 1. und 2. Fiederjoch (Tafel 2d). Während der weiteren Vergrößerung des 4. Fiederjoches und der Entstehung des 5. Fiederjochs werden auch zwischen dem 2. und 3. und ebenso zwischen dem 3. und 4. Fiederjoch Zwischenfiedern angelegt. Gleichzeitig beginnt die Aufgliederung der Endfieder. Hier werden in divergenter Folge zahlreiche Seitenfiedern 2. Ordnung ausgegliedert. Bedeutend stärker betont ist auch bei dieser Art die basipetale Anlegungsrichtung. Die akropetal angelegten Fiedern 2. Ordnung bleiben relativ klein und undeutlich. Ganz schwach beginnt jetzt auch die Aufgliederung der Fiedern des 1. Fiederjoches. Nach der Anlegung des 5. Fiederjoches (Tafel 2e) ist die Aufgliederung der Endfieder fast abgeschlossen, am 1. Fiederjoch sind bereits mehrere Seitenfiedern 2. Ordnung deutlich entwickelt, und die Aufgliederung der Fiedern des 2. Fiederjoches hat gerade begonnen. An der Endfieder lassen sich jetzt bereits Fiedern 3. Ordnung erkennen. Zwischen dem 1. und 2. Fiederjoch beginnt die Anlegung auch der kleineren Zwischenfiedern.

Da bei dieser Art zahlreiche Seitenfiedern 2. Ordnung ausgebildet werden, läßt sich hier die vorwiegend basipetale Anlegungsfolge besonders gut beobachten. Bei einem späteren Entwicklungsstadium sind die Seitenfiedern 2. Ordnung an der Endfieder und den Seitenfiedern des 1. Fiederjoches vollzählig ausgegliedert (Tafel 2f). Auch hier kommen Seitenfiedern 3. Ordnung zur Ausbildung. Die Gliederung der Fiedern des 2. Fiederjoches ist kurz vor ihrem Abschluß, während an den Fiedern des 3. Fiederjoches erst ein Teil der Seitenfiedern angelegt ist. Das 4. und 5. Fiederjoch ist noch ungegliedert. Die Zwischenfiedern zwischen dem 1. und 2. und dem 2. und 3. Fiederjoch sind fast vollzählig angelegt. An kräftig entwickelten Trieben werden in kurzer Folge weitere Seitenfiedern 1. Ordnung ausgegliedert, deren zugehörige Zwischenfiedern erst später entstehen, so daß man bis zu sieben Fiederjoche beobachten kann.

Die bei der divergenten Anlegungsfolge akropetal abgegliederten Seitenfiedern 2. Ordnung bleiben, im Gegensatz zu den basipetal abgegliederten Fiedern 2. Ordnung, relativ klein und sind an den späteren Entwicklungsstadien des Blattes oft nur undeutlich erkennbar. Wie Tafel 2g zeigt, erfolgt auch die Seitenfiederbildung an den Zwischenfiedern in divergenter Folge.

Die Frage, ob die bei *Lycopersicon esculentum* als Seitenfiedern 1. Ordnung bezeichneten kleinen basalen Fiedern wirklich Seitenfiedern 1. Ordnung sind oder ob es sich um Zwischenfiedern handelt, läßt sich durch das Studium der Blattentwicklung bei *Lycopersicon hirsutum* klar entscheiden. Bekanntlich werden bei der Ausdifferenzierung eines Laubblattes von *Lycopersicon esculentum* zunächst mehrere Seitenfiedern 1. Ordnung angelegt, erst dann beginnt ebenfalls in basipetaler Folge die Ausgliederung der großen Zwischenfiedern. Kurz nachdem diese zwischen dem 2. und 3. Fiederjoch angelegt sind, erfolgt dicht unter dem 3. Fiederjoch die Anlage eines weiteren, so daß es sich hier um das nächste Joch der Seitenfiedern 1. Ordnung oder aber um das nächste Zwischenfiederpaar handeln könnte. Da dieses zuletzt angelegte Fiederjoch am ausgewachsenen Blatt die Größe der großen Zwischenfiedern nicht übersteigt, ist man versucht, diese Fiedern ebenfalls als Zwischenfiedern anzusehen. Aber zusätzliche Fiederbildungen der Mutante *prunoidea*, die noch an anderer Stelle ausführlich besprochen werden, geben bereits deutliche Hinweise darauf, daß es sich hierbei um die Fiedern 1. Ordnung des 4. Fiederjoches handelt. Weitere Hinweise liefert die Laubblattentwicklung von *Lycopersicon hirsutum*. Hier sind die Fiedern 1. Ordnung zahlreicher, so daß die zunächst vorauseilende Anlegung der Fiedern 1. Ordnung nicht – wie bei *Lycopersicon esculentum* – vor der Ausdifferenzierung der Fiedern des 4. Fiederjoches von der Anlegung der großen Zwischenfiedern eingeholt werden kann. Die Fiedern des 4. Fiederjoches sind hier also bereits vorhanden, bevor irgendwelche Zwischenfiedern oberhalb des 4. Fiederpaares in Erscheinung treten (Tafel 2f). Entstehen auch oberhalb des 4. Fiederjoches Zwischenfiedern, so sind die basalen Fiedern des Blattes bereits bedeutend größer und erweisen sich so eindeutig als Seitenfiedern 1. Ordnung (Tafel 2g). Damit kann auch für *Lycopersicon esculentum* angenommen werden, daß sich das 4. Hauptfiederjoch vor den dazugehörigen Zwischenfiedern bildet und somit das basale Fiederjoch aus Seitenfiedern 1. Ordnung besteht.

Dieser Größenunterschied wird innerhalb der Blattfolge von *Lycopersicon hirsutum* bei einigen Übergangsblättern fixiert. Das unterste Primärblatt besteht aus einer Endfieder und nur einem Paar Seitenfiedern. Auch bei den Übergangsblättern mit zwei Fiederjochen ist noch nicht die geringste Spur von einer Zwischenfieder zu erkennen. Erst die Übergangsblätter, die sich durch drei Seitenfiederjoche auszeichnen, entwickeln zwischen dem 1. und 2. Fiederjoch ein Zwischenfiederpaar. Kommt bei einem anderen Übergangsblatt ein weiteres, in der Größe den bereits erwähnten Zwischenfiedern entsprechendes Fiederjoch hinzu, so treten zwischen dem 2. und 3. Fiederjoch relativ kleine Zwischenfiedern auf (Abb. 8a). Diese Größendifferenz läßt den Schluß zu, daß hier die Zwischenfiederbildung in basaler Richtung noch nicht über das 3. Seitenfiederjoch hinausreicht, da sich sonst die basalen Fiedern – handelte es sich um Zwischenfiedern – durch noch geringere Größe als solche ausweisen müßten. Ihre bedeutendere Größe gegenüber den Zwischenfiedern zwischen dem 2. und 3. Fiederjoch zeigt jedoch, daß es sich um das 4. Seitenfiederpaar handelt. Ganz ähnliche Verhältnisse können bei Blättern mit 5 Seitenfiederpaaren beobachtet werden (Abb. 8b), wo sämtliche oberhalb des 4. Fiederjoches auftretenden Zwischenfiedern in basaler Richtung kontinuierlich kleiner werden, das unterste Fiederpaar sich jedoch größenmäßig nicht in diese Reihe eingliedern läßt. Dagegen paßt es sich sehr gut in die Reihe der ebenfalls in basaler Richtung kleiner werdenden Fiedern 1. Ordnung ein und erweist sich damit als Fiederpaar 1. Ordnung.

Wie die entwicklungsgeschichtlichen Untersuchungen der besprochenen Art zeigen, ermöglicht die größere Anzahl von Fiedern 1. und 2. Ordnung und die dadurch bedingte größere Regelmäßigkeit in der Anlegung eine leichtere Beurteilung der Anlegungsfolge dieser Organe als bei *Lycopersicon esculentum*. Weiterhin kann der Seitenfiedercharakter für die basalen Fiedern von *Lycopersicon hirsutum* eindeutig nachgewiesen werden, so daß auch die basalen Fiedern

Abb. 8. Übergangsblätter von *Lycopersicon hirsutum* ($\frac{1}{3}$ nat. Gr.)

von *Lycopersicon esculentum* als Seitenfiedern 1. Ordnung angesehen werden müssen.

Ferner bestätigt sich die bei *Lycopersicon esculentum* meist nur undeutlich beobachtbare Erscheinung, daß neben nur als Blattzähne erkennbaren getarnten Fiedern 2. Ordnung ebenfalls nicht selten getarnte Seitenfiedern 3. Ordnung angelegt werden.

Unterschiede zwischen den erwähnten Arten bestehen u. a. in der bei *Lycopersicon hirsutum* erst nach Bildung des 4. Fiederjoches einsetzenden Zwischenfiederbildung, während die Ausdifferenzierung der ersten Zwischenfiedern bei *Lycopersicon esculentum* bereits bei der Anlegung des 3. Fiederjoches erscheint. Weitere Merkmalsunterschiede, wie die geringere Zahl von Seitenfiedern 1. und 2. Ordnung, lassen *Lycopersicon esculentum* gegenüber der Vergleichsform als reduziert erscheinen.

8. LAUBBLATTFORMEN DER MUTANTEN VON *LYCOPERSICON ESCULENTUM* MILLER

Das Laubblatt der Tomate ist ein morphologisch außerordentlich stark differenziertes Organ, bei dem die unterschiedlich kombinierten, durch Mutation bedingten, zahlreichen Merkmalsänderungen eine große Formenmannigfaltigkeit hervorgebracht haben.

Die Laubblätter der drei Ausgangssorten entsprechen hinsichtlich ihrer Gliederung weitgehend dem bereits beschriebenen, durchschnittlichen Blattyp. Geringe Unterschiede ergeben sich gegenüber der Sorte 'Condine Red' (Abb. 9a) aus der etwas stärkeren Tendenz zur Reduktion des 4. Fiederjoches und der kleinen Zwischenfiedern zwischen dem 2. und 3. Fiederjoch bei den Sorten 'Rheinlands Ruhm' (Abb. 17) und 'Lukullus'. In der genannten Reihenfolge sind die Mutanten durch eine zunehmende Laubblattgröße charakterisiert. Die Sorte 'Lukullus' unterscheidet sich von den beiden anderen Sorten insbesondere durch die breiteren und stumpferen Fiedern 2. Ordnung.

Im folgenden werden die einzelnen Mutanten – wie bei den Wuchsformen – nach Ausgangssorten getrennt besprochen. Die Mutanten sind innerhalb der Sortengruppen nach ihrem Namen alphabetisch geordnet; die amerikanischen Mutantennamen wurden nach ihrem Symbol eingeordnet. Um Wiederholungen zu vermeiden, werden nur die Merkmale erwähnt, die sich von denen der zugehörigen Ausgangssorte unterscheiden. Unter „kleineren Blättern" sollen hier solche verstanden werden, deren Größenwachstum nur schwach bis mittelstark gehemmt ist, während der Vermerk „Blatt klein" bedeutet, daß es sich um Blattlängen von etwa 10 cm und weniger handelt. Wegen der in der Endphase der Blattentwicklung auftretenden Blattrollungen und der wesentlich undeutlicheren Ausprägung der Fiederrandmerkmale, werden nur relativ junge Blätter ausgewertet, die die Endgröße zwar annähernd, aber noch nicht vollständig erreicht haben. Die für die einzelnen Mutanten angegebenen Blattmerkmale charakterisieren die für die jeweilige Mutante typische, durchschnittliche Blattform.

a) Blattformen der aus der Sorte 'Condine Red' hervorgegangenen Mutanten

acroxantha (acr)

Blatt kleiner. Die Rhachis ist schwach verkürzt. Blattfärbung schwach hellgrün.

adpressa (adp)

Blatt kleiner. Die Fiedern 1. Ordnung sind verschmälert.

adusta (adu)

Blatt kleiner. Die großen Zwischenfiedern und der distale Teil der Fiedern 1. Ordnung sind ganzrandig. Der distale Fiederteil ist an seinem Rande

Abb. 9. a – Laubblatt der Sorte 'Condine Red', b – Mut. *cochlearis* ('C. R.'), c – Mut. *cochlearis* ('C. R.'), d – Mut. *corrotundata* ('C. R.'), e – Mut. *eramosa* ('C. R.') ($\frac{1}{3}$ nat. Gr.)

stärker konvex. Die Fiederspitze ist stumpfer. Ältere Blätter können nekrotische Erscheinungen aufweisen.

aegrota (aeg)

Blatt kleiner. Teile der Spreite können nekrotisch werden.

albovirens (avi)

Blatt klein. Sämtliche freie Fiedern sind verschmälert. Die getarnten Fiedern 2. Ordnung sind schmal und spitz. Die Blätter zeichnen sich durch eine schwach hellgrüne Färbung und weißliche Fleckung aus.

alutacea (alu)

Blatt kleiner. Die Fiedern 1. Ordnung sind verschmälert. Blattfärbung schwach hellgrün.

anantha (an)

Die Blattform entspricht der Ausgangssorte.

bicolor (bc)

Blatt kleiner. Die Abgliederung von freien Fiedern 2. Ordnung ist schwach gehemmt. Da hier auch die sonst freien Fiedern mit dem distalen Fiederteil verwachsen sind, erscheinen die Fiedern 1. Ordnung länger. Dem 1. Fiederjoch fehlen oftmals freie Fiedern. 2. Ordnung. Am 2. und 3. Fiederjoch ist oft nur eine freie akroskope Fieder 2. Ordnung entwickelt. Die kleinen Zwischenfiedern zwischen dem 2. und 3. Fiederjoch sowie das 4. Fiederjoch fehlen häufig. Es treten schwache Nekroseerscheinungen auf. Die jungen Laubblätter haben ein schwach hellgrünes Aussehen.

beaked^2 *(bk*^{2}*)*

Die Fiedern 1. Ordnung sind verbreitert. Die Fiedern 1. Ordnung, die freien und getarnten Fiedern 2. Ordnung und die großen Zwischenfiedern sind an der Spitze abgerundet und stumpf.

beaked^3 *(bk*^{3}*)*

Die Fiedern 1. Ordnung, die freien und getarnten Fiedern 2. Ordnung und die großen Zwischenfiedern sind an der Spitze stumpf und abgerundet.

bullata (bul)

Ein Teil der bei der Ausgangssorte getarnten Fiedern 2. Ordnung ist frei entwickelt. Hierdurch erfahren die Fiedern 1. Ordnung eine stärkere Gliederung. Dieses gilt für die Endfiedern und die Fiedern des 2. und 3. Fiederjoches, während die Fiedern des 1. Fiederjoches meist jeweils nur eine freie akroskope Seitenfiedern 2. Ordnung hervorbringen. Die Fiedern 1. Ordnung, die freien Fiedern 2. Ordnung und die Zwischenfiedern sind verbreitert. Die jungen Laubblätter zeichnen sich durch eine schwach hellgrüne Färbung aus.

carinata (car)

Blatt kleiner. Die Fiedern 1. Ordnung sind relativ zur Blattrhachis verkürzt.

cincta (ci)

Blatt kleiner.

cochlearis (co)

Blatt kleiner. Das 3. Fiederjoch ist oft nicht ausgebildet oder erscheint nur in geringer Größe. Gleiches gilt für die Zwischenfiedern zwischen dem 2. und 3. Fiederjoch (Abb. 9b, 9c). Das 4. Fiederjoch kommt nicht zur Entwicklung. Die basalen freien Fiedern des 1. und 2. Fiederjoches fehlen fast stets, so daß an dem 1. Fiederjoch meist keine und an dem 2. Fiederjoch höchstens eine freie akroskope Fieder 2. Ordnung auftritt. Die Fiedern 1. Ordnung sind verschmälert. Die getarnten Fiedern 2. Ordnung sind nur durch schwache Einschnitte voneinander getrennt. Die veränderte Fiedergliederung dieser Mutante läßt die verschiedenen Stufen von Fiederreduktionen erkennen, wie sie bei den Tomaten häufig anzutreffen sind, wobei sich meist eine ganz bestimmte Folge von Reduktionsschritten ergibt. Das 2. Fiederjoch, das gewöhnlich mehrere freie Fiedern 2. Ordnung hervorbringt, entwickelt nur noch eine akroskope freie Fieder 2. Ordnung. Das 1. Fiederjoch, das bereits bei der Ausgangsform hinsichtlich seiner Gliederung vereinfacht erscheint und nur eine akroskope freie Fieder 2. Ordnung aufweist, ist bei der vorliegenden Mutante meist ohne freie Fieder 2. Ordnung. Das 3. Fiederjoch, das bei der Ausgangssorte gewöhnlich die Größe des 2 Fiederjoches erreicht, ist, da es erst relativ spät angelegt wird und somit von Reduktionen entsprechend stärker betroffen werden kann, gewöhnlich nur in geringer Größe entwickelt, oder es fehlt völlig. Das 4. Fiederjoch schließlich, das zuletzt angelegt wird und bereits bei der Ausgangsform nur die Größe von Zwischenfiedern erreicht, wird bei der Mutante nicht ausgebildet.

complicata (com)

Blatt klein.

convalescens (con)

Die Fiedern 1. Ordnung sind schwach verbreitert. Die jungen Laubblätter zeichnen sich durch eine gelbgrüne Färbung aus.

conversa (cva)

Blatt kleiner. Die Rhachis des Blattes ist relativ verkürzt.

coriacea (cor)

Blatt klein. Die Rhachis des Blattes ist relativ verkürzt. Die Fiedern des 3. Fiederjoches sind oftmals nur von geringer Größe; sie bilden meist keine freien Fiedern 2. Ordnung aus. Das 4. Fiederjoch und die kleinen Zwischenfiedern zwischen dem 2. und 3. Fiederjoch fehlen meist. Die jungen Blätter sind schwach hellgrün gefärbt.

corrotundata (coa) (Abb. 9d)

Das 3. Fiederjoch ist meist sehr klein und besitzt keine freien Fiedern 2. Ordnung. Das 4. Fiederjoch und die kleinen Zwischenfiedern zwischen dem 2. und 3. Fiederjoch fehlen meist. Die Endfieder, die Seitenfiedern und die Zwischenfiedern sind von rundlich-ovaler Form. Diese Fiederform ist vornehmlich durch die stumpfe Spitze der Fiedern 1. Ordnung und durch die stumpfen und nur schwach abgegliederten getarnten Fiedern 2. Ordnung bedingt.

Crispa (Cri)

Blatt klein bis sehr klein. Die kleinen Zwischenfiedern zwischen dem 2. und 3. Fiederjoch sowie das 4. Fiederjoch fehlen meist. Alle Fiedern 1. Ordnung und Zwischenfiedern sind verschmälert und stark nekrotisch. Blattfärbung olivgrün.

curvata² (cv²)

Blatt kleiner. Die Rhachis ist stark verkürzt. Das 4. Fiederjoch und die kleinen Zwischenfiedern zwischen dem 2. und 3. Fiederjoch fehlen häufig. Die Fiedern 1. Ordnung sind verkürzt und relativ breit.

dwarf^{crispata} (d^{crisp})

Blatt klein. Zwischen dem 1. und 2. Fiederjoch ist nur das große Zwischenfiederjoch ausgebildet, während das große Zwischenfiederjoch zwischen dem 2. und 3. Fiederjoch seltener vorhanden ist oder völlig fehlt. Die kleinen Zwischenfiedern und das 4. Fiederjoch sind meist nicht entwickelt. Während die Endfieder ein bis höchstens zwei freie Fiederpaare ausbildet, fehlen an den Seitenfiedern freie Fiedern 2. Ordnung überhaupt. Die verbreiterten Fiedern 1. Ordnung sind relativ verkürzt und zurückgekrümmt. Für die Fiedern sind weiterhin stark aufgewölbte Interkostalfelder charakteristisch. Blattfärbung dunkelgrün.

dwarf^{immuna} (d^{im})

Durch eine Verkürzung der Fiedern 1. Ordnung wirken diese verbreitert. Die Stiele der Zwischenfiedern und der freien Fiedern 2. Ordnung sind stark verkürzt. Die Fiedern 2. Ordnung sind relativ spitz.

debilis (deb)

Blatt kleiner. Die Fiedern 1. Ordnung sind schwach verschmälert und oft von unregelmäßiger Form. An den Fiedern treten nekrotische Erscheinungen auf. Die jungen Laubblätter sind gelbgrün gefärbt.

deformis² (def²)

Blatt kleiner. Die Fiederbildung dieser Mutante ist sehr unregelmäßig. So sind in vielen Fällen nur das 1. und 2. Fiederjoch entwickelt. Auch von diesen können noch einzelne Fiedern 1. Ordnung ausfallen. Das 3. Fiederjoch ist manchmal von geringer Größe oder es fehlt völlig. Die zwischen dem 1. und 2. Fiederjoch zu erwartenden großen und kleinen Zwischenfiedern können grundsätzlich vorhanden sein, sind aber fast niemals vollzählig. Zwischen dem 2. und 3. Fiederpaar ist meist nur das große Zwischenfiederpaar ausgebildet. Das 4. Fiederjoch fehlt. Die Fiedern 1. Ordnung sind sehr unregelmäßig gekrümmt. Häufig ist die Spreitenentwicklung stark gestört.

deprimata (dep)

Blatt kleiner. Die relativ spitzen Fiedern 1. Ordnung, die freien Fiedern 2. Ordnung und die großen Zwischenfiedern sind oft verschmälert.

dilabens (dlb)

Blatt klein. Die Rhachis des Blattes ist relativ verkürzt. Die Fiedern 1. Ordnung sind verschmälert.

dilatata (dt)

Blatt kleiner. Blattfärbung hellgrün.

diluta (dil)

Blatt kleiner. Blattfärbung schwach hellgrün.

discolor (dis)

Die Blattform entspricht der Ausgangssorte. Die jungen Blätter sind anfangs gelbgrün gefärbt und nehmen später eine hellgrüne Färbung an.

divaricata (div)

Ein Teil der bei der Ausgangssorte getarnten Fiedern 2. Ordnung ist frei entwickelt. Das Blatt erscheint dadurch stärker gegliedert. Dieses trifft vornehmlich für die Endfieder und die Seitenfiedern des 2. und 3. Fiederjoches zu. Die getarnten Fiedern sind häufig durch relativ tiefe Einschnitte voneinander getrennt.

divergens (di)

Blatt klein. Die Rhachis des Blattes ist relativ verkürzt. Blattfärbung schwach hellgrün.

elegans (ele)

Blatt kleiner. Die Fiedern 1. Ordnung, Zwischenfiedern und Fiedern 2. Ordnung sind verschmälert.

elegans² (ele²)

Blatt kleiner. Die Fiedern 1. Ordnung, die freien Fiedern 2. Ordnung und die großen Zwischenfiedern sind verschmälert. Die getarnten Fiedern 2. Ordnung sind spitzer. Blattfärbung schwach hellgrün.

eramosa (era) (Abb. 9e)

Blatt klein. Zwischen dem 3. und 4. Fiederjoch ist ein Zwischenfiederpaar entwickelt. Die Fiedern des 1. und 4. Fiederjoches bringen meist keine freien Fiedern 2. Ordnung hervor, während an den Fiedern des 2., besonders aber an den Fiedern des 3. Fiederjoches nur jeweils eine freie akroskope Fieder zur Entwicklung kommt. Die Fiedern 1. Ordnung sind stark verschmälert. Blattfärbung schwach hellgrün.

erecta (er)

Blatt klein. Die Blattrhachis ist außerdem relativ verkürzt. Die Fiedern des 1. Fiederjoches bilden meist keine freien Fiedern 2. Ordnung, während sich die Fiedern des 2. und 3. Fiederjoches durch jeweils eine akroskope freie Fieder 2. Ordnung auszeichnen.

excedens (exs)

Blatt kleiner. Durch eine nur schwache und relativ stumpfe Ausprägung der getarnten Fiedern 2. Ordnung wird die annähernd ovale Form der Fiedern 1. Ordnung bestimmt. Ebenso sind die Zwischenfiedern und die freien Fiedern 2. Ordnung von ovaler Gestalt.

exilis (exl)

Blatt klein. Die Fiedern 1. und 2. Ordnung sind relativ spitz. Blattfärbung schwach hellgrün.

extenuata (ete)

Die Fiedern 1. Ordnung, Zwischenfiedern und Fiedern 2. Ordnung sind stark verschmälert.

firma (fir)

Blatt kleiner. Sämtliche Fiedern des Blattes sind verbreitert. Die Fiedern 1. und 2. Ordnung und die Zwischenfiedern sind an ihrer Spitze relativ stumpf. Außerdem sind die getarnten Fiedern 2. Ordnung sehr kurz, was eine annähernd ovale Form der Fiedern 1. Ordnung bedingt. Die Zwischenfiedern und freien Fiedern 2. Ordnung sind oval bis rundlich.

ragilis (frg)

Blatt klein. Blattfärbung schwach hellgrün.

frugalis (fr)

Blatt kleiner. Die Fiedern 1. Ordnung sind relativ spitz. Blattfärbung schwach hellgrün.

fruticosa^{hemiglobosa} *(fru*^{hem}*)*, (Abb. 10)

Zwischen dem 1. und 2. Fiederjoch ist meist nur das große Zwischenfiederpaar entwickelt. Selten treten hier zusätzlich kleinere Zwischenfiedern auf. Ebenso ist zwischen dem 2. und 3. Fiederjoch nur das große Zwischenfiederjoch angelegt. Das meist vorhandene 4. Fiederjoch ist relativ groß. Die Blattrhachis ist sehr schwach, so daß die Blätter stark überhängen. Die Fiedern 1. Ordnung sind relativ breit und neigen auch bei Trockenheit nicht zur Rollung, wie dieses sonst allgemein bei Tomaten beobachtet werden kann. Die getarnten Fiedern 2. Ordnung sind oft relativ undeutlich ausgeprägt, so daß die Fiedern 1. Ordnung in ihrem distalen Teil wenig gegliedert erscheinen.

fucata (fua)

Blatt kleiner.

fucatifolia (fcf)

Die Blattform entspricht der Ausgangssorte. Blattfärbung schwach hellgrün.

fulgens (ful)

Die Blattform entspricht der Ausgangssorte. Blattfärbung gelbgrün.

fusiformis (fu)

Blatt klein. Die Rhachis ist relativ zur Länge der Fiedern 1. Ordnung verkürzt. Die jungen Laubblätter sind schwach hellgrün gefärbt.

galbina (ga)

Die Blattform entspricht der Ausgangssorte. Die jungen Laubblätter weisen eine gelbgrüne Färbung auf.

glauca (gl)

Blatt kleiner. Die Fiedern 1. Ordnung sind relativ zur Rhachis verkürzt.

Abb. 10. Mut. *fruticosa*^{hemiglobosa} ('C. R.') ($\frac{1}{3}$ nat. Gr.)

glaucescens (glau)

Blatt kleiner. Die Fiedern 1. Ordnung, die sich in ihrem distalen Teil durch einen stark konvexen Blattrand auszeichnen, sind von ovaler Gestalt.

globiformis (glf)

Blatt klein. Die Blattrhachis ist relativ verkürzt. Die kleinen Zwischenfiedern zwischen dem 2. und 3. Fiederjoch sowie das 4. Fiederjoch fehlen meist.

globosa (glo)

Blatt kleiner. Die Rhachis des Blattes ist relativ verkürzt und dünn. Blattfärbung schwach hellgrün.

gracilis (gra)

Blatt klein. Blattfärbung hellgrün.

heterogemma (hg)

Während zwischen dem 1. und 2. Fiederjoch nur die großen Zwischenfiedern entwickelt sind, fehlen diese zwischen dem 2. und 3. Fiederpaar völlig. Ebenso wird das 4. Fiederjoch nicht angelegt. Die Fiedern 1. Ordnung sind von lanzettlicher Form, wobei die getarnten Fiedern 2. Ordnung nur als kleine Zähne in Erscheinung treten. Entwicklungsgeschichtliche Untersuchungen zeigen eine regelmäßige Anlegung auch dieser relativ undeutlichen getarnten Fiedern 2. Ordnung. Die Anzahl der freien Fiedern 2. Ordnung ist zugunsten der getarnten Fiedern 2. Ordnung stark verringert, so daß meist nur an den Fiedern des 2. Fiederjoches jeweils eine freie akroskope Fieder 2. Ordnung vorhanden ist.

heteroidea (he)

Blatt kleiner. Die Fiedern 1. Ordnung sind verschmälert. An den Fiedern treten nekrotische Erscheinungen auf. Blattfärbung hellgrün.

hilara(hi)

Blatt kleiner.

hairless[2] *(hl*[2]*)*

Blatt kleiner. Die Fiedern 1. Ordnung sind relativ zur Rhachislänge verkürzt.

ignava (ig)

Blatt kleiner. Die Fiedern dieser Mutante können schwach verschmälert sein wodurch sie dann spitzer erscheinen. Blattfärbung hellgrün.

imbecilla (imb)

Blatt kleiner. Die Fiedern 1. und 2. Ordnung sind verschmälert. Blattfärbung schwach hellgrün.

impedita^{distincta} *(imp*^{dia}*)*

Blatt kleiner. Die jungen Blätter zeichnen sich durch eine hellgrüne Färbung aus.

impedita^{exigua} *(imp*^{eg}*)*

Blatt kleiner. Die jungen Laubblätter sind hellgrün gefärbt.

incurva (inc)

Blatt kleiner. Die Blattrhachis kann unregelmäßig gekrümmt sein.

indiga (in)

Blatt klein. Blattfärbung schwach hellgrün.

infirma (inf)

Blatt klein. Die Fiedern 1. und 2. Ordnung sind verschmälert. Blattfärbung schwach hellgrün.

integerrima (int), (Abb. 11)

Während zwischen dem 1. und 2. Fiederjoch häufig große und kleine Zwischenfiedern ausgebildet werden, treten zwischen dem 2. und 3. Fiederjoch nur die großen Zwischenfiedern auf. Das 3. Fiederjoch ist meist kleiner. Das 4. Fiederjoch fehlt. An der Endfieder ist meist nur das unterste Fiederpaar frei entwickelt. Alle getarnten Fiedern 2. Ordnung sind nur ganz schwach ausgeprägt, so daß die Fiedern 1. Ordnung schwach gewellt bis ganzrandig erscheinen. Eine weitere Besonderheit dieser Mutante besteht in der hier häufig zu beobachtenden Verbänderung der Blattrhachis mit dem Fiederstiel der Fiedern des 1. Fiederjoches.

invalida (inv)

Die Spreitenentwicklung der Mutante ist stark gestört, so daß sich die Fiedern 1. Ordnung durch eine sehr unregelmäßige Form auszeichnen können. Blattfärbung schwach hellgrün.

Abb. 11. Mut. *integerrima* ('C. R.') (1/3 nat. Gr.)

involuta (ino)

Blatt kleiner.

irregularis (irr)

Blatt kleiner. Die Rhachis des Blattes ist relativ verkürzt. Die kleinen Zwischenfiedern zwischen dem 2. und 3. Fiederjoch sind oftmals nicht ausgebildet. Das 4. Fiederjoch fehlt häufig. Die Blätter können sehr unregelmäßig gekrümmt sein. Die kleinen Interkostalfelder der Fiedern sind aufgewölbt.

jugata (jug) (Abb. 12)

Blatt vergrößert.

laeta (lt)

Blatt klein. Das Blatt dieser Mutante vermittelt durch die relativ lange Stielung der Zwischenfiedern und freien Fiedern 2. Ordnung einen stärker gegliederten Eindruck. Die Fiedern 2. Ordnung sind stets deutlich und relativ groß ausgebildet. Die Zwischenfiedern und die Fiedern 1. Ordnung sind verschmälert. Blattfärbung hellgrün.

lata (lat)

Blatt kleiner. Die Blattrhachis ist relativ verkürzt. Blattfärbung schwach hellgrün.

longipes (lop)

Ein Teil der bei der Ausgangsform getarnten Fiedern 2. Ordnung ist ebenfalls frei entwickelt, was eine stärkere Gliederung des Blattes bedingt.

Abb. 12. Mut. *jugata* ('C. R.') ($\frac{1}{3}$ nat. Gr.)

lucida (luc)

Blatt kleiner. Die jungen Laubblätter sind zunächst gelbgrün; sie nehmen später eine hellgrüne Färbung an.

lutea (lut)

Die Fiedern 1. Ordnung sind vergrößert. Die jungen Laubblätter sind gelbgrün.

maculata (mac)

Die Blattform entspricht der Ausgangssorte. An den Blättern treten schwache nekrotische Erscheinungen auf. Blattfärbung schwach hellgrün.

marcida (mad)

Blatt kleiner. An der Endfieder ist meist kein oder nur das basale Fiederpaar frei entwickelt. Die getarnten Fiedern 2. Ordnung sind kurz und stumpf.

marmorata (marm)

Die getarnten Fiedern 2. Ordnung sind relativ spitz. Die Fiedern 1. Ordnung sind häufig schwach unregelmäßig gekrümmt. Blattfärbung schwach hellgrün.

mediocris (med)

Die Blattform entspricht der Ausgangssorte.

microcarpa (mic)

Der distale Teil der Fiedern 1. Ordnung zeichnet sich durch einen stärker konvexen Blattrand aus, wodurch die Fiedern 1. Ordnung verbreitert erscheinen.

minuta (mn)

Blatt klein. Die Fiedern 1. Ordnung sind verschmälert. Blattfärbung schwach hellgrün.

monstrosa (mon)

Blatt sehr klein. Die Blattrhachis ist relativ verkürzt. Das 4. Fiederjoch fehlt; die Fiedern des 3. Fiederjoches sind meist relativ klein. Zwischen dem 1. und 2. Fiederjoch ist nur das große Zwischenfiederpaar entwickelt. Zwischen dem 2. und 3. Fiederjoch fehlen sämtliche Zwischenfiedern. Freie Fiedern 2. Ordnung werden meist nicht ausgebildet oder treten in geringer Zahl an der Basis der Endfieder auf. Oftmals ist zusätzlich an den Fiedern des 2. Fiederjoches je eine akroskope freie Fieder 2. Ordnung ausgebildet. Die Fiedern 1. Ordnung sind zurückgekrümmt.

multiflora (mult)

Sowohl die Fiedern 1. Ordnung als auch die getarnten Fiedern 2. Ordnung sind verschmälert und spitzer.

multifurcata (mua)

Blatt kleiner.

multinervis (mu)

Die Blattform entspricht der Ausgangssorte. Blattfärbung hellgrün.

multiplex (mux)

Die Fiedern 1. Ordnung sind verbreitert.

multivalens-2 (muv-2)

Blatt klein. Die Rhachis ist relativ zu den Seitenfiedern verkürzt. Die jungen Laubblätter sind schwach hellgrün gefärbt.

nana (na)

Blatt klein. Die kleinen Zwischenfiedern zwischen dem 2. und 3. Fiederjoch und das 4. Fiederjoch fehlen meist. Am 1. und 3. Fiederjoch treten meist keine freien Fiedern 2. Ordnung auf. Die Fiedern des 2. Fiederjoches entwickeln meist nur je eine akroskope freie Fieder 2. Ordnung. Die Fiedern 1. Ordnung sind verschmälert. Die getarnten Fiedern 2. Ordnung sind von geringer Größe. An den Blättern treten Nekroseerscheinungen auf. Blattfärbung schwach hellgrün.

neglecta (neg)

Blatt klein. Die Blattrhachis ist relativ verkürzt. Die kleinen Zwischenfiedern zwischen dem 2. und 3. Fiederjoch sowie das 4. Fiederjoch werden oft nicht ausgebildet. Die Fiedern 1. Ordnung, die großen Zwischenfiedern und die freien Fiedern 2. Ordnung sind verschmälert. An den Blättern treten nekrotische Erscheinungen auf. Blattfärbung schwach hellgrün.

nitida (ni)

Die Fiedern 1. Ordnung und die getarnten Fiedern 2. Ordnung sind relativ spitz. Letztere treten nur als relativ kleine Zähne aus dem Fiederrand hervor, so daß die Fiedern 1. Ordnung oftmals oval erscheinen.

oligosperma (os)

Blatt kleiner. Zwischen dem 1. und 2. Fiederjoch ist meist nur das große Zwischenfiederpaar entwickelt, während zwischen dem 2. und 3. Fiederjoch entweder ebenfalls nur das große Zwischenfiederpaar auftritt oder aber jede Zwischenfiederbildung fehlt. Das 4. Fiederjoch wird gewöhnlich nicht ausgebildet. Die Entwicklung von freien Fiedern 2. Ordnung ist stark gehemmt. Die Fiedern 1. Ordnung sind relativ spitz. Die getarnten Fiedern 2. Ordnung sind oft nur schwach ausgeprägt, so daß der Blattrand der Fiedern 1. Ordnung nur gewellt erscheint. Nicht selten sind die Fiedern des 1. Fiederjoches und die darunter befindlichen großen Zwischenfiedern räumlich einander stark angenähert. Die Fiedern des 1. Fiederjoches können mit der Blattrhachis verbändert sein.

opaca (op)

Die Fiedern 1. Ordnung sind verbreitert. Die jüngeren Blätter sind gelbgrün.

opacata (opa)

Blatt kleiner. Die Fiedern 1. Ordnung sind schwach verschmälert. Blattfärbung hellgrün.

pallescens (pas)

Die Blattform entspricht der Ausgangssorte. Blattfärbung hellgrün.

pallida (pal)

Die Blattform entspricht der Ausgangssorte. Blattfärbung hellgrün.

parca (par)

Blatt klein. Die Blätter weisen nekrotische Erscheinungen auf und zeigen eine schwach hellgrüne Färbung.

parva-2 (pa-2)

Blatt klein. Den Fiedern des 1. und 3. Fiederjoches fehlen oft freie Fiedern 2. Ordnung, während die Fiedern des 2. Fiederjoches meist je eine akroskope freie Fieder 2. Ordnung ausbilden. Das 4. Fiederjoch fehlt fast stets.

pauper (pau) (Abb. 13a)

Blätter sehr klein. Die kleinen Zwischenfiedern zwischen dem 2. und 3. Fiederjoch sowie das 4. Fiederjoch werden meist nicht ausgebildet.

Abb. 13. a – Mut. *pauper* ('C. R.'), b – Mut. *penetrabile* ('C. R.'), c – Mut. *procera* ('C. R.'), d – Mut. *ruptilis* ('C. R.'), e – Mut. *trifoliate*[2] ('C. R.')($\frac{1}{3}$ nat. Gr.)

pendens (pen)

Blatt kleiner. Die Spitzen der Fiedern 1. Ordnung und der Zwischenfiedern sind relativ stumpf. Durch die geringe Größe und ebenfalls stumpfe Form der Fiedern 2. Ordnung wirken die Fiedern 1. Ordnung oval.

penetrabile (pet) (Abb. 13b)

Blatt kleiner. Die Blattrhachis ist relativ verkürzt. Die Fiedern des 4. Fiederjoches können fast normale Größe erreichen und bringen mehrere freie Fiedern 2. Ordnung hervor.

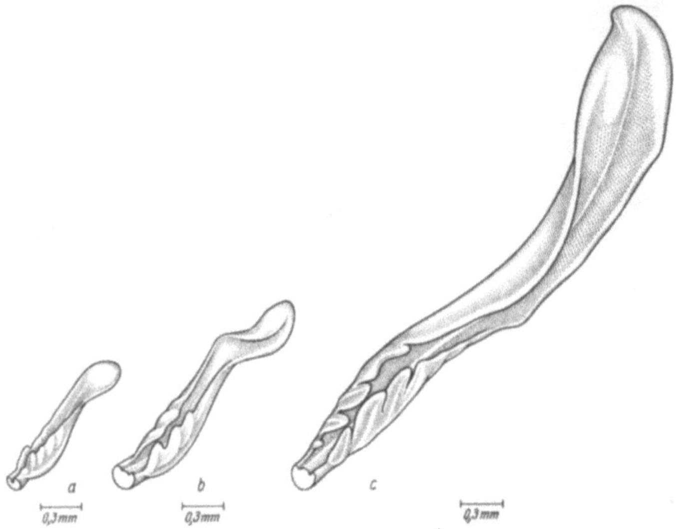

Abb. 14. Mut. *procera*; Entwicklung der Seitenfiedern 1. Ordnung

perlucida (pl)

Blatt kleiner. Die Fiedern 1. Ordnung sind verschmälert. Die Fiedern 1. und 2. Ordnung sowie die Zwischenfiedern sind meist relativ spitz. Blattfärbung schwach hellgrün.

picta (pic)

Die Blattform entspricht der Ausgangssorte. An älteren Blättern können Nekroseerscheinungen beobachtet werden. Blattfärbung schwach hellgrün.

plana (pla)

Blatt kleiner. Die Spitzen der getarnten Fiedern 2. Ordnung sind relativ kurz. Blattfärbung schwach hellgrün.

procera (pro) (Abb. 13c)

Zwischen dem 1. und 2. sowie zwischen dem 2. und 3. Fiederjoch sind meist nur die großen Zwischenfiedern entwickelt. Das 4. Fiederjoch tritt nur sehr unregelmäßig auf. Freie Fiedern 2. Ordnung, die an der Endfieder fehlen oder nur in manchen Fällen ausgebildet werden, kommen auch an den Seitenfiedern 1. Ordnung nicht zur Entwicklung. Die getarnten Fiedern

2. Ordnung sind kaum erkennbar, wodurch die sehr spitzen Fiedern 1. Ordnung schwach gewellt bis ganzrandig erscheinen. Blattfärbung hellgrün. Frühe Entwicklungsstadien der Laubblätter unterscheiden sich dagegen hinsichtlich der deutlich ausgeprägten Fiedern 2. Ordnung kaum von der Ausgangsform (Abb. 14a – c).

procumbens (prc)
Blatt kleiner. Die Rhachis ist relativ verkürzt. Die kleinen Zwischenfiedern zwischen dem 2. und 3. Fiederjoch sowie das 4. Fiederjoch fehlen häufig.

protea (prt)
Blatt klein. Die Fiedern 1. Ordnung sind verschmälert. Blattfärbung schwach hellgrün.

pulvinata[2] *(pu*[2]*)*
Blatt kleiner. Die getarnten Fiedern 2. Ordnung sind relativ kurz.

pumila (pum)
Blatt klein. Die Fiedern des 1. Fiederjoches sind verschmälert. Sie bilden meist keine freien Fiedern 2. Ordnung aus.

purilla (pur)
Blatt klein.

rava (ra)
Die Fiedern des 4. Fiederjoches und die kleinen Zwischenfiedern zwischen dem 2. und 3. Fiederjoch sind meist nicht entwickelt. Der Blattstiel und die Blattrhachis sind relativ dünn. Die Fiedern 1. Ordnung sind verschmälert. Die Zwischenfiedern und freien Fiedern 2. Ordnung sind stumpf und von rundlicher Form. Blattfärbung graugrün.

relaxata (rela)
Blatt kleiner. Blattfärbung schwach hellgrün.

repens (rep)
Blatt kleiner. Die Fiedern 1. Ordnung sind in ihrem distalen Teil verschmälert und erscheinen dadurch relativ spitz.

rigida (rig)
Blatt kleiner. Blattfärbung schwach hellgrün.

rigidula (ria)
Blatt kleiner. Die Blattrhachis ist relativ verkürzt. Blattfärbung gelbgrün.

rotundata (roa)
Die Fiedern 1. Ordnung, Zwischenfiedern und freien Fiedern 2. Ordnung sind verbreitert und stumpf, was die ovale Form der Fiedern 1. Ordnung bedingt.

ruptilis (ru) (Abb. 13d)
Blatt klein. Die Fiedern 1. Ordnung, die großen Zwischenfiedern und die freien Fiedern 2. Ordnung sind verschmälert. Blattfärbung schwach hellgrün.

semiglobosa (sem)

Blatt klein.

sparsa (spa)

Die Blattform entspricht der Ausgangssorte. Blattfärbung schwach gelbgrün.

sphacelata (sa)

Blatt klein. Die Blätter weisen nekrotische Erscheinungen auf.

sphaerica (sph)

Blatt kleiner. Die kleinen Zwischenfiedern zwischen dem 1. und 2. Fiederjoch sowie sämtliche oder nur die kleinen Zwischenfiedern zwischen dem 2. und 3. Fiederjoch fallen bei dieser Mutante oftmals aus. Das 4. Fiederjoch wird häufig nicht angelegt.

squarrulosa (sar)

Blatt kleiner.

sterilis (ste)

Blatt kleiner. Die Abgliederung von freien Fiedern 2. Ordnung ist schwach gehemmt. So bildet das 1. Fiederjoch häufig keine und die Fiedern des 2. Fiederjoches häufig je eine freie akroskope Fieder 2. Ordnung aus. Das 3. Fiederjoch verhält sich hinsichtlich seiner Bildung von freien Fiedern gewöhnlich normal. Die Fiedern 1. Ordnung sind verbreitert. Die kleinen Zwischenfiedern zwischen dem 2. und 3. Fiederjoch fehlen meist. Blattfärbung schwach hellgrün.

succedanea (suc)

Blatt klein. Die Fiedern 1. Ordnung sind schwach verschmälert.

sufflava (suf)

Die Blattform entspricht der Ausgangssorte. Blattfärbung hellgrün.

tarda (ta)

Blatt kleiner.

tempestiva (tem)

Blatt kleiner. Zwischen dem 2. und 3. Fiederjoch werden meist nur die großen Zwischenfiedern ausgebildet. Das 4. Fiederjoch ist nur selten vorhanden. Blattfärbung schwach hellgrün.

tenuis (ten)

Blatt kleiner und schwach hellgrün gefärbt.

rifoliate² (tf²) (Abb. 13e)

Blatt kleiner. Am Blatt dieser Mutante sind nur die Endfiedern, die Fiedern des 1. und evtl. eine oder beide Fiedern des 2. Fiederjoches entwickelt. Zwischenfiedern und die Fiedern des 3. und 4. Fiederjoches fehlen stets. Das oberste Fiederjoch entstammt, wie die Primärblattfolge deutlich zeigt, der Endfieder und erweist sich damit dem 1. Fiederjoch der Ausgangsform homolog. Die Seitenfiedern 1. Ordnung sind verschmälert und bilden nur in wenigen Fällen freie Fiedern 2. Ordnung aus. Auch die oftmals ganzrandig erscheinenden Fiedern 1. Ordnung zeigen auf sehr frühen Entwicklungsstadien die Anlagen von getarnten Fiedern 2. Ordnung. Die beiden größten an der Endfieder auftretenden getarnten Fiedern 2. Ordnung sind oftmals

Abb. 15. Laubblattentwicklung der Mut. *trifoliate*[2]

durch einen relativ tiefen Einschnitt von dem distalen Teil der Endfieder abgegliedert. Die Entwicklungsgeschichte dieser stark reduzierten Blätter läßt erkennen, daß die Reduktion bereits in den ersten Stadien der Fiederanlegung wirksam ist. Bei Erscheinen des 1. Fiederjoches kommt es an der Endfieder zur Ausgliederung der ersten Fiedern 2. Ordnung (Abb. 15a). Spätere Entwicklungsstadien, die sich durch eine weitere Aufgliederung der vorhandenen Fiedern auszeichnen, zeigen deutlich, daß eine Anlegung weiterer Fiedern 1. Ordnung völlig unterbleibt (Abb. 15b und c).

torosa (to) (Abb. 16a)

Blätter vergrößert. Alle Fiedern sind stark vergrößert. Das trifft in vielen Fällen auch für das 4. Fiederjoch zu, an dem dann auch freie Fiedern 2. Ordnung auftreten können. Zwischen dem 3. und 4. Fiederjoch können große Zwischenfiedern ausgebildet sein. Die Rhachis der älteren Blätter zeichnet sich sehr häufig – vor allem an den Insertionsstellen der Fiedern 1. Ordnung – durch Sproßbildung aus (Abb. 16b).

truncata (tr)

Blatt kleiner. Die getarnten Fiedern 2. Ordnung sind verschmälert.

umbrosa (um)

Blatt kleiner.

unicaulis (uni)

Blatt kleiner. Der distale, aus getarnten Fiedern bestehende Teil der Fiedern 1. Ordnung ist meist relativ verkürzt.

varia^{decolorata} (va^{dec})

Die Blattform entspricht der Ausgangssorte. Die jungen Blätter sind gelbgrün gefärbt.

varia^{virgata} (va^{virg})

Die Blattform entspricht der Ausgangssorte. Die jungen Blätter zeichnen sich durch eine gelbgrüne Färbung aus.

variabilis (var)

Die Blattform entspricht der Ausgangssorte. Die jungen Laubblätter weisen eine hellgrüne Färbung auf.

viridis (vir)

Blatt kleiner.

viridula (vra)

Blatt kleiner. Die Fiedern 1. und 2. Ordnung sind relativ spitz. Blattfärbung hellgrün.

yellow virescent^2 (y^2)

Blatt klein. Die Rhachis des Blattes ist relativ verkürzt. Die Fiedern 1. Ordnung sind in ihrem distalen Teil an der Basis verbreitert. Die jungen Laubblätter zeichnen sich durch eine gelbgrüne Färbung aus.

yellow virescent^3 (y^3)

Blatt kleiner. Der distale Teil der Fiedern 1. Ordnung wirkt durch seine relativ große basale Breite und seine relativ stark betonte Spitze dreieckig. Dabei ist häufig ein Teil der bei der Ausgangssorte getarnten Fiedern 2. Ordnung frei entwickelt. Die jungen Blätter der Mutante sind gelbgrün.

yellow virescent^4 (y^4)

Die getarnten Fiedern 2. Ordnung sind kürzer und spitzer. Die jungen Laubblätter weisen eine hellgrüne Färbung auf.

Abb. 16. a – Mut. *torosa* ('C. R.') ($\frac{1}{3}$ nat. Gr.), b – Sproßbildungen an der Rhachis der Mutante *torosa*

b) Blattformen der aus der Sorte 'Rheinlands Ruhm' hervorgegangenen Mutanten

afertilis (afe)
Blatt kleiner.

arrecta (ar)
Blatt kleiner. Alle Fiedern und Zwischenfiedern sind verschmälert.

Abb. 17. Laubblatt der Sorte 'Rheinlands Ruhm' ($\frac{1}{3}$ nat. Gr.)

attenuata (atn)
Blatt kleiner. Zwischen dem 1. und 2. Fiederjoch ist ein großes Zwischenfiederjoch entwickelt, während die kleinen Zwischenfiedern hier nur unregelmäßig auftreten oder fehlen. Zwischen dem 2. und 3. Fiederpaar ist entweder nur das große Zwischenfiederjoch ausgebildet, oder es werden keine Zwischenfiedern angelegt. Das 4. Fiederjoch fehlt. Die Endfieder bildet häufig keine freien Fiedern 2. Ordnung. Die getarnten Fiedern 2. Ordnung sind relativ spitz. Die Interkostalfelder entlang der Mittelrippe der Fiedern 1. Ordnung sind aufgewölbt. Auffällig ist weiterhin eine verzögerte Entfaltung der Laubblätter. Die jungen Laubblätter sind schwach hellgrün gefärbt.

cana (cn)

Blatt kleiner.

composita (cpa)

Die Blattform entspricht der Ausgangssorte.

contaminata (cta)

Blatt kleiner. Die kleinen Zwischenfiedern zwischen dem 2. und 3. Fiederjoch sowie das 4. Fiederjoch fehlen häufig. Die getarnten Fiedern 2. Ordnung sind schmal und spitz.

convoluta (cvl)

Die Blattform entspricht der Ausgangssorte.

curvifolia (cur) (Abb. 18a)

Die Fiedern 2. Ordnung sind oft relativ schmal und spitz. Blattfärbung hellgrün.

dwarf-2 (d-2)

Die kleinen Zwischenfiedern zwischen dem 2. und 3. Fiederjoch sowie das 4. Fiederjoch fehlen meist. Die Abgliederung von freien Fiedern 2. Ordnung ist stark gehemmt. Das 1. Fiederjoch bildet häufig keine freien Fiedern 2. Ordnung. Ähnlich verhalten sich die Fiedern des 2. und 3. Fiederjoches, die aber in manchen Fällen jeweils eine akroskope freie Fieder 2. Ordnung hervorbringen können. Manchmal sind die Fiedern 1. Ordnung auch stärker gegliedert. Die getarnten Fiedern 2. Ordnung sind kleiner und stumpfer als bei der Ausgangssorte.

declinata (de)

Blatt kleiner. Die Fiedern 2. Ordnung sind relativ schmal und spitz. Ältere Blätter zeigen nekrotische Erscheinungen.

decomposita (dc) (Abb. 18b)

Von den Fiedern 2. Ordnung ist eine größere Anzahl als bei der Ausgangssorte frei oder fast frei entwickelt. Dabei kann sowohl die akroskope als auch die basiskope Hälfte der Fiedern des 1. Fiederjoches ein bis mehrere freie Fiedern 2. Ordnung ausbilden. Die großen Zwischenfiedern und die freien Fiedern 2. Ordnung können selbst wieder freie Fiedern hervorbringen.

deformis (def) (Abb. 19)

Von den zu erwartenden Zwischenfiedern ist meist nur das große Zwischenfiederpaar zwischen dem 1. und 2. Fiederjoch vorhanden. Das 3. Fiederjoch ist meist relativ klein, das 4. Fiederjoch fehlt. Alle vorhandenen Fiedern und Fiederteile können hinsichtlich ihrer Spreitenentwicklung in sehr unregelmäßiger Weise gehemmt sein. In manchen Fällen ist eine ganze Fieder oder ein ganzes Blatt ohne Spreitenentwicklung, so daß nur eine fadenförmige Mittelrippe vorhanden ist. Da die Laubblätter dieser Mutante mit zu den unregelmäßigsten Blattformen des Mutantensortimentes zählen, wurde ihre Entwicklungsgeschichte untersucht. Hier zeigt sich, wenn man von extrem reduzierten Blättern absieht (Abb. 20), eine sehr regelmäßige, basipetale

Abb. 18. a – Mut. *curvifolia* ('R. R.'), b – Mut. *decomposita* ('R. R.') ($\frac{1}{3}$ nat. Gr.)

Anlegung der Fiedern 1. Ordnung, die aber bereits mit der Ausgliederung des 3. Fiederjoches abschließt (Abb. 21a und b). Die Reduktion kann sich auch auf das 3. Fiederjoch erstrecken, so daß dieses bereits bei der Fiederanlegung unvollständig bleibt (Abb. 21d). An den Fiedern 1. Ordnung, die sich in diesem Jugendstadium durch eine völlig normale Form auszeichnen, werden auch die Fiedern 2. Ordnung mit großer Regelmäßigkeit abgegliedert (Abb. 21b und c). Die sehr unregelmäßige Spreitenentwicklung setzt in den meisten Fällen erst relativ spät ein.

Abb. 19. Mut. *deformis* ('R. R.') ($\frac{1}{3}$ nat. Gr.)

deliquescens (deli)

Blatt kleiner. Die Fiedern 1. Ordnung sind relativ spitz.

depauperata (depa)

Blatt klein. Während die Fiedern des 1. Fiederjoches meist keine freie Fieder ausbilden, treten am 2. und oft auch am 3. Fiederjoch je eine akroskope freie Fieder 2. Ordnung auf. Die Fiedern 1. und 2. Ordnung sind sehr schmal und spitz.

detrimentosa (det)

Blatt kleiner. Der aus getarnten Fiedern bestehende Spreitenteil der Fiedern 1. Ordnung ist klein und relativ lang gestielt. Diese Fiederrippe bringt verhältnismäßig wenige freie Seitenfiedern 2. Ordnung hervor. Bei der Beurteilung dieser Fiederform sind zwei Deutungen möglich.

Einmal kann es sich hierbei um eine einfache Streckung des Fiederstieles handeln. Eine andere, den relativ kleinen distalen Fiederteil berücksichtigende Deutung, würde eine Vergrößerung des mit freien Fiedern besetzten, auf Kosten des getarnte Fiedern ausbildenden distalen Fiederteiles voraussetzen, wobei eine gleichzeitige Reduktion der basalen freien Fiedern 2. Ordnung zu einer scheinbaren Verlängerung des Fiederstieles führen könnte. Für die letztere Deutung spricht die Tatsache, daß auch bei anderen Mutanten nicht selten die basalen, zuletzt angelegten freien Fiedern oft sehr klein sind, so daß eine noch stärkere Reduktion und ein völliges Fehlen dieser Fiedern durchaus wahrscheinlich ist.

In ihrem Gesamtumriß erscheinen die Fiedern 1. Ordnung verschmälert. Die getarnten Fiedern 2. Ordnung sind relativ spitz. Blattfärbung schwach hellgrün.

detrimentosa[2] *(det*[2]*)*

Blatt kleiner. Die Fiedern 1. Ordnung sind oftmals relativ lang gestielt. Die getarnten Fiedern 2. Ordnung sind verschmälert und relativ spitz. Blattfärbung schwach hellgrün.

emortua (em)

Blatt kleiner.

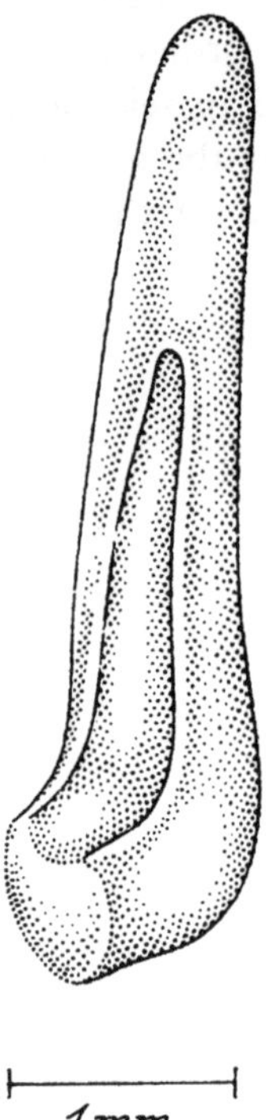

Abb. 20. Reduziertes Laubblatt der Mut. *deformis*

falsiflora (fa) (Abb. 22a)

Zwischen dem 1. und 2. sowie dem 2. und 3. Fiederjoch sind oft nur die großen Zwischenfiederpaare entwickelt. Das 4. Fiederjoch fehlt. Die Abgliederung von freien Fiedern 2. Ordnung ist deutlich gehemmt. Die Fiedern 1. Ordnung sind stark verbreitert und bilden meist keine freien Fiedern 2. Ordnung aus.

flacca (flc)

Blatt kleiner. An älteren Blättern treten nekrotische Erscheinungen auf.

flaccida (fld)

Blatt kleiner.

flavida (flav)

Blatt klein. Die kleinen Zwischenfiedern zwischen dem 2. und 3. Fiederjoch sowie das 4. Fiederjoch fehlen. Die Fiedern 1. Ordnung zeichnen sich durch Verschmälerung aus. Die getarnten Fiedern 2. Ordnung sind kurz und spitz. Blattfärbung schwach hellgrün.

fruticosa^{abbreviata} *(fru*^{ab}*)* (Abb. 22b)

Blatt verlängert. Zwischen dem 1. und 2. sowie dem 2. und 3. Fiederjoch ist oftmals nur das große Zwischenfiederjoch ausgebildet. In manchen Fällen können zwischen dem 1. und 2., seltener aber zwischen dem 2. und 3. Fiederjoch auch die kleinen Zwischenfiederpaare mehr oder weniger vollständig vorhanden sein. Das 4. Fiederjoch kann den übrigen Seitenfiedern 1. Ordnung hinsichtlich seiner Größe stark angenähert sein. In einigen Fällen ist auch zwischen dem 3. und 4. Fiederjoch ein großes Zwischenfiederpaar ausgebildet. Die

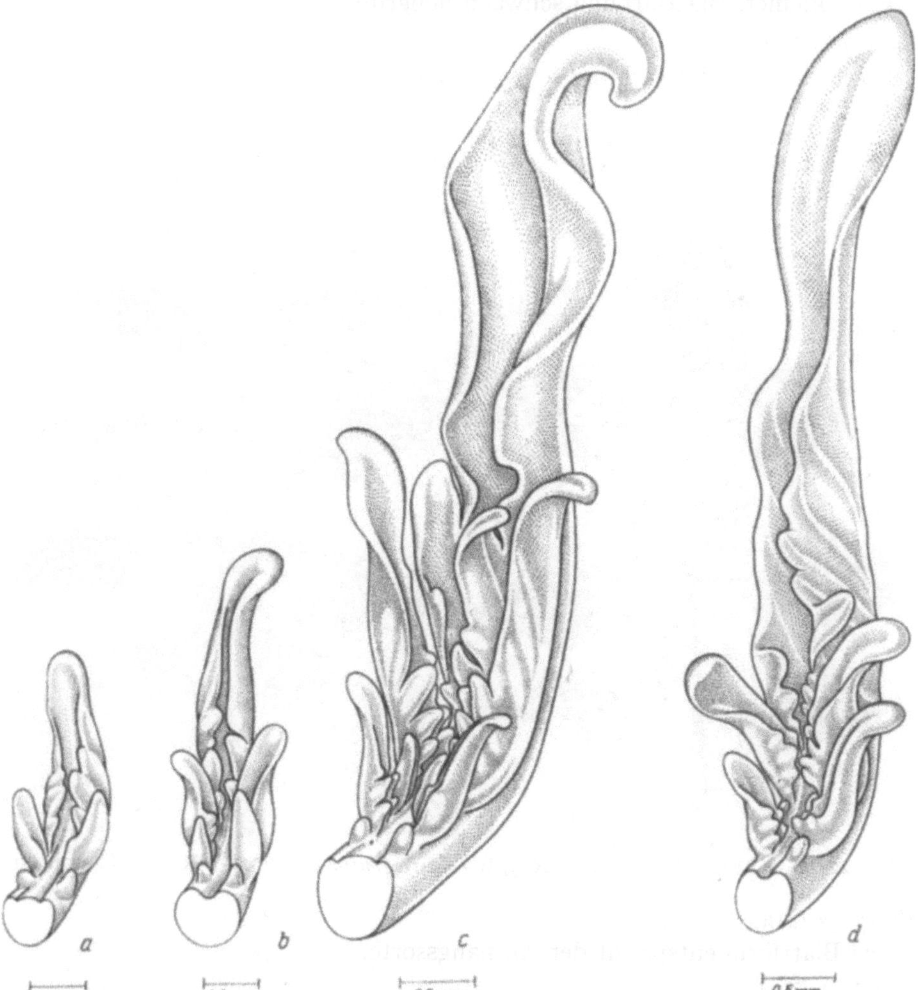

Abb. 21. Laubblattentwicklung der Mut. *deformis*

Fiedern des 1. und 4. Fiederjoches bringen gewöhnlich keine freien Fiedern 2. Ordnung hervor, während sich die Fiedern des 2. und 3. Fiederjoches meist durch eine akroskope freie Fieder 2. Ordnung auszeichnen. Die Fiedern 1. Ordnung, die Zwischenfiedern und die freien Fiedern 2. Ordnung sind stark verbreitert. Das Blatt ist überhängend.

fulgens[2] *(ful*[2]*)*

Die Blattform entspricht der Ausgangssorte. Blattfärbung hellgrün.

fulgida (fug)

Die Blattform entspricht der Ausgangssorte. Die jungen Laubblätter weisen eine hellgrüne Färbung auf.

gamosepala (gas)

Blatt kleiner. Blattfärbung schwach hellgrün.

glaucophylla (glc)

Blatt kleiner. Blattfärbung schwach hellgrün.

Abb. 22. a – Mut. *falsiflora* ('R. R.'), b – Mut. *fruticosa*^{abbreviata} ('R. R.') ($\frac{1}{3}$ nat. Gr.)

glutinosa (glu)

Die Blattform entspricht der Ausgangssorte.

gracilenta (grl)

Blatt klein. Die Blattrhachis ist relativ verkürzt. Die kleinen Zwischenfiedern zwischen dem 2. und 3. Fiederjoch sowie das 4. Fiederjoch fehlen. Die Endfieder und Seitenfiedern 1. Ordnung entwickeln entweder keine freien Fiedern 2. Ordnung, oder es tritt meist am 2. Fiederjoch je eine akroskope freie Fieder 2. Ordnung auf. Die Fiedern 1. Ordnung sind relativ spitz. An den Blättern treten nekrotische Erscheinungen auf. Blattfärbung schwach hellgrün.

gracillama (grc)

Blatt klein. Zwischen dem 2. und 3. Fiederpaar ist oft nur das große Zwischenfiederjoch vorhanden. Das 4. Fiederjoch fehlt oftmals. An der Endfieder tritt meist höchstens ein frei entwickeltes Fiederpaar auf. Von allen Seitenfiedern besitzen fast stets nur die Fiedern des 2. Fiederjoches je eine akroskope freie Fieder 2. Ordnung. Die Blätter können nekrotisch werden. Blattfärbung schwach hellgrün.

impatiens (im)

Blatt kleiner.

inclinata (ic)

Blatt kleiner. Die basalen getarnten Fiedern 2. Ordnung sind durch tiefere Einschnitte voneinander getrennt. Blattfärbung schwach hellgelb.

inconstans (ins)

Die Blattform entspricht der Ausgangssorte.

indehiscens (id) (Abb. 23a)

Die Fiedern 1. Ordnung sind verbreitert und zeichnen sich durch eine große Zahl von Fiederzähnen aus. Die zahlreichen Fiederzähne haben deutlich ihren Grund darin, daß – besonders bei den mittleren Fiedern – unterhalb jeder getarnten Fieder 2. Ordnung mindestens eine kleine getarnte Fieder 3. Ordnung erscheint. Diese Ausnahme findet ihre Bestätigung in der Tatsache, daß sich häufig die Fiedern 2. Ordnung so herausheben, daß die Fiedern

Abb. 23. a – Mut. *indehiscens* ('R. R.'), b – Mut. *leprosa* ('R. R.'), c – Mut. *mortalis* ('R. R.'), d – Mut. *mortalis* ('R. R.') ($\frac{1}{3}$ nat. Gr.)

3. Ordnung diesen deutlich ansitzen. Die Zwischenfiedern und freien Fiedern 2. Ordnung sind ebenfalls verbreitert. Die freien Fiedern 2. Ordnung bleiben relativ klein oder fallen oft aus, so daß die Fiedern 1. Ordnung manchmal relativ lang gestielt erscheinen.

inquieta (ini)

Blatt kleiner. Die basalen getarnten Fiedern 2. Ordnung sind durch tiefere Einschnitte voneinander getrennt.

inquinata (ita)

Die getarnten Fiedern 2. Ordnung sind relativ spitz. An den Blättern treten nekrotische Erscheinungen auf.

laesa (lae)

Blatt kleiner. Die Entwicklung von freien Fiedern 2. Ordnung ist gehemmt. An den Blättern treten nekrotische Erscheinungen auf.

lamprochlora (lap)

Blatt kleiner. Die Blattrhachis ist relativ verkürzt. Die Fiedern 1. Ordnung sind sehr spitz.

lembiformis (le)

Blatt klein. Die Zwischenfiedern und Fiedern 2. Ordnung sind verschmälert. Die basalen getarnten Fiedern 2. Ordnung sind oft durch sehr tiefe Einschnitte voneinander getrennt. Das Blatt ist häufig etwas unregelmäßig gebogen. An den Blättern treten nekrotische Erscheinungen auf. Die kleinen Zwischenfiedern zwischen dem 2. und 3. Fiederjoch sowie die Fiedern des 4. Fiederjoches fehlen meist.

leprosa (lep) (Abb. 23b)

Blatt klein. Die kleinen Zwischenfiedern zwischen dem 2. und 3. Fiederjoch sowie das 4. Fiederjoch sind oft nicht entwickelt. Freie Fiedern 2. Ordnung fehlen meist, oder es kommt vielfach nur am 2. Fiederjoch zur Ausbildung einer akroskopen freien Fieder 2. Ordnung. Die Blätter sind stark nekrotisch.

lurida (lur)

Blatt schwach verkleinert. Blattfärbung schwach hellgrün.

marmorata[2] *(marm*[2]*)*

Die Fiedern 2. Ordnung sind relativ schmal und spitz. Das Blatt ist oft unregelmäßig gekrümmt. Blattfärbung schwach hellgrün.

morata (mor)

Blatt klein. Die Blattrhachis ist relativ verkürzt.

mortalis (mts)

Blatt sehr klein. Häufig ist nur das 1. und 2. Fiederjoch entwickelt (Abb. 23c). Wenn das 3. Fiederjoch ebenfalls ausgebildet ist, so tritt oft zwischen dem 1. und 2. (Abb. 23d), seltener zusätzlich zwischen dem 2. und 3. Fiederpaar ein großes Zwischenfiederjoch auf. Freie Fiedern 2. Ordnung fehlen völlig. Die getarnten Fiedern 2. Ordnung treten nur als sehr kleine, oft undeutlich erkennbare Fiederzähne in Erscheinung. Die an den Laubblättern auftretenden Reduktionserscheinungen sind bereits zu einem sehr frühen Zeitpunkt der Blattentwicklung erkennbar. Die Anlegung der Fiedern 1. Ordnung, die wie bei der Ausgangsform basipetal erfolgt, kommt bereits nach der Ausgliederung des 3. Fiederjoches zum Stillstand (Abb. 24a und b). Nicht selten wird die Fiederanlegung bereits nach der Ausgliederung des 2. Fiederjoches eingestellt (Abb. 24c).

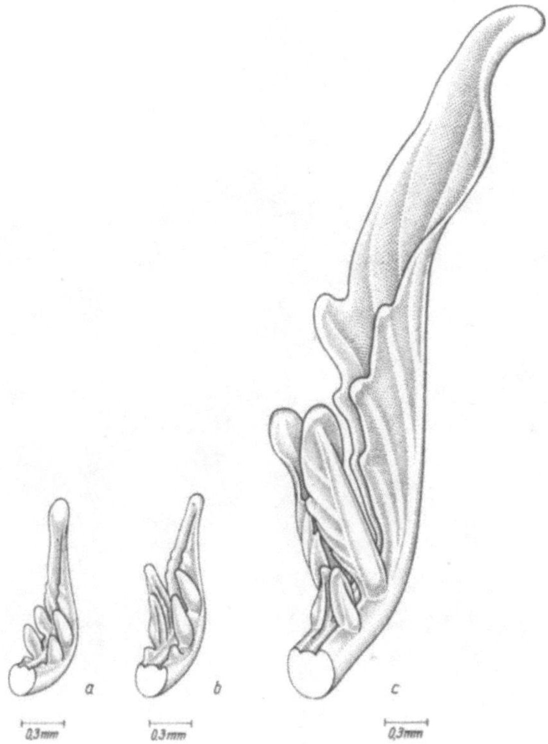

Abb. 24. Laubblattentwicklung der Mut. *mortalis*

multifolia (muf) (Abb. 25)

Die Mutante entwickelt ein drei- bis vierfach gefiedertes Laubblatt. Ein Teil der bei der Ausgangssorte getarnten Fiedern 2. Ordnung ist frei entwickelt. Dieses trifft sowohl für die Endfieder als auch für die Seitenfiedern zu. An den freien Fiedern 2. Ordnung können selbst wieder freie Fiedern auftreten. Zwischen den freien Fiedern 2. Ordnung können Zwischenfiedern ausgebildet sein. Seltener erscheinen auch an den Seitenfiedern 3. Ordnung freie Fiedern. Auch die Fiedern des 1. Fiederjoches bringen mehere freie Seitenfiedern 2. Ordnung hervor, zwischen denen Zwischenfiedern ausgebildet sein können. Die Zwischenfiedern der Blattrhachis sind stark gefördert. An den großen, oftmals aber auch an den kleinen Zwischenfiedern werden freie Seitenfiedern und Zwischenfiedern ausgebildet. Auch an diesen, den Zwischenfiedern zugehörigen Seitenfiedern können freie Seitenfiedern zur Entwicklung kommen. Für alle Fiedereinheiten, die selbst wieder freie Fiedern hervorbringen, trifft natürlich auch bei dieser Mutante zu, daß sie zusätzlich eine Reihe getarnter Fiedern ausbilden. Das 4. Fiederjoch kann in seiner Größe den anderen Seitenfiedern angenähert und stark gegliedert sein.

Abb. 25. Mut. *multifolia* ('R. R.') ($\frac{1}{3}$ nat. Gr.)

Wie die Entwicklungsgeschichte dieser stark gegliederten Blätter zeigt, werden auch die Fiedern höheren Grades bevorzugt basipetal angelegt. Dieses trifft sowohl für die zahlreichen freien Fiedern 2. Ordnung (Abb. 26/Ia und 26/IIc), als auch für die vermehrte Zahl von freien Fiedern 3. Ordnung zu (Abb. 26/Ib, 26/IId und e). Gleiches gilt für die Zwischenfiedern an der Rhachis des Gesamtblattes und der Rhachis der Fiedern 1. Ordnung (Abb. 26/Ib).

multiplicata (mup)

Die kleinen Zwischenfiedern zwischen dem 1. und 2. Fiederjoch, besonders aber zwischen dem 2. und 3. Fiederjoch, fehlen oftmals oder sind in sehr unregelmäßiger Zahl vorhanden. Das 4. Fiederjoch ist meist nicht entwickelt. An der Endfieder ist meist höchstens ein freies Fiederpaar ausgebildet.

Abb. 26/I. Blattentwicklung der Mut. *multifolia*; a und b Gesamtblatt

Während am 1. Fiederjoch gewöhnlich niemals freie Fiedern auftreten, kann an den Fiedern des 2. und 3. Fiederjoches je eine akroskope freie Fieder 2. Ordnung vorhanden sein. Die getarnten Fiedern 2. Ordnung sind relativ spitz.

mutabilis (mut)

Die Blattform entspricht der Ausgangssorte.

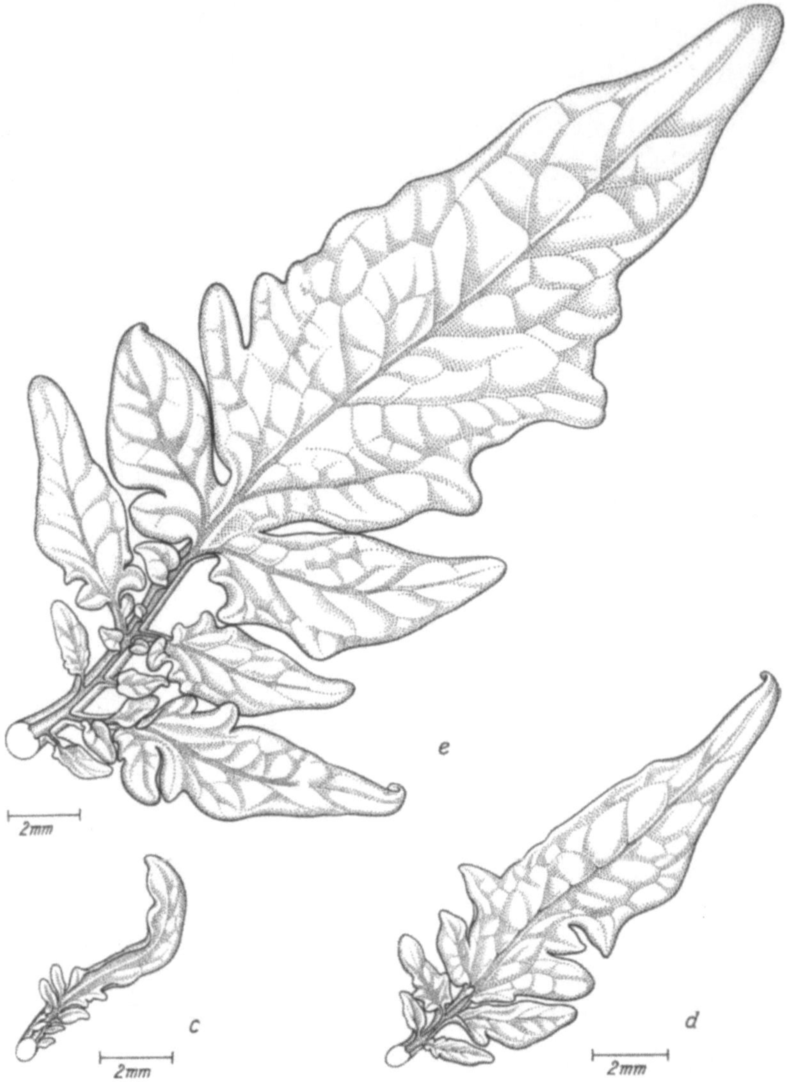

Abb. 26/II. Blattentwicklung der Mut. *multifolia*; c–e Seitenfiedern 1. Ordnung

mutata (mta)

Die kleinen Zwischenfiedern zwischen dem 2. und 3. Fiederjoch sowie das 4. Fiederjoch fehlen oftmals. Das 1. Fiederjoch ist meist ohne freie Fieder 2. Ordnung. Die Fiedern des 2. und 3. Fiederjoches entwickeln entweder ebenfalls nur getarnte Fiedern 2. Ordnung oder zusätzlich je eine akroskope freie Fieder 2. Ordnung. Die Fiedern 1. Ordnung und die getarnten Fiedern sind sehr spitz. Die Interkostalfelder zwischen den Seitennerven sind streifenförmig aufgewölbt. Die jungen Laubblätter zeichnen sich durch eine hellgrüne Färbung aus.

obscura (ob)

Die Blattform entspricht der Ausgangssorte.

ochroleuca (oc)

Die Fiedern 2. Ordnung sind relativ spitz. Blattfärbung schwach hellgrün.

olivacea (oli)

Blatt kleiner. Ein Teil der sonst getarnten Fiedern 2. Ordnung ist nicht selten frei entwickelt. Die Seitenfiedern sind relativ verkürzt und etwas unregelmäßig gebogen. Die Fiedern 1. Ordnung und die großen Zwischenfiedern sind sehr spitz. An den Blättern treten nekrotische Erscheinungen auf. Außerdem zeichnen sich die Laubblätter durch eine olivgrüne Färbung aus.

sticky fruit epidermis² (pe²)

Die Blattform entspricht der Ausgangssorte. Blattfärbung schwach hellgrün.

perviridis (per)

Blatt kleiner. Die Fiedern des 1. Fiederjoches sind häufig ohne freie Fiedern 2. Ordnung, während die Fiedern des 2. und 3. Fiederjoches meist jeweils eine akroskope freie Fieder 2. Ordnung ausbilden.

polyphylla (pp)

Ein Teil der bei der Ausgangssorte getarnten Fiedern 2. Ordnung ist hier frei entwickelt.

praematura (pm)

Die Blattform entspricht der Ausgangssorte.

pulvinata (pu)

Blatt kleiner.

punctata (pun)

Blatt klein. Alle Fiedern sind stark verschmälert.

rava² (ra²)

Blatt kleiner. Die kleinen Zwischenfiedern zwischen dem 2. und 3. Fiederjoch sowie das 4. Fiederjoch fehlen häufig. Die Fiedern 1. Ordnung sind schwach verschmälert. Blattfärbung graugrün.

reptans (re)

Die Blattform entspricht der Ausgangssorte.

restricta (res)

Blatt kleiner. Alle Fiedern sind verschmälert. Blattfärbung schwach hellgrün.

rotundifolia (rot)

Die Fiedern 1. Ordnung zeichnen sich oftmals durch eine stumpfere Spitze aus. Die Zwischenfiedern sowie die freien und die getarnten Fiedern 2. Ordnung sind verbreitert und stumpf.

sinuata (si)

Blatt kleiner. Die Fiedern 1. und 2. Ordnung sind relativ spitz. Blattfärbung schwach gelbgrün.

sitiens (sit)

Blatt klein. Die kleinen Zwischenfiedern zwischen dem 2. und 3. Fiederjoch sowie das 4. Fiederjoch fehlen oftmals. Das 1. Fiederjoch bildet meist keine freien Fiedern, während die Fiedern des 2. und 3. Fiederjoches meist nur je eine akroskope freie Fieder 2. Ordnung ausbilden. Die Fiedern 1. Ordnung haben eine ovale Form.

splendida (spe)

Blatt kleiner. Die Rhachis des Blattes ist relativ verkürzt.

sufflaminata (sfa)

Blatt klein. Die kleinen Zwischenfiedern zwischen dem 2. und 3. Fiederjoch sowie das 4. Fiederjoch fehlen gewöhnlich. An den Blättern treten nekrotische Erscheinungen auf.

suffulta² (su²)

Die Blattform entspricht der Ausgangssorte.

suffusa (sua)

Die Blattform entspricht der Ausgangssorte.

tabescens (tab)

Blatt klein. Die kleinen Zwischenfiedern zwischen dem 2. und 3. Fiederjoch sowie das 4. Fiederjoch fehlen oftmals. Die getarnten Fiedern 2. Ordnung sind relativ spitz. Die häufig schwach unregelmäßig gebogenen Fiedern zeigen oft eine unregelmäßige Spreitenbildung. Weiterhin treten an den Fiedern nekrotische Erscheinungen auf. Blattfärbung schwach hellgrün.

trifoliate³ (tf³)

Blatt kleiner. Von den Seitenfiedern ist gewöhnlich nur das 1. Fiederjoch vorhanden. In wenigen Fällen ist zusätzlich eine Fieder des 2. Fiederjoches entwickelt. Sowohl an der Endfieder als auch an den Seitenfiedern treten nur ganz selten freie Fiedern 2. Ordnung auf. Zwischenfiedern und die Fiedern der übrigen Fiederjoche fehlen. Die getarnten Fiedern 2. Ordnung sind mit Ausnahme der basalen Fiedern relativ undeutlich ausgeprägt.

virgulta (vga)

Blatt kleiner. Die jungen Laubblätter zeigen eine hellgrüne Färbung.

c) Blattformen der aus der Sorte 'Lukullus' hervorgegangenen Mutanten

anthocyanin gainer² (ag²)

Die Blattform entspricht der Ausgangssorte.

applanata (apl)

Die Rhachis und der Stiel des Gesamtblattes sind verlängert.

bipinnata (bip) (Abb. 27)

Ein Teil der bei der Ausgangsform getarnten Fiedern 2. Ordnung ist frei entwickelt. Dabei treten auch an den Fiedern des obersten Fiederjoches mehrere freie Fiedern auf. Ebenso sind an den Fiedern des 4. Fiederjoches freie Fiedern ausgebildet. Auch die großen Zwischenfiedern und die freien Fiedern 2. Ordnung bringen in manchen Fällen freie Fiedern hervor. An den Fiedern 1. Ordnung treten Zwischenfiedern auf. Alle spreitenförmigen Blattteile sind stark verschmälert. Die Tendenz zu einer verstärkten Aufgliederung der Blattspreite wird bereits an den Primärblättern dieser Mutante deutlich.

Abb. 27. Mut. *bipinnata* ('L.') ($\frac{1}{3}$ nat. Gr.)

Die bei den Primärblättern der Ausgangssorte häufig beobachtbare Verwachsung der Endfieder mit den Fiedern des 1. Fiederjoches unterbleibt hier, so daß die Lamina des 1. Primärblattes bereits aus einer Endfieder und zwei frei entwickelten Fiederjochen besteht (Abb. 28a). Schon am 2. Blatt der Primärblattfolge kommt es zur Ausbildung von freien Fiedern 2. Ordnung (Abb. 28b), die bei der Ausgangssorte gewöhnlich erst später auftreten. Am 3. Blatt der Folge erscheinen neben den großen Zwischenfiedern zwischen dem 1. und 2. Fiederjoch bereits die Fiedern des 3. Fiederjoches (Abb. 28c).

clara (cla)

Die Blattform entspricht der Ausgangssorte. Blattfärbung schwach hellgrün.

Abb. 28. Primär- und Folgeblätter der Mut. *bipinnata*

Abb. 29. Mut. *clausa* ('L.') ($\frac{1}{3}$ nat. Gr.)

clausa (clau) (Abb. 29 und Abb. 30a)

Von allen Mutanten des Gaterslebener Sortimentes hat diese den kompliziertesten Blattbau. Die Fiedern dieser Mutante fügen sich nicht in eine Ebene ein, sondern sind räumlich verteilt. Das gesamte Blatt ist sehr stark gegliedert. Zahlreiche bei der Ausgangssorte getarnten Fiedern sind hier frei entwickelt. So sind auch an der Endfieder oft vier freie Fiederpaare vorhanden. Ebenso treten an den Fiedern des obersten Joches je zwei freie Fiederpaare auf. An den großen und kleinen Zwischenfiedern werden ebenfalls freie Fiedern ausgebildet. Die Fiedern 1. Ordnung bilden Zwischenfiedern aus. Die freien Fiedern 2. Ordnung tragen oft selbst wieder freie Fiedern. Ebenso verhalten sich die freien Fiedern der Zwischenfiedern. Der Blattstiel und teilweise auch die Rhachis sind unifazial. Diese Erscheinung führt oft zur Ausbildung einer Gegenfieder. Der unifaziale Bau des Blattstiels läßt sich auch histologisch nachweisen. Das Leitgewebe der bifazialen Rhachisteile zeigt – wie bei den Ausgangssorten – eine u-förmige Anordnung und ist allseitig von Parenchym umgeben (Abb. 31a). Bei dem unifazialen Blattstiel dieser Mutante sind die

Abb. 30. a – Mut. *clausa*, b – Basalteil eines jungen Laubblattes der Mut. *clausa*; Verwachsung der Gegenfieder mit den basalen Seitenfiedern 1. Ordnung

oberen Kanten des Leitgewebekomplexes dagegen miteinander vereinigt, so daß durch die hieraus resultierende o-förmige Anordnung der zentrale Teil des Parenchymgewebes vollständig umschlossen wird (Abb. 31b). Alle Fiedern der verschiedenen Ordnungen können mit der gegenüberstehenden Fieder verwachsen. Ebenso kann die Gegenfieder mit den basalen Seitenfiedern vereinigt sein (Abb. 30b). Von diesen Verwachsungen völlig ausgeschlossen sind die Endfieder und das 1. Fiederjoch. Weiter kompliziert wird der Blattbau durch das Vermögen aller Blatteile, Sprosse zu bilden. Eine andere Besonderheit des Blattes besteht in der Tatsache, daß das 2., 3. und 4. Fiederjoch durch eine geringe Streckung der Rhachis in diesem Teile dicht benachbart sind.

conferta (cfa)

Blatt klein. Zwischen dem 2. und 3. Fiederjoch ist oft nur ein großes Zwischenfiederpaar ausgebildet. Auch dieses kann unvollständig sein oder völlig fehlen. Das 4. Fiederjoch fehlt. Die Fiedern 1. Ordnung sind verschmälert. An älteren Blättern treten nekrotische Erscheinungen auf.

congesta (cg)

Blatt kleiner. Die Fiedern 1. Ordnung sind relativ verkürzt.

corrupta (cru) (Abb. 31c)

Blatt klein. Die Rhachis ist relativ verkürzt. Es werden nur die oberen 2–3 Fiederjoche ausgebildet. Das 4. Fiederjoch fehlt. Die Zwischenfiedern erscheinen nur sehr unregelmäßig. Die Fiedern 1. Ordnung sind oft unregelmäßig verkrümmt. An den Spreitenteilen treten nekrotische Erscheinungen auf.

curvata (cv)

Blatt kleiner. Die Rhachis ist relativ verkürzt.

decumbens (dec)

Die Fiedern 1. Ordnung sind verschmälert.

diminuta (dim)

Die Blattform entspricht der Ausgangssorte.

eluta (elu)

Die Blattform entspricht der Ausgangssorte. Blattfärbung hellgrün.

fertilis (fe)

Die Blattform entspricht der Ausgangssorte. Die Tragblätter der Seitentriebe sind sehr häufig in ihrem Basalteil kongenital mit dem Achselsproß verwachsen.

flavescens (fla)

Die Blattform entspricht der Ausgangssorte. Blattfärbung schwach hellgrün.

globosa² (*glo²*)

Blatt kleiner. Blattfärbung schwach hellgrün.

Abb. 31. a – Querschnitt durch die bifaziale Rhachis der Mut. *clausa*, b – Querschnitt durch den unifazialen Blattstiel der Mut. *clausa*, c – Mut. *corrupta* ('L.') ($\frac{1}{3}$ nat. Gr.), d – Mut. *jugata*^{2} ('L.') ($\frac{1}{3}$ nat. Gr.)

grandifructa (grf)
Die Blattform entspricht der Ausgangssorte.

inflexa (ina)
Die Blattrhachis ist schwach verlängert.

jugata² (jug²) (Abb. 31 d)
Die Spitzen der Fiedern 1. Ordnung, Zwischenfiedern und Fiedern 2. Ordnung sind stumpfer. Die getarnten Fiedern 2. Ordnung sind oft relativ kurz und sehr undeutlich.

lutescent² (l²)
Die getarnten Fiedern 2. Ordnung sind schmal und spitz.

luteola (lu)
Die Blattform entspricht der Ausgangssorte.

macrocarpa (ma)
Die Fiedern 1. Ordnung, die Zwischenfiedern und Fiedern 2. Ordnung sind verschmälert.

marcescens (mar)
Blatt kleiner. Die Blattrhachis ist sehr schwach, so daß die Blätter schlaff herunterhängen. Die Fiedern und Zwischenfiedern sind stumpfer.

melongenoida (mel)
Die Fiedern 1. und 2. Ordnung sind schwach verschmälert.

notabilis (not)
Blatt kleiner.

ovate² (ol²)
Die Fiedern 1. Ordnung, die großen Zwischenfiedern und die freien Fiedern 2. Ordnung sind verschmälert. Die Fiedern 1. Ordnung sind relativ spitz.

olivacea² (oli²)
Blatt kleiner. Ein Teil der bei der Ausgangssorte auftretenden getarnten Fiedern 2. Ordnung ist frei entwickelt. Die Fiedern 1. Ordnung sind eiförmig bis oval und oftmals relativ verkürzt. Die Zwischenfiedern und die freien Fiedern 2. Ordnung sind von rundlicher Form. Alle Spreitenteile sind unregelmäßig gekrümmt und meist nekrotisch. Blattfärbung olivgrün.

oviformis (ovi)
Die Fiedern 1. und 2. Ordnung sind relativ spitz.

plicata (pli)
Ein Teil der bei der Ausgangssorte auftretenden getarnten Fiedern 2. Ordnung ist frei entwickelt.

polylopha (po)
Blatt kleiner. Die Blattrhachis ist relativ verkürzt. Die Fiedern 1. Ordnung sind verbreitert.

praecox (px)
Die Blattrhachis ist relativ dünn. Die Fiedern 1. Ordnung, die großen Zwischenfiedern und die Fiedern 2. Ordnung sind stark verschmälert und spitz.

prunoidea (prun) (Abb. 32)
Die Rhachis des Blattes ist verlängert. Die vorliegende Mutante zeichnet sich hinsichtlich ihrer Blattbildung besonders durch die Förderung des 4. Fiederjoches aus. Die Fiedern des 4. Fiederjoches können die Größe der übrigen Seitenfiedern 1. Ordnung erreichen. Zusammen mit der Tatsache, daß größenmäßig alle Abstufungen von normaler Fiedergröße bis zu Fiedern von

Abb. 32. Mut. *prunoidea* ('L.')
($\frac{1}{3}$ nat. Gr.)

Zwischenfiedergröße auftreten können, ergibt sich hier ein deutlicher Hinweis, daß die bei den Ausgangsformen und meisten Mutanten auftretenden relativ kleinen untersten Fiederorgane tatsächlich Fiedern 1. Ordnung und nicht, wie sich auf Grund der geringen Größe vermuten ließe, Zwischenfiedern sind. In manchen Fällen können auch am 4. Fiederjoch freie Fiedern 2. Ordnung auftreten. Ebenso ist zwischen dem 3. und 4. Fiederpaar oftmals ein großes Zwischenfiederjoch entwickelt. Der Blattstiel sowie die Rhachis des Gesamtblattes und der Fiedern 1. Ordnung sind sehr dünn. Fiedern 1. und 2. Ordnung und Zwischenfiedern sind verschmälert und spitz. Auch bei dieser Mutante erfolgt die Ausgliederung der Fiedern 1. Ordnung in basipetaler Richtung (Abb. 33a). Annähernd bei der Bildung des 3. Fiederjoches kommt es an der

Abb. 33. Laubblattentwicklung der Mut. *prunoidea*

Endfieder zur Ausgliederung von Fiedern 2. Ordnung (Abb. 33b). Bei der Anlage des 4. Fiederjoches entstehen zunächst zwischen dem 1. und 2., dann zwischen dem 2. und 3. Fiederjoch die großen Zwischenfiedern. An den Fiedern des 1. Fiederjoches setzt gleichzeitig die Bildung von Seitenfiedern ein (Abb. 33c). Während der weiteren Entwicklung entstehen die kleinen Zwischenfiedern zwischen dem 1. und 2. Fiederjoch sowie die Fiedern 2. Ordnung am 1. bis 3. Fiederjoch (Abb. 33d). Es folgt dann die Ausgliederung der kleinen Zwischenfiedern zwischen dem 2. und 3. Fiederjoch und bei einer Reihe von Blättern die bei den drei Ausgangssorten und den allermeisten Mutanten niemals vorkommende Ausbildung von großen Zwischenfiedern zwischen dem 3. und 4. Fiederjoch. In seltenen Fällen kann auch ein 5. Fiederjoch ausgebildet werden (Abb. 33e).

yellow color of fruit flesh[2] *(r^2)*

Die Fiedern 1. Ordnung sind schwach verbreitert. Die Fiedern 2. Ordnung sind relativ stumpf und breit. Die getarnten Fiedern 2. Ordnung sind durch relativ schwache Einschnitte voneinander getrennt.

rava[3] *(ra^3)*[1]

Blatt kleiner. Die Fiedern des 4. Fiederjoches und die kleinen Zwischenfiedern zwischen dem 2. und 3. Fiederjoch werden gewöhnlich nicht ausgebildet. Die Fiedern 1. Ordnung sind verschmälert. Gemeinsam mit den Fiedern 2. Ordnung und den Zwischenfiedern zeichnen sich die Fiedern 1. Ordnung durch eine stumpfe Spitze aus. Blattfärbung graugrün.

rigida[2] *(rig^2)*

Blatt etwas kleiner. Zwischen dem 2. und 3. Fiederjoch ist nur das große Zwischenfiederpaar entwickelt. Das 4. Fiederjoch fehlt. Die Ausbildung von freien Fiedern 2. Ordnung ist gehemmt. An der Endfieder tritt meist ein freies Fiederpaar auf, während freie Fiedern 2. Ordnung am 1. und 3. Fiederjoch fehlen. Am 2. Fiederjoch kommt jeweils eine akroskope freie Fieder 2. Ordnung zur Entwicklung. Die Fiedern 1. Ordnung sind verschmälert und spitz. Die getarnten Fiedern 2. Ordnung sind oft nur sehr undeutlich ausgebildet. Sie bedingen den meist nur gewellten Rand der Fiedern 1. Ordnung. Blattfärbung schwach hellgrün.

rigidula[2] *(ria^2)*

Blatt kleiner. Die Fiedern 1. Ordnung, die großen Zwischenfiedern und die freien Fiedern 2. Ordnung sind verschmälert. Die getarnten Fiedern 2. Ordnung sind schmal und spitz. Die Farbe der jungen Laubblätter ist hellgrün.

rustica (rust) (Abb. 34)

Die Ausdifferenzierung der getarnten Fiedern 2. Ordnung ist weniger deutlich. Alle Fiedern sind stark verbreitert.

[1] Diese dem Gaterslebener Sortiment angehörende Mutante ist bisher noch nicht veröffentlicht worden.

Abb. 34. Mut. *rustica* ('L.') ($\frac{1}{3}$ nat. Gr.)

semisterilis (ses)

Blatt kleiner. Zwischen dem 1. und 2. Fiederjoch sind nur die großen Zwischenfiedern ausgebildet. Diese werden zwischen dem 2. und 3. Fiederjoch nicht in allen Fällen angelegt. Das 4. Fiederjoch fehlt. Die Abgliederung von freien Fiedern 2. Ordnung ist gehemmt. So fehlen die freien Fiedern 2. Ordnung am 1. Fiederjoch gewöhnlich völlig, während am 2. und 3. Fiederjoch nur je eine akroskope freie Fieder 2. Ordnung auftritt.

splendens (spl)

Die Blattform entspricht der Ausgangssorte. Blattfärbung hellgrün.

squarrosa (squa)

Blatt kleiner.

stricta (stri)

Die Fiedern 1. Ordnung sind verbreitert.

subtilis (sub) (Abb. 35a)

Blatt klein. Die Blattrhachis ist relativ verkürzt. Von den Seitenfiedern werden nur die obersten 2 oder 3 Fiederjoche ausgebildet. Zwischen dem 1. und 2. Fiederjoch sind die großen und mehr oder weniger vollständig die

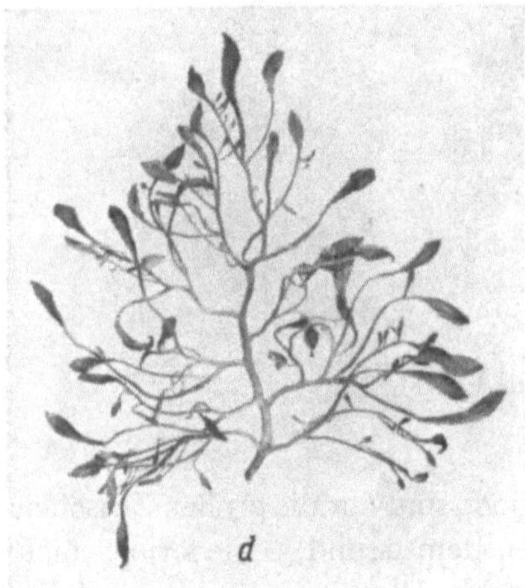

Abb. 35. a – Mut. *subtilis* ('L.'), b – Mut. *mottled*, c – Mut. *Curl*, d – Mut. *Mouse ears* ($\frac{1}{3}$ nat. Gr.)

kleinen Zwischenfiedern vorhanden. Wenn die Fiedern des 3. Fiederjoches, die oft fehlen oder sehr klein bleiben, relativ gut ausgebildet sind, tritt zwischen dem 2. und 3. Fiederjoch meist ein großes Zwischenfiederpaar auf. Die Fiedern 1. Ordnung sind verschmälert und spitz. Die Fiedern des 1. und 3. Fiederjoches bilden meist keine freien Fiedern 2. Ordnung aus, während an dem 2. Fiederjoch meist nur jeweils eine akroskope freie Fieder zur Ausbildung kommt. Blattfärbung schwach hellgrün.

Wie entwicklungsgeschichtliche Beobachtungen zeigen, erfolgt auch hier die Fiederanlegung in basipetaler Folge, d. h. sie beginnt mit der Aus-

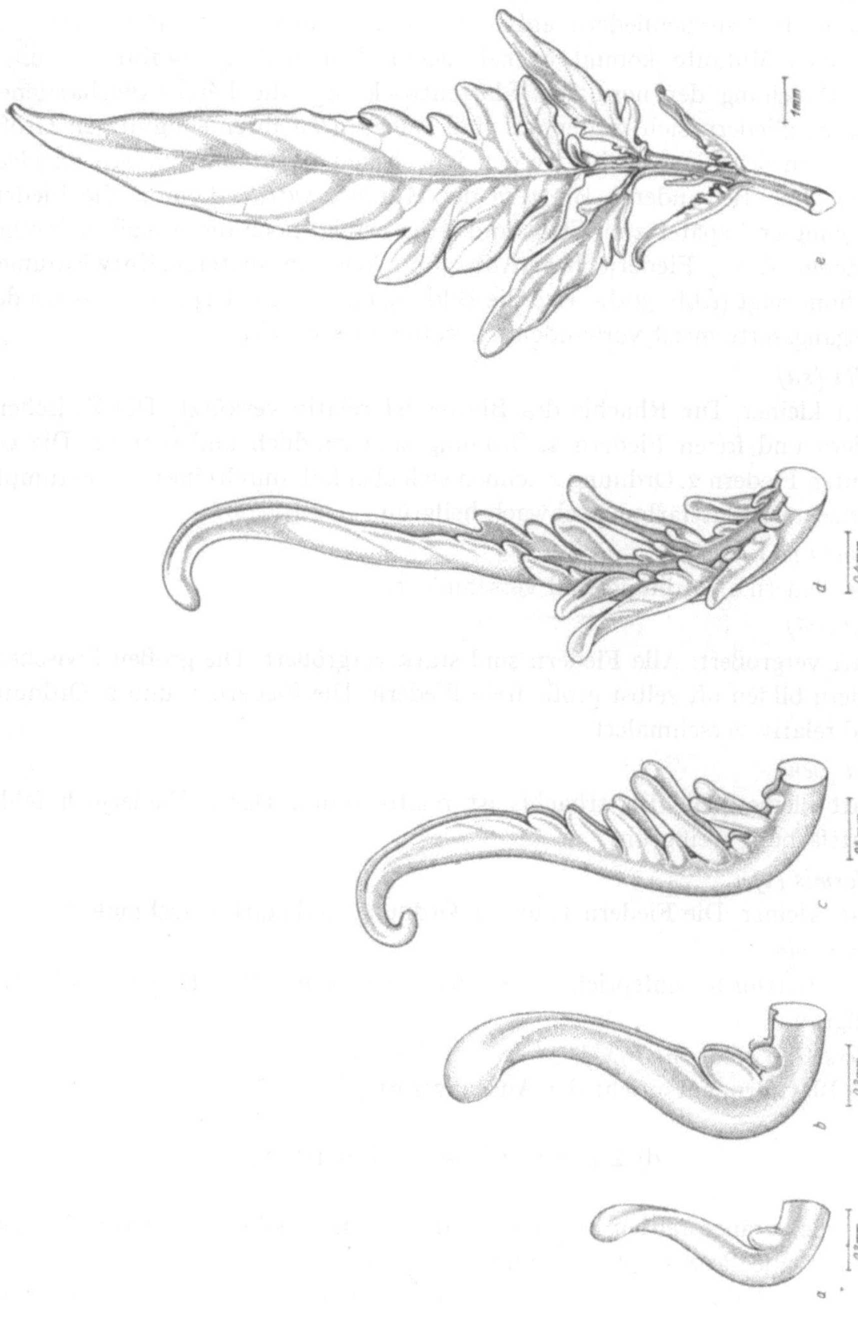

Abb. 36. Laubblattentwicklung der Mut. *subtilis*

bildung des ersten Fiederjoches (Abb. 36a). Kurz darauf wird das 2. Fiederjoch ausgegliedert (Abb. 36b). Danach können zwischen dem 1. und 2. Fiederjoch noch Zwischenfiedern entstehen. Bei zahlreichen Blättern der vorliegenden Mutante kommt es bei diesem Entwicklungsstadium zu einer Unterbrechung der normalen Blattentwicklung; die bereits vorhandenen Fiedern gliedern sich weiter auf und wachsen zu ihrer endgültigen Größe heran, an der Blattrhachis werden jedoch keine weiteren Fiedern angelegt (Abb. 36e). Bei anderen Blättern der Mutante *subtilis* kommt die Fiederanlegung erst später zum Stillstand. Hier erfolgt noch die Ausbildung eines weiteren, des 3. Fiederjoches (Abb. 36c). Wie ein späteres Entwicklungsstadium zeigt (Abb. 36d), wird die Bildung eines 4. Fiederjoches, das bei der Ausgangssorte meist vorhanden ist, völlig unterdrückt.

suffulta (su)

Blatt kleiner. Die Rhachis des Blattes ist relativ verkürzt. Die Zwischenfiedern und freien Fiedern 2. Ordnung sind rundlich und stumpf. Die getarnten Fiedern 2. Ordnung zeichnen sich ebenfalls durch eine relativ stumpfe Spitze aus. Blattfärbung schwach hellgrün.

terminata (te)

Die Fiedern 1. Ordnung sind verschmälert.

torosa^2 (to^2)

Blatt vergrößert. Alle Fiedern sind stark vergrößert. Die großen Zwischenfiedern bilden oft selbst große freie Fiedern. Die Fiedern 1. und 2. Ordnung sind relativ verschmälert.

venosa (ven)

Blatt kleiner. Die Blattrhachis ist relativ dünn. Das 4. Fiederjoch fehlt. Blattfärbung weißgrün.

versiformis (vf)

Blatt kleiner. Die Fiedern 1. und 2. Ordnung sind stark verschmälert.

violacea (vio)

Die Blattform entspricht der Ausgangssorte. Blattfärbung schwach hellgrün.

colorless fruit epidermis^2 (y^2)

Die Blattform entspricht der Ausgangssorte.

d) Zusammenfassende Darstellung

Wie die vorangestellten Blattformanalysen zeigen, können sehr verschiedene formändernde Prozesse die Morphologie der Tomatenblätter beeinflussen. Im einfachsten Falle hat die normale Blattform lediglich eine Vergrößerung (Tafel 3a, Fig. 6; z. B. Mut. *torosa^2*) oder Verkleinerung (Tafel 3a, Fig. 4; z. B. Mut. *fucata*) erfahren, wobei Mutanten mit verkleinerten Blättern wesentlich häufiger anzutreffen sind.

Eine Reihe von mehr oder weniger häufig zu beobachtenden Blattmerkmalen trägt den eindeutigen Charakter von Entwicklungsstörungen. Dieses trifft für den größten Teil der Blattfärbungen und die Nekroseerscheinungen zu. Ähnliches gilt für Störungen in der Spreitenentwicklung, die entweder das Flächenwachstum der Spreite beeinträchtigen (z.B. Mut. *deformis*) oder die volle Entfaltung verhindern, stets aber zu sehr unregelmäßigen Fiederformen führen.

Ein solcher Fall liegt auch bei der Mutante *mottled* (Abb. 35b) vor, deren Fiedern 1. Ordnung außerdem stark verkürzt sind. Die Längenentwicklung der Fiedern kann bei dieser Mutante so sehr gestört sein, daß sich die Fiedern 1. Ordnung nicht von den größeren Zwischenfiedern unterscheiden.

Verschiedene Merkmalsänderungen gehen von der Blattrhachis aus. Selten ist diese relativ zur Blattbreite verschmälert (Tafel 3b, Fig. 18; z.B. Mut. *prunoidea*). Bei einigen Mutanten zeichnet sich die Rhachis durch Knospenbildung aus (z.B. Mut. *clausa*). Derartige Proliferationen treten auch an der Blattrhachis der Mutante *blind* (Rick and Butler, 1956) und *Curl* (Abb. 37/IId) auf. Bei der letzteren Mutante erscheinen die blattbürtigen Knospen gewöhnlich auf der Oberseite der Blattrhachis im Bereich der Fiederinsertionen. Die Blätter dieser Knospen neigen ebenfalls zur Fiederbildung (Abb. 37/IId). Weitere Formwandlungen der Rhachis sind durch das Auftreten der Unifazialität gegeben. Diese kann sowohl an Blättern des vegetativen Bereiches (z. B. Mut. *clausa*) als auch an den im Bereich der Infloreszenzen vorkommenden Hochblättern beobachtet werden. Die Unifazialität des Blattstieles führt bisweilen zur Bildung von Gegenfiedern. Äußerst selten ist die Blattform durch die Verwachsung opponierter Fiedern gekennzeichnet.

Bei einigen Mutanten verursacht der besondere Bau der Blattrhachis ein mehr oder weniger stark ausgeprägtes Herabhängen der Laubblätter (z. B. Mut. *marcescens*). Diese Erscheinung findet sich auch bei den Mutanten *drooping leaf* (Yu and Yeager, 1960) und *Lax* (Rick et al., 1964) und ist häufig mit einer Verlängerung des Blattes verbunden.

Die Blattform der meisten Mutanten ist trotz zahlreicher Merkmalsänderungen von relativ großer Regelmäßigkeit. Nicht selten bewirken Proportionsverschiebungen eine Veränderung der Blattform.

Die normalerweise ontogenetisch relativ spät einsetzende Rhachisstreckung ist bei zahlreichen Mutanten mehr oder minder stark gehemmt (Tafel 3a, Fig. 3; z. B. Mut. *lata*). Ein ungewöhnliches Ausmaß erreicht diese Hemmung bei der Mutante *Curl* (Abb. 35c). Die Laubblätter dieser Form sind sehr klein. Die Streckung der Blattrhachis unterbleibt weitgehend, so daß die Insertionsstellen der Fiedern 1. Ordnung sehr dicht benachbart sind und nahezu von einem Punkte ihren Ausgang nehmen. Ebenso ist die Rhachis der Fiedern 1. Ordnung relativ zur Fiederbreite stark verkürzt. Die Interkostalfelder sind stark aufgewölbt, die Fiedern sind sehr unregelmäßig gefaltet. Trotz der extrem verkürzten Blattrhachis und der im Endstadium sehr abweichenden Blattform

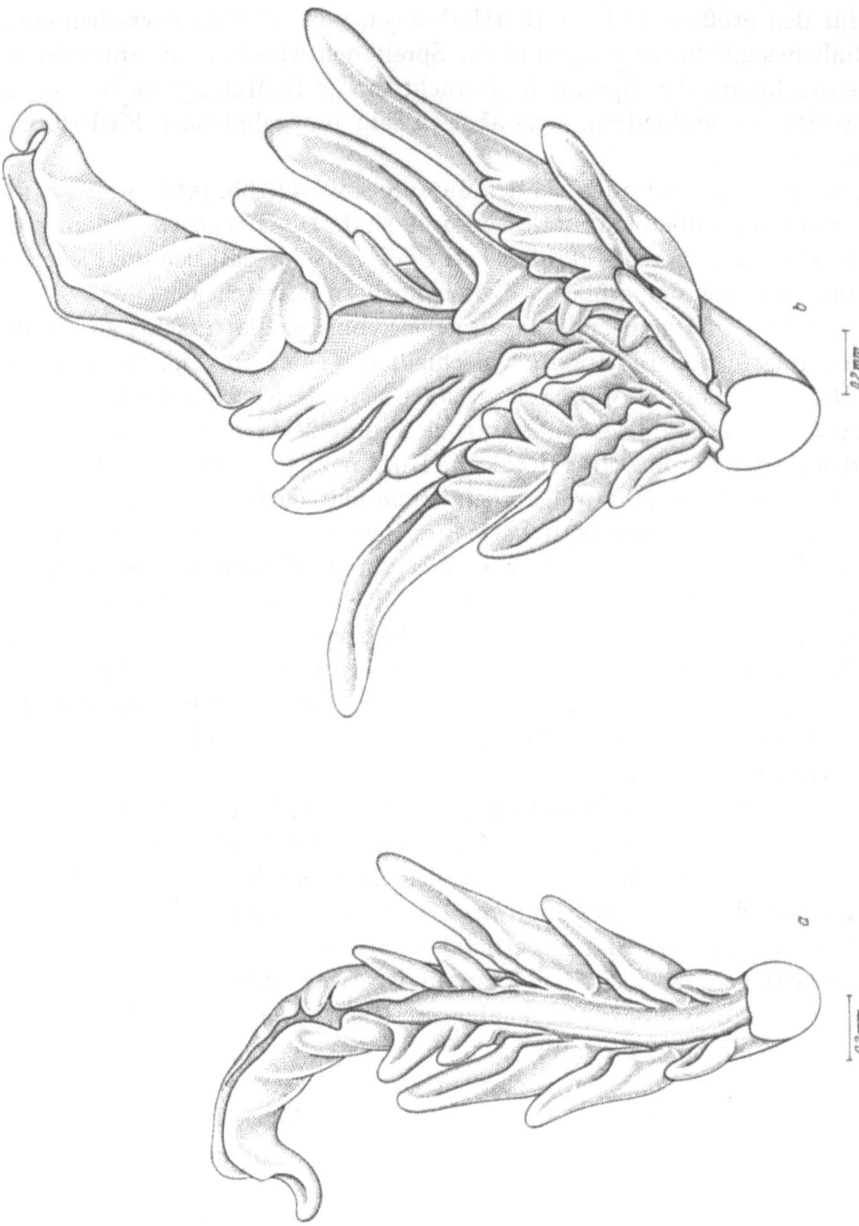

Abb. 37/I. Mut. *Curl*; a und b Laubblattentwicklung

Abb. 37/II. Mut. *Curl*; c Laubblattentwicklung, d Rhachis mit Sproßbildungen läßt sich entwicklungsgeschichtlich eine große Regelmäßigkeit in der Fiederanlegung nachweisen. Dieses trifft sowohl für die Fiedern 1. Ordnung als auch für die Fiedern 2. Ordnung, die auch bei dieser Mutante bevorzugt basipetal entstehen, zu (37/Ia und b, 37/IIc). Es ist danach lediglich die ausbleibende Streckung der Blattrhachis und der Fiedern 1. Ordnung, die zu dieser unregelmäßigen Blattform führt.

Wesentlich seltener kann dagegen eine Rhachisverlängerung beobachtet werden (Tafel 3a, Fig. 5; z. B. Mut. *prunoidea*).

Zu Proportionsverschiebungen kommt es auch durch Verschmälerung (Tafel 3b, Fig. 12; z. B. Mut. *elegans*) oder Verbreiterung der Fiedern 1. Ordnung relativ zur Fiederlänge (Tafel 3b, Fig. 20; z. B. Mut. *rustica*). Hemmungen in der Fiederentwicklung führen oftmals zu verschmälerten Fiedern und schließlich über alle Abstufungen zu Formen, bei denen fast nur noch die Fiederrippen entwickelt werden. Ebenso können die Fiedern 1. Ordnung relativ zur Gesamtlänge des Blattes eine Verkürzung erfahren (Tafel 3b, Fig. 19; z. B. Mut. *carinata*). Veränderbar ist auch die Gestalt der Fiedern 1. Ordnung, die zumeist eine lanzettliche, eiförmige oder elliptische Form annehmen.

Vielfach wird die Blattform durch eine unterschiedliche Ausprägung des Fiederrandes modifiziert. So können die als Fiederzähne in Erscheinung tretenden getarnten Seitenfiedern 2. Ordnung spitzer (Tafel 3b, Fig. 11; z. B. Mut. *curvifolia*) oder auch stumpfer (Tafel 3b, Fig. 13; z. B. Mut. *rotundata*) als bei der Normalform sein. Die größten Veränderungen der Blattform werden durch eine abweichende Gliederung der Fiedern und des Gesamtblattes hervorgerufen.

Eine verstärkte Gliederung der Fiedern bedeutet die Trennung der sonst miteinander verwachsenen getarnten Fiedern 2. und höherer Ordnung (Tafel 3b, Fig. 15 u. 16; z. B. Mut. *bipinnata* u. *multifolia*). Die bei verschiedenen Mutanten verwirklichte Trennung dieser Blattorgane bestätigt neben der Entwicklungsgeschichte den Fiedercharakter der meist als Blattzähne erscheinenden getarnten Fiedern. Derartig stark gegliederte Blätter wurden auch bei der Mutante *tripinnate leaf* beobachtet (Yu and Yeager, 1960). Fernerhin wird deutlich, daß nicht nur an der Blattrhachis, sondern auch an den Fiederorganen Zwischenfiedern ausgebildet sind, die aber bei der Normalform nicht klar hervortreten.

Die Gliederung der Fiedern 1. Ordnung kann so weit gesteigert sein, daß die Fiedern 2. und höherer Ordnung, durch die Reduktion des Spreitengewebes bedingt, im wesentlichen nur aus einer Blattrippe bestehen und sich lediglich in ihrem distalen Bereich durch eine spreitenartige Verbreiterung auszeichnen (Abb. 35d). Derartige morphologische Veränderungen sind u. a. für die Mutante *Mouse ears* charakteristisch.

Die Fiedern 1. Ordnung sind bei dieser Mutante extrem stark gegliedert, so daß fast sämtliche Fiedern der verschiedenen Ordnungen frei entwickelt sind. Auch die Seitenfiedern 2. und 3. Ordnung zeichnen sich durch eine verstärkte Bildung von freien Fiedern aus, wobei auch zahlreiche freie Fiedern 4. Ordnung ausgebildet werden. Bei allen Fiedern erfährt nur der distale Bereich eine flächige Verbreiterung. Letzterer ist von spateliger bis rautenförmiger Gestalt. Die basalen und mittleren Fiederteile werden nur von der Fiederrippe gebildet.

Ein anderes Extrem stellen Mutanten dar, deren Fiedern 1. Ordnung weitgehend ungeteilt sind (Tafel 3b, Fig. 14; z. B. Mut. *procera*). Bei diesen ist der Fiederrand entweder ganzrandig oder nur schwach gewellt. Eine Gliederung läßt sich bei diesen Fiederorganen nur bei entwicklungsgeschichtlich relativ frühen Stadien erkennen. Die Verwachsung der Fiedern 2. und höherer Ordnung ist hier vollständig erfolgt und damit die Tarnung der als getarnte Fiedern bezeichneten Blattorgane vollkommen. Fiederformen mit einem hohen Grad an Verwachsung sind auch von den Mutanten *solanifolia* (Rick, 1958b) und *entire* (Young, P. A., and J. W. Macarthur, 1947) bekannt.

Zwischen den beschriebenen Extremformen existieren zahlreiche, morphologisch vermittelnde Mutantengruppen. Unter anderem ist eine Reihe von Mutanten bekannt, deren fast sämtliche Fiedern 2. Ordnung ebenfalls getarnt, aber im Endstadium der Fiederentwicklung als Fiederzähne erkennbar sind, d. h. freie Fiedern 2. Ordnung sind nur in sehr geringer Zahl vorhanden (Tafel 3b, Fig. 17; z. B. Mut. *mutata*). Dieses Erscheinungsbild kann durch zwei verschiedene Entwicklungsprozesse bedingt sein. Einmal – das ist zumeist der Fall – vermögen die basalen, normalerweise freien Fiedern durch Verwachsung zu getarnten zu werden. Andererseits können die freien Fiedern durch Reduktion ausfallen, so daß einem relativ langen Fiederstiel nur die im distalen Bereich ausgebildeten, getarnten Fiedern ansitzen.

Die Grobgliederung des Tomatenblattes wird im wesentlichen durch die Anzahl der Zwischenfiedern und Seitenfiedern 1. Ordnung bestimmt.

Nur sehr selten wurden Mutanten beobachtet, deren 4. Fiederjoch annähernd die Größe der übrigen Fiederjoche erreicht und bei denen es zwischen dem 3. und 4. Paar zu einer Zwischenfiederbildung kommt (Tafel 3a, Fig. 10; z. B. Mut. *fruticosa*^{hemiglobosa}). Die Mehrzahl der sich durch eine veränderte Grobgliederung der Blätter auszeichnenden Mutanten sind Reduktionsformen, die im Hinblick auf ihre Fiederanlegung auf einem sehr frühen Entwicklungsstadium verharren und so den Primär- und Übergangsblättern der Ausgangssorten sehr ähnlich sind. Relativ häufig sind Mutanten zu beobachten, bei denen das 4. Fiederjoch und die kleinen Zwischenfiedern zwischen dem 2. und 3. Fiederjoch reduziert sind (Tafel 3a, Fig. 7; z. B. Mut. *procumbens*). Bedeutend seltener treten dagegen Mutanten auf, bei denen das 3. Fiederjoch, sämtliche Zwischenfiedern unterhalb des 2. Fiederjoches und die kleinen Zwischenfiedern zwischen dem 1. und 2. Fiederjoch fehlen (Tafel 3a, Fig. 8; z. B. Mut. *mortalis*). Sehr selten können Mutanten einer weiteren Reduktionsstufe beobachtet werden, bei der sich die Blätter auf die Ausbildung der Endfieder und eines Seitenfiederpaares beschränken (Tafel 3a, Fig. 9; z. B. Mut. *trifoliate*[3]). Auch die Möglichkeit der ausschließlichen Ausbildung der Endfieder scheint unter den Tomatenmutanten verwirklicht zu sein. Die hier in Betracht kommende Mutante *Lanceolate* lag mir zur Untersuchung nicht vor. Jedoch lassen die als ungeteilte Blätter bezeichneten, von Mathan und Jenkins (1962) abgebildeten Formenreihen auf eine Reduktion sämtlicher Seitenfiedern 1. Ordnung schließen. Gleiches gilt für die von Mathan (1965b) durch Behandlung normaler Pflanzen mit Phenylborsäure erzielten Blattformen.

Extreme Reduktionsmerkmale zeigen die Blätter der Mutante *wiry*-4, die bis auf die Blattrhachis reduziert sein können (Rick, 1961). Änliche bis auf die Mittelrippe reduzierte Blätter konnten, wenn auch in bedeutend geringerer Größe, an den Infloreszenzen einiger Mutanten beobachtet werden.

In der Regel besteht eine Korrelation zwischen der Reduktion der Seitenfiedern 1. Ordnung und den Zwischenfiedern in der oben geschilderten Weise. Jedoch sind auch Mutanten bekannt, bei denen eine weitgehende Zwischenfiederreduktion mit einer normalen Ausbildung oder gar Förderung der Seitenfiedern 1. Ordnung korreliert ist.

Betrachtet man die morphologischen Übergänge, die zwischen der normalen Ausbildung einer Seitenfieder und deren völliger Rückbildung vermitteln, so ergeben sich folgende Reduktionsstufen. Eine an der Spreitenbasis, also an einem Ort bevorzugter Reduktionen inserierte Seitenfieder ist sehr häufig durch einen geringeren Grad der Gliederung charakterisiert als die darüber befindlichen Fiedern. Gewöhnlich sind sämtliche Fiedern 2. Ordnung – mit Ausnahme einer einzelnen, an der Basis auftretenden, akroskopen Fieder – miteinander verwachsen. Meist zeichnet sich dieses Reduktionsstadium bereits durch eine Verkleinerung des Fiederorgans aus. Das gleiche Merkmal der geringeren Fiedergliederung kann fast ausnahmslos an den Fiedern des obersten Fiederjoches beobachtet werden. Bei den obersten Seitenfiedern ist dieses Merkmal kein Anzeichen möglicher vollständiger Reduktion, da die Reduktionsfolge im wesentlichen von der Anlegungsfolge diktiert wird und so die zuletzt angelegten basalen Fiedern von einer Rückbildung am ehesten und am häufigsten betroffen werden.

Ein nächster Reduktionsschritt führt bei den basalen Fiederorganen zu dem Ausfall der einzigen freien Fieder 2. Ordnung und einer weiteren Verkleinerung des Gesamtorgans. Extreme Fiederverkleinerung leitet unmittelbar zu einem völligen Ausfall der Fiedern über, wobei eine Fieder des basalen Fiederpaares bereits fehlen kann, die andere dagegen noch als Rudiment vorhanden ist. Dieses Verhalten wird offensichtlich durch die meist etwas unterschiedliche Insertionshöhe der zu einem Joch vereinigten Fiedern begünstigt. Mit zunehmender Reduktion der basalen Fiedern wird auch die Reduktion der Fiedern des angrenzenden Joches gesteigert, so daß auch an den Fiedern des 2. und 3. Fiederjoches, die sich im Normalfall durch mehrere freie Fiedern auszeichnen, sämtliche Reduktionsstufen verwirklicht sein können.

Die geschilderte Folge bei der den verschiedensten Mutanten auftretenden Reduktionstypen läßt sich – wie bereits oben angedeutet wurde – in umgekehrter Richtung an der Blattfolge der Ausgangsformen ablesen.

Alle beschriebenen Blattmerkmale können eine graduell unterschiedliche Ausprägung erfahren und in zahlreichen verschiedenen Kombinationen den Blattyp der Ausgangsformen in vielfältiger Weise abwandeln.

III. Wuchsformen

1. WUCHSFORM BEI *LYCOPERSICON ESCULENTUM* MILLER UND *L. PIMPINELLIFOLIUM* (JUSL.) MILLER

Die in dem Mutantensortiment am häufigsten veränderten Merkmale sind neben der Form der Blätter die Wuchsformeigenschaften. Ihre Analyse nimmt deshalb innerhalb der Gesamtuntersuchung einen relativ breiten Raum ein. Unter der Wuchsform werden hier die Verzweigungseigenschaften des Sproßachsensystems verstanden, die durch die Länge, die Anzahl, den Verzweigungsgrad der verschiedenen Achsen und deren charakteristische Anordnung bestimmt werden.

Zunächst sollen einige allgemeine Wuchsformmerkmale von *Lycopersicon esculentum* erläutert werden, die an den Ausgangssorten des Mutantensortimentes erarbeitet wurden, die aber in mehr oder weniger abgewandelter Form auch für die Wuchsformen fast sämtlicher Mutanten bestimmend sind.

Als geeigneter Zeitpunkt für die Erfassung der Wuchsformen bot sich das Ende der Vegetationsperiode September/Oktober an, als die Pflanzen durch die kühle bzw. kalte Witterung ihr Wachstum nahezu vollständig eingestellt hatten.

a) Habitus und Wuchsform

Bereits bei nur flüchtiger Betrachtung der zahlreichen Tomatenmutanten erscheinen diese von außerordentlich starker Unterschiedlichkeit. Der Habitus dieser Formen wird einmal durch die Länge und Anzahl der Sproßachsen, zum anderen aber durch die Verteilung der Fiedern an der Pflanze bestimmt. Daß den Blättern hierin ebenfalls eine größere Bedeutung zukommt, liegt in der Länge der relativ zum Achsenkörper meist bedeutend geförderten Blätter und deren starker Aufgliederung begründet. Ähnlich wie die Seitenachsen die Blätter, kann die oft relativ lange Blattrhachis die Fiedern im Raum verteilen und so die äußere Wuchserscheinung bedeutend beeinflussen (Abb. 38a). So können zwei verschiedene Mutanten mit ähnlichem Achsensystem, aber unterschiedlicher Rhachislänge, bei oberflächlicher Betrachtung eine voneinander abweichende Wuchsform vermuten lassen. Doch können andererseits unterschiedliche Achsensysteme, die sich durch eine sehr ungleiche Beblätterung auszeichnen, äußerlich ähnlich erscheinen. Dieses ist besonders dann der Fall, wenn die relativ großen Fiedern 1. Ordnung einer weniger verzweigten Mutante durch die Rhachis und die Fiederstiele im Raum verteilt werden und demgegenüber eine stark verzweigte Mutante dagegen relativ kleine Blätter ausbildet.

Abb. 38. a – Mut. *luteola* (1/6 nat. Gr.), b – Mut. *multiflora* (1/6 nat. Gr.)

Abb. 39. a – Mut. *fruticosa*^{abbreviata}($\frac{1}{6}$ nat. Gr.), b – Mut. *Curl* ($\frac{1}{3}$ nat. Gr.)

Außerdem kann der Habitus duch die Infloreszenz mitbestimmt werden. Dieses trifft vor allem für die Mutanten zu, die sich durch eine stark vergrößerte Infloreszenz auszeichnen (Abb. 38b). Einen Extremfall stellt in dieser Hinsicht die Mutante *falsiflora* dar, die eine blütenlose, mit vielen Fiederblättern versehene, riesige Infloreszenz ausbildet, wodurch ein stark verzweigtes vegetatives Achsensystem vorgetäuscht wird.

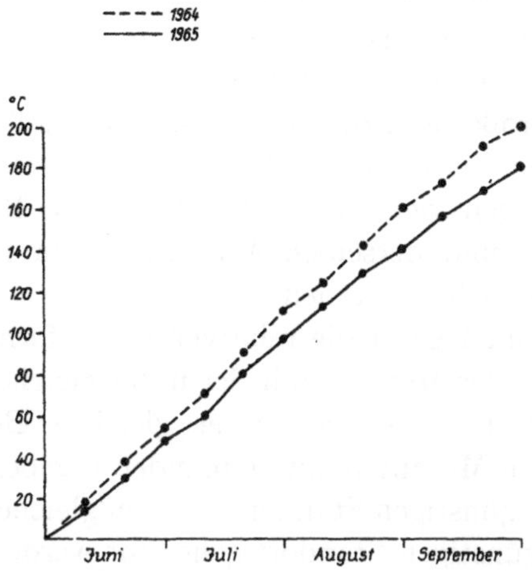

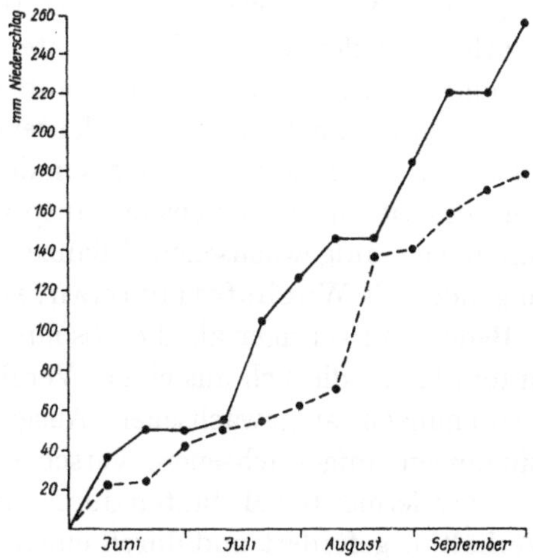

Während der Habitus einer großblättrigen Mutante fast niemals Rückschlüsse auf das Verzweigungssystem zuläßt (Abb. 39a), ist das Achsensystem einer kleinblättrigen Mutante meist relativ gut überschaubar. Einen Idealfall stellt in dieser Hinsicht die Mutante *Curl* dar, deren sehr kleine Blätter sich zusätzlich durch eine extreme Rhachisverkürzung auszeichnen, so daß sich sämtliche Fiedern in unmittelbarer Nähe der Sproßachse entfalten und so den Verlauf der Sproßachse markieren (Abb. 39b).

b) Standortsfaktoren und Wuchsform

Die Ausbildung der Wuchsformen wird in bedeutendem Maße von den gegebenen klimatischen und edaphischen Voraussetzungen mitbestimmt. Daher variieren die Wuchsformen sowohl hinsichtlich ihrer Größe als auch ihrer Verzweigungsintensität in den verschiedenen Anbaujahren mehr oder weniger stark. Die vorstehenden Diagramme enthalten die Daten einiger wichtiger, die vegetative Entwicklung beeinflussender Standortsfaktoren der Anbaujahre 1964 und 1965.

Es handelt sich hier um auf dem Gelände des Institutes für Kulturpflanzenforschung, Gatersleben gemessene Werte[1]. Dargestellt wurden zur Charakterisierung der Feuchtigkeitsverhältnisse die Dekadensummen der Niederschläge.

[1] Ich danke Herrn Wetterdiensttechniker K. Näther für die mir freundlichst zur Verfügung gestellten Niederschlags- und Temperaturwerte.

Die linke Übersicht gibt die Temperaturverhältnisse anhand der Dekadendurchschnitte wieder, wobei nur die für die Entwicklung im Freiland bedeutendsten Monate Juni bis September Berücksichtigung fanden.

Vergleicht man die Klimadaten dieser beiden Jahre, so ergeben sich relativ hohe Temperaturen und geringe Niederschläge für das Jahr 1964, während die Temperaturen des Jahres 1965 verhältnismäßig niedrig, die Niederschläge dagegen relativ hoch waren. Diese starken Witterungsunterschiede wirkten sich deutlich auf den Wuchs der Tomatenmutanten aus und erschweren eine vergleichende Auswertung. Dabei kann ganz allgemein festgestellt werden, daß die Mutanten im Jahre 1965 bedeutend größer und zu einem wesentlichen Teil auch stärker verzweigt waren als in dem relativ trockenen Vergleichsjahr 1964. Die differierenden Wuchsformausprägungen der unter verschiedenen Bedingungen aufgewachsenen Pflanzen ein und derselben Mutante sollen im folgenden als Wuchsformvarianten bezeichnet werden.

Bedeutend geringer als die absoluten sind dagegen die relativen Wuchsformunterschiede, die sich aus einem Vergleich der Mutante mit der unter gleichen Bedingungen aufgewachsenen Ausgangssorte oder der unter gleichen Bedingungen aufgewachsenen, verschiedenen Mutanten untereinander ergeben. Da die allermeisten Mutanten durch einen günstigen Standort etwa im gleichen Verhältnis gefördert und durch einen ungünstigen Standort gehemmt werden, bleibt der relative Unterschied bei der Mehrzahl der Mutanten in den verschiedenen Anbaujahren annähernd gleich. Bei dem Vergleich der Mutantenwuchsformen wurden in erster Linie die kräftigen Varianten verwendet, da sich bei diesen auf Grund der stärkeren vegetativen Entwicklung Unterschiede oftmals deutlicher abzeichneten als bei den schwachen Wuchsformvarianten. Somit ist die Möglichkeit gegeben, die Variationsbreite der Wuchsformen zu beurteilen.

Weitere, den Pflanzenwuchs in stärkerem Maße beeinflussende Faktoren sind die Licht- und Nährstoffverhältnisse. Die Pflanzen wurden mit hinreichendem Standraum (0,70 × 1,50 m) auf gut gedüngtem Boden kultiviert, so daß keine wesentlichen Wuchsbeschränkungen durch Licht- und Nährstoffmangel auftreten konnten und günstige Entwicklungsmöglichkeiten für die den Wuchsanalysen zugrunde liegenden Pflanzen gegeben waren.

c) Orientierung der Sproßachsen

Die entscheidenden Wuchsformunterschiede der Tomatenmutanten werden durch die Anzahl und die Länge der Sproßachsen sowie den unterschiedlichen Verzweigungsgrad bestimmt. Von untergeordneter Bedeutung ist dagegen die räumliche Orientierung der Sproßachsen. Diese ist bei fast allen Mutanten weitgehend ähnlich. Die aus dem Hauptsproß bestehende junge Pflanze zeichnet sich zunächst durch eine eindeutig orthotrope Orientierung aus (Abb. 40a). Gewöhnlich noch vor der Anthese der Endinfloreszenz geht diese

Abb. 40. a – Mut. *complicata* ($\frac{1}{6}$ nat. Gr.), b – Sorte 'Condine Red' ($\frac{1}{6}$ nat. Gr.)

allmählich in eine plagiotrope Wuchsrichtung über. Mit zunehmender Größe der Hauptachse und der daraus hervorgehenden Seitenachsen nähert sie sich der Waagerechten (Abb. 40b, 41a). In dieser Entwicklungsphase sind nur noch die Spitzen des Haupttriebes und der Seitentriebe 1. Ordnung orthotrop orientiert. Auch die später hinzukommenden Seitentriebe 2. und höherer Ordnung zeichnet eine plagiotrope Stellung aus.

Nicht unbedeutend scheint die plagiotrope Orientierungsweise außerdem durch das Fruchtgewicht mitbestimmt zu werden. Dieses wird u. a. von der Mutante *attenuata* bestätigt, die nur ein relativ schwaches Achsensystem und kleine Früchte ausbildet und deren Achsensystem dabei gleichzeitig orthotrop bis schwach plagiotrop orientiert ist (Abb. 41 b). Die gleiche Merkmalskombi-

Abb. 41. a – Sorte 'Lukullus' (ein Teil der Blätter wurde entfernt) ($\frac{1}{12}$ nat. Gr.), b – Mut. *attenuata* ($\frac{1}{10}$ nat. Gr.)

Abb. 42. Mut. *repens* ($\frac{1}{5}$ nat. Gr.)

nation von aufrechtem Wuchs und beeinträchtigter Fruchtbildung ist für die Mutante *female-sterile* kennzeichnend (Honma and Phatak, 1964). Ferner besteht häufig ein Zusammenhang zwischen der Sterilität und der Verzweigungsintensität. So fand Rick (1945a) bei einer größeren Anzahl unfruchtbarer Tomatenpflanzen ein stark gefördertes vegetatives Wachstum. Auch eine partielle Sterilität, wie sie bei den Mutanten *chartreuse* (Rick, 1960d) und *compact* (Rick, 1962b) zu beobachten ist, kann zu einer gesteigerten vegetativen Entwicklung führen.

Offensichtlich sind aber für die plagiotrope Orientierung außer dem Frucht- und Achsengewicht noch genetische Faktoren verantwortlich. Dieses zeigt sich besonders bei einigen Mutanten, bei denen, ohne daß größere Blätter oder ein schwereres Achsensystem vorliegen, schon sehr früh eine stark plagiotrope Ausrichtung des Haupttriebes einsetzt *(adpressa, reptans, repens)* (Abb. 42). Einen Extremfall stellt hier die Mutante *repens* dar, deren Sproßachsen aktiv dem Boden angepreßt werden.

Die verschiedenen Wuchsformen der Tomatenmutanten werden in erster Linie durch die unterschiedliche Verzweigungsstärke bestimmt. Der grundsätzliche Aufbau des Sproßsystems ist – sieht man von wenigen Ausnahmen ab – für alle Mutanten gleich. In dieser Hinsicht zeigen sich auch keine grundsätzlichen Unterschiede zu den Ausgangssorten.

d) Der Sproßaufbau von *Lycopersicon esculentum*

Das vegetative Achsensystem von *Lycopersicon esculentum* zeichnet sich durch seinen sympodialen Aufbau aus. Alle Triebe, sowohl der Haupttrieb als auch die Seitentriebe der verschiedenen Ordnungen, sind Sympodien. Der Hauptsproß und die Seitensprosse 1. und höherer Ordnung treten danach nur als Basalglieder von Sympodien in Erscheinung (Abb. 43). Die verschiedenen Sympodien des Achsensystems sollen im folgenden als Haupt- bzw. Seitentriebe bezeichnet werden (Abb. 43).

Diese Art der Verzweigung ergibt sich aus dem Verhalten der einzelnen Achsenglieder. Die einzelnen sympodial angeordneten Sproßabschnitte der Haupt- und Seitentriebe, die hier als Sympodialglieder bezeichnet werden sollen (Abb. 43), bilden zunächst mehrere Laubblätter aus, die in $\frac{2}{5}$-Stellung angelegt werden, und gehen dann zur Bildung einer terminalen Infloreszenz über. Die oberste vegetative Seitenknospe übernimmt die Fortsetzung des Triebes (Abb. 44a), die endständige Infloreszenz wird auf einem sehr frühen Entwicklungsstadium seitlich abgedrängt. Die oberste Seitenknospe beginnt mit der Anlegung von zwei seitlich der Achsenmediane inserierten Blattprimordien, deren $\frac{2}{5}$-Stellung erst später deutlich erkennbar wird. Diese wachsen im Laufe der weiteren Entwicklung zu normalen Laubblättern heran. Bei den meisten Sympodialgliedern erfolgt nach der Ausbildung eines weiteren Laubblattes bereits der die Entwicklung des Sympodialgliedes abschließende Blütenstand. Die Grenzen zwischen den einzelnen Sympodialgliedern lassen sich bei dem ausdifferenzierten Trieb nur durch die Insertionsstellen der Infloreszenzen festlegen. Ganz entsprechend sind die aus den mittleren und mehr basalen Seitenknospen der Sympodialglieder hervorgehenden Seitentriebe aufgebaut, so daß sich der Haupttrieb, als auch sämtliche Seitentriebe der Tomate aus wenigen bis zahlreichen Sympodialgliedern zusammensetzen, d. h. Sympodien darstellen.

Eine weitere Besonderheit der Tomate besteht in der kongenitalen Verwachsung des jeweils obersten Laubblattes der Sympodialglieder mit dem zugehörigen Achselsproß. Das im frühen Entwicklungsstadium unterhalb der Infloreszenz inserierte oberste Laubblatt wird durch den das folgende Sympodialglied bildenden Achselsproß infolge kongenitalen Wachstums so emporgehoben, daß es über die anfangs endständige Infloreszenz zu stehen kommt (Abb. 44b). Die in dem bevorzugten Austrieb der obersten Achselknospe zum Ausdruck kommende akrotone Triebförderung findet sich auch bei den übrigen Seitentrieben.

Am basalen Sympodialglied des Haupttriebes, dem eigentlichen Hauptsproß, sind außer den Kotyledonen gewöhnlich etwa 10 Blätter entwickelt. Dabei folgen auf die zwei gegenständigen Kotyledonen einige Primär- und Übergangsblätter, die dann zu den Folgeblättern überleiten. Meist bilden sich in den

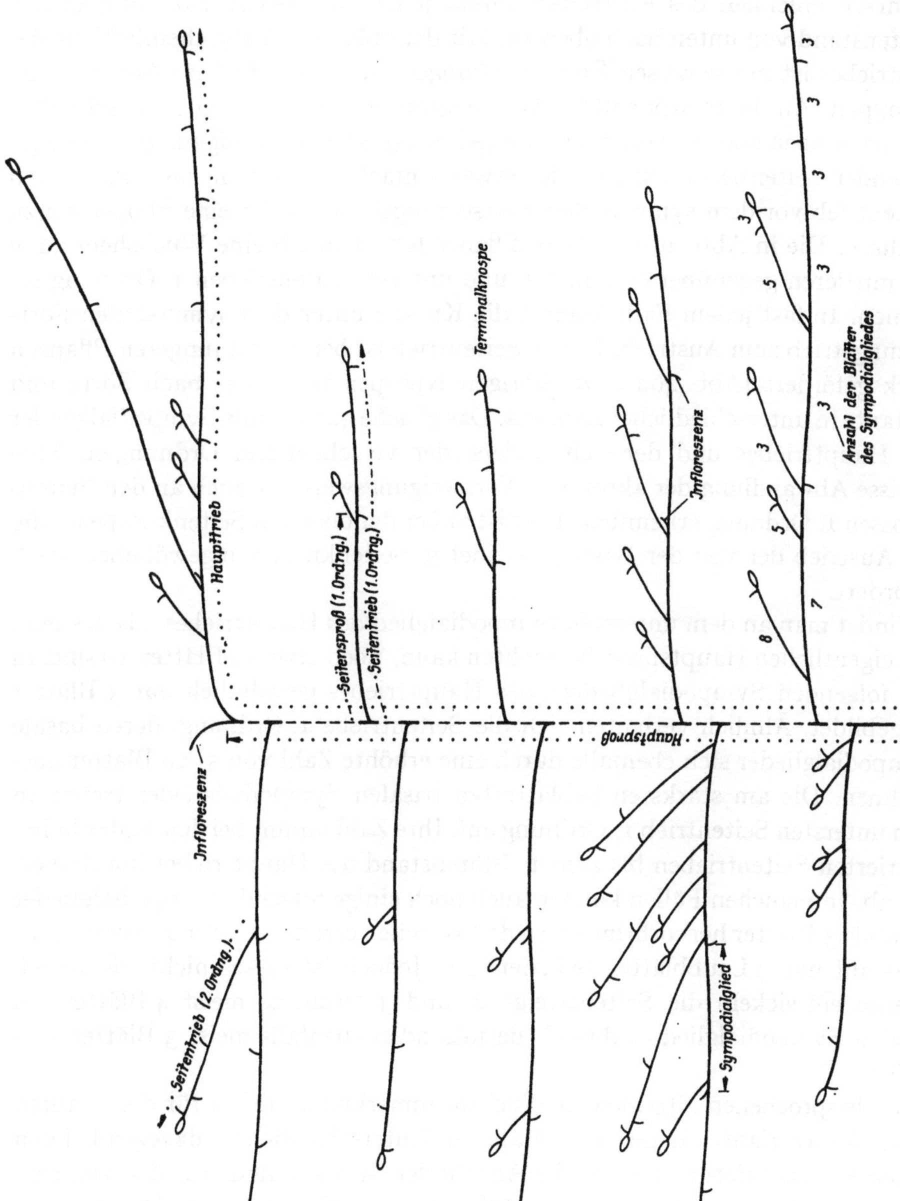

Abb. 43. Wuchsformschema

Achseln aller Laubblätter des Hauptsprosses Seitentriebe 1. Ordnung. Während die oberste Seitenknospe stets den sympodialen Fortsetzungstrieb hervorbringt, treiben die übrigen Seitenknospen nicht immer ausnahmslos aus. Die Wahrscheinlichkeit des Austriebes nimmt jedoch mit der Annäherung an den Blütenstand von unten nach oben zu. Mit der größeren Wahrscheinlichkeit des Austriebes ist mit gewissen Einschränkungen auch eine stärkere Aufzweigung gekoppelt. An die relativ einfach verzweigten untersten Seitentriebe schließen sich nach oben stärker verzweigte an (Abb. 43). Der Aufzweigungsgrad einiger folgender Seitentriebe wird wieder etwas einfacher, um dann bis zum letzten Seitentrieb vor dem sympodialen Fortsetzungstrieb wieder eine Steigerung zu erfahren. Die in Abb. 40b gezeigte Pflanze läßt deutlich eine Wuchshemmung der mittleren gegenüber den oberen und unteren Seitentrieben 1. Ordnung erkennen. In fast jedem Falle kommt die Knospe unter dem sympodialen Fortsetzungstrieb zum Austrieb. Dieser Seitentrieb ist bereits bei jüngeren Pflanzen stark gefördert (Abb. 40a). Die übrigen Knospen treiben je nach Sorte und Mutante in unterschiedlicher Zahl aus. Das gleiche gilt für alle Sympodialglieder des Haupttriebes und der Seitentriebe der verschiedenen Ordnungen. Eine gewisse Abwandlung der akrotonen Verzweigungsweise ist auch an den Seitensprossen 1. Ordnung erkennbar. Hier ist außer der obersten Seitenknospe häufig der Austrieb der von der Basis gerechnet 3. Seitenknospe ungewöhnlich stark gefördert.

Findet man an dem untersten Sympodialglied des Haupttriebes, als das man den eigentlichen Hauptsproß betrachten kann, noch etwa 10 Blätter, so sind an den folgenden Sympodialgliedern des Haupttriebes gewöhnlich nur 3 Blätter ausgebildet. Ähnlich verhalten sich die Seitentriebe 1. Ordnung, deren basale Sympodialglieder sich ebenfalls durch eine erhöhte Zahl von 5–10 Blätter auszeichnen. Die am stärksten beblätterten basalen Sympodialglieder treten an dem untersten Seitentrieb 1. Ordnung auf. Ihre Zahl nimmt bei den weiter höher inserierten Seitentrieben bis zum 1. Blütenstand des Haupttriebes kontinuierlich ab. In manchen Fällen können auch noch einige folgende Sympodialglieder mehr als 3 Blätter hervorbringen, so daß zuweilen erst das 3. oder 4. Sympodialglied auf nur 3 Laubblätter reduziert ist. Jedoch ist dieses nicht die Regel. Ebenso entwickeln die Seitenzweige 2. und 3. Ordnung meist 4 Blätter am basalen Sympodialglied, während die folgenden ebenfalls meist 3 Blätter ausbilden.

Die besprochenen allgemeinen Wuchsformmerkmale treffen für die erfaßten Wuchsformvarianten in gleichem Maße zu. Unterschiedlich ist dagegen bei den einzelnen Wuchsformvarianten die Anzahl der Sympodialglieder, der Verzweigungsgrad, die absolute Größe der Pflanzen und die relative Größe der verschiedenen Seitenachsen. Die Haupttriebe zeichnen sich dabei nur durch geringfügige Unterschiede in der Anzahl der Sympodialglieder aus. Die bei einem Vergleich der Wuchsformvarianten sich ergebende Unterschiedlichkeit der Haupttriebe ist nur geringfügig. Dabei setzt sich der Haupttrieb der schwachen

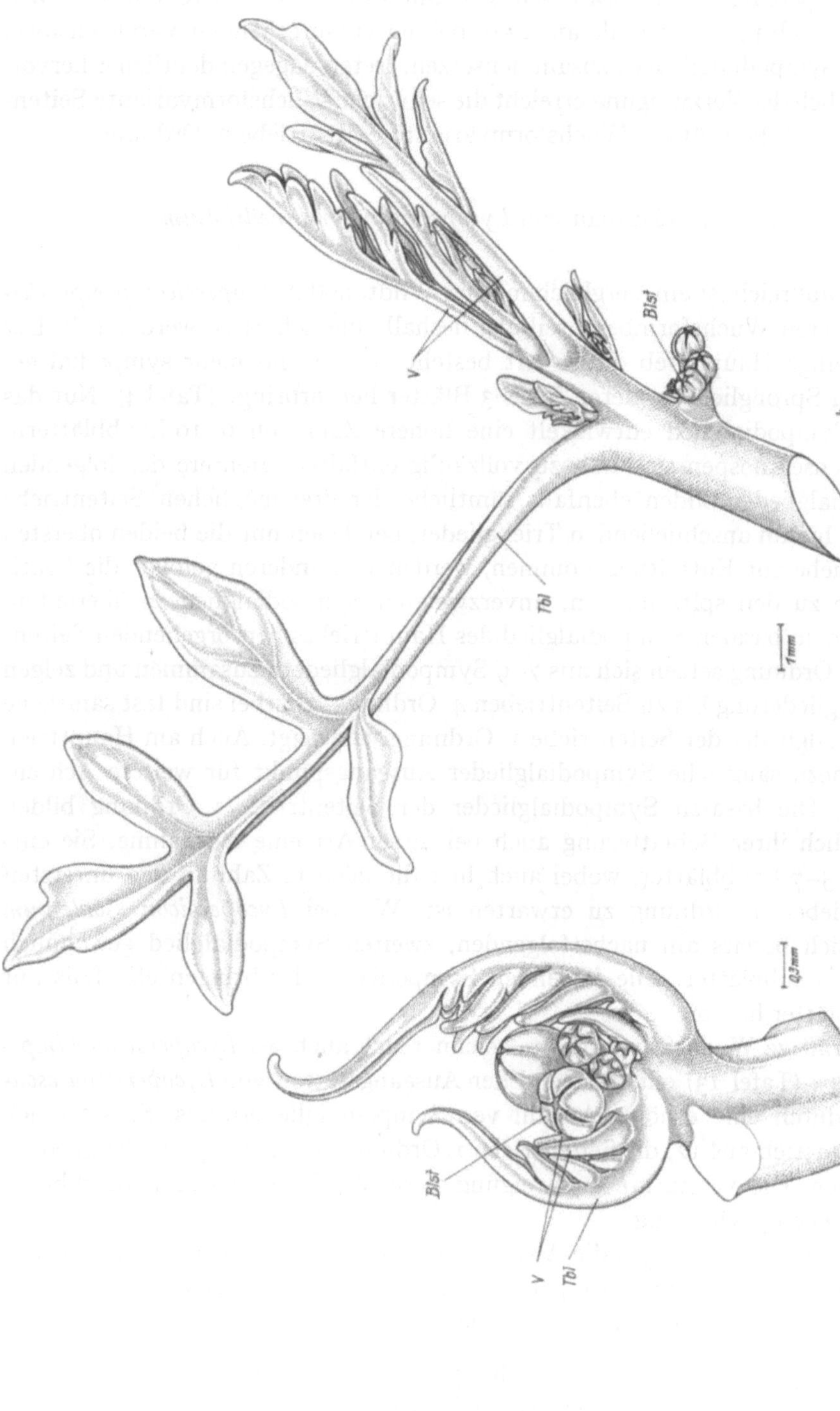

Abb. 44. Sproß- und Infloreszenzentwicklung der Mut. *mortalis*; Blst Blütenstand, Tbl Tragblatt, V erste Laubblätter des sympodialen Fortsetzungstriebes

Wuchsformvariante aus 7–9, der der kräftigen Wuchsformvariante dagegen aus 8–10 Sympodialgliedern zusammen. Die Unterschiede der Seitentriebe 1. Ordnung, die sich in einem Falle aus 4–6, bei der entsprechenden Vergleichsform aus 6–8 Sympodialgliedern zusammensetzen, treten dagegen deutlicher hervor. Hinsichtlich der Verzweigung erreicht die schwache Wuchsformvariante Seitentriebe 2. und die kräftige Wuchsformvariante Seitentriebe 3. Ordnung.

e) Der Sproßaufbau von *Lycopersicon pimpinellifolium*

Aufschlußreich ist ein Vergleich mit der Wildtomate *Lycopersicon pimpinellifolium*, deren Wuchsformbeschreibung deshalb angeschlossen werden soll. Der relativ lange Haupttrieb dieser Art besteht aus 10 und mehr sympodial geordneten Sproßgliedern, deren jedes 3 Blätter hervorbringt (Tafel 4). Nur das basale Sympodialglied entwickelt eine höhere Zahl von 9–10 Laubblättern, deren Achselknospen sich nahezu vollzählig entfalten. Mehrere der folgenden Sympodialglieder bilden ebenfalls sämtliche der drei möglichen Seitentriebe aus. Die hieran anschließenden Triebglieder, bei denen nur die beiden obersten Seitentriebe zur Entfaltung kommen, werden von anderen gefolgt, die kontinuierlich zu den spitzennahen, unverzweigten Sympodialgliedern überleiten. Die aus dem basalen Sympodialglied des Haupttriebes hervorgehenden Seitentriebe 1. Ordnung setzen sich aus 7–9 Sympodialgliedern zusammen und zeigen eine Aufgliederung bis zu Seitentrieben 4. Ordnung. Hierbei sind fast sämtliche Sympodialglieder der Seitentriebe 1. Ordnung verzweigt. Auch am Haupttrieb sind nahezu sämtliche Sympodialglieder Ausgangspunkt für weitere Achsensysteme. Die basalen Sympodialglieder der Seitentriebe 1. Ordnung bilden hinsichtlich ihrer Beblätterung auch bei dieser Art eine Ausnahme. Sie entwickeln 5–7 Laubblätter, wobei auch hier die höchste Zahl an den untersten Seitentrieben 1. Ordnung zu erwarten ist. Wie bei *Lycopersicon esculentum* finden sich bereits am nächstfolgenden, zweiten Sympodialglied gewöhnlich nur drei Laubblätter. Alle folgenden Sympodialglieder bringen ebenfalls nur 3 Laubblätter hervor.

Die kräftige Wuchsformvariante zeichnet sich auch bei *Lycopersicon pimpinellifolium* (Tafel 13) entsprechend den Ausgangssorten von *Lycopersicon esculentum* durch eine erhöhte Anzahl von Sympodialgliedern aus. So setzt sich der Haupttrieb aus 12, die Seitentriebe 1. Ordnung aus 9–11 Sympodialgliedern zusammen. Die verstärkte Aufzweigung dieser Wuchsformvariante führt bis zu Seitentrieben 5. Ordnung.

Betrachtet man dagegen die Ausgangsform der Gaterslebener Mutanten von *Lycopersicon esculentum*, so ergeben sich gegenüber *Lycopersicon pimpinellifolium* folgende Wuchsformunterschiede:

1. Der sympodiale Haupttrieb und die sympodialen Seitentriebe 1. und 2. Ordnung bestehen aus einer geringeren Zahl von Sympodialgliedern.

2. Die Sympodialglieder haben eine größere relative und absolute Länge.
3. Die Zahl von 3 Blättern je Sympodialglied tritt mit geringerer Konstanz auf.
4. Die Anzahl der Blätter an den basalen Sympodialgliedern der Seitentriebe 1. Ordnung kann höher sein.
5. Die Haupttriebe und Seitentriebe 1 Ordnung sind weniger stark verzweigt.
6. Die relative Größe der Seitentriebe 2. Ordnung ist geringer; diese Triebe sind weniger stark verzweigt.

Hieraus wird ersichtlich, daß das Verzweigungssystem von *Lycopersicon esculentum* hinsichtlich der Triebbildung gegenüber dem der Wildart als reduziert anzusehen ist. Jedoch zeichnet sich *Lycopersicon esculentum* durch Merkmale, wie die oftmals erhöhte Zahl von Blättern an den basalen Sympodialgliedern und die erheblich geförderte Größe der Sympodialglieder aus, die die Wildart bedeutend übertreffen.

2. WUCHSFORMEN DER MUTANTEN VON *LYCOPERSICON ESCULENTUM* MILLER

Um die Voraussetzung für einen möglichst objektiven Vergleich der Wuchsformen zu schaffen, wurde besonderer Wert auf eine genaue Erfassung des Achsensystems gelegt. Alle im folgenden zu besprechenden Mutanten wurden in jedem der beiden Anbaujahre vermessen und maßstabgerecht schematisch dargestellt. Weiterhin wurden die Längen sämtlicher bei den untersuchten Pflanzen vorkommenden Sympodialglieder festgestellt und ihre Begrenzung maßstabgerecht auf die Schemazeichnung übertragen. Alle Blätter wurden anzahlmäßig für jedes Sympodialglied gesondert erfaßt und ebenfalls in der Schemazeichnung vermerkt. Hierbei wird das jeweils mit dem nächstfolgenden Sympodialglied kongenital verwachsene, oberste Blatt *dem* Sympodialglied zugerechnet, an dem es sich entfaltet. Wegen des umfangreichen Materials muß in dieser Arbeit auf eine zeichnerische Wiedergabe der Wuchsformen sämtlicher Mutanten verzichtet werden, so daß hier nur einige charakteristische Formen ausgewählt und zeichnerisch dargestellt werden können.

Es ist üblich, hinsichtlich des Wuchsverhaltens von Tomatensorten entsprechend den Anforderungen der gärtnerischen Praxis zwischen Stab- und Buschtomaten zu unterscheiden. Diese einfache, sich im wesentlichen auf bestimmte Wuchshöhen beziehende Unterscheidung reicht jedoch nicht aus, um die Vielfalt der Wuchsformenunterschiede des Mutantensortimentes zu kennzeichnen. Auch die einzelnen Sorten der Kulturtomate sind gewöhnlich durch weitere sortenspezifische Wuchseigenschaften charakterisiert. So konnten z. B. Haskell und Wills (1963) charakteristische Internodienlängen für die Haupttriebe verschiedener Sorten feststellen. Die Ausgangssorten des Mutantensortimentes zeichnen sich ebenfalls durch deutliche Unterschiede in der Trieblänge aus. Die Haupt- und Seitentriebe der Sorten 'Condine Red', 'Rheinlands Ruhm' und 'Lukullus' zeigen eine in der genannten Reihenfolge zunehmende Triebförderung. Ein Vergleich der schwachen Wuchsformvarianten läßt eine verstärkte Bildung von Seitentrieben 2. Ordnung bei der Mutante 'Condine Red' erkennen.

Diese unterschiedlichen Wuchsformeigenschaften der Ausgangssorten sind auch für die aus ihnen hervorgegangenen Mutanten von Bedeutung, indem sie in mehr oder weniger starkem Maße die Wuchsformmerkmale einer Mutante mitbestimmen. Um die durch verschiedene Ausgangssorten bedingten Merkmalsunterschiede auszuschließen, sollen die Mutanten nach Ausgangssorten getrennt verglichen und besprochen werden.

Die Wuchsformenmannigfaltigkeit wird im wesentlichen durch die genbedingten Veränderungen der Wuchsgröße, der Verzweigungsintensität und des Verzweigungsgrades bestimmt. Unter Verzweigungsintensität soll dabei der quantitative Austrieb einer bestimmten Sproßgeneration, zumeist der Seitentriebe 2. Ordnung verstanden werden. Diese drei Merkmalsbereiche können sehr unterschiedlichen Veränderungen unterliegen.

Die z. T. sehr extremen Unterschiede in der Wuchsgröße, die häufige Korrelation zwischen Wuchsgröße und der Anzahl von Sympodialgliedern je Einzeltrieb und die vor allem bei den kleineren Mutanten häufig zu beobachtende Entsprechung von Wuchsgröße, Verzweigungsintensität und Verzweigungsgrad lassen es ratsam erscheinen, die Wuchsgröße bei der Untergliederung der Formenvielfalt den anderen Merkmalsbereichen voranzustellen. Dabei werden innerhalb jeder Sortengruppe zunächst Formen unterschieden, die im Hinblick auf ihre Trieblängen der Ausgangssorte entsprechen, diese übertreffen oder gegenüber der Ausgangssorte als reduziert anzusehen sind. Die Reduktionsformen werden entsprechend ihrer z. T. sehr unterschiedlichen Trieblängen weiter untergliedert.

Grundsätzlich können in jeder dieser verschiedenen Größengruppen Formen auftreten, die hinsichtlich ihrer Verzweigungsintensität der Ausgangssorte entsprechen, diese übertreffen oder weniger verzweigt sind als die Ausgangssorte. Jedoch sind in kleineren Größengruppen häufiger geringe Verzweigungsintensitäten als bei den größeren Mutanten zu erwarten. Ähnlich verhält es sich mit der Zahl der Sympodialglieder je Einzeltrieb. Dieses Merkmal zeigt in den oberen und mittleren Größengruppen kaum Unterschiede, ist in den unteren Größengruppen aber stärker verändert. Differenzen im Verzweigungsgrad bedingen weitere Wuchsformunterschiede. Dabei ist zu bemerken, daß der Verzweigungsgrad der niederen Größengruppen allgemein geringer als bei den mittleren und höheren Größengruppen ist. Weitere Unterschiede ergeben sich aus dem nicht immer gleichen Längenverhältnis der Seitentriebe 2. Ordnung zu ihren Mutterachsen. Nur ganz selten können dagegen Formen beobachtet werden, bei denen die den Tomaten eigene akrotone Triebförderung zugunsten einer annähernd basitonen Triebförderung aufgegeben wird.

a) Wuchsformen der aus der Sortc 'Condine Red' hervorgegangenen Mutanten

Die Sorte 'Condine Red' ist ihrem Wuchs nach die kleinste der drei Ausgangssorten des Gaterslebener Mutantensortimentes. Vergleicht man die beiden Wuchsformvarianten der Ausgangssorte 'Condine Red' (Abb. 45 und 46), so zeigt sich, daß die Form des regenreicheren Jahres um etwa 50 % längere Seitentriebe 1. Ordnung als die des trockeneren Anbaujahres aufweist (Abb. 45). Ebenso erreichen die Seitentriebe 2. Ordnung etwa die halbe Länge ihrer Mutterachsen, während die Seitentriebe 2. Ordnung bei der entsprechenden Vergleichsform gewöhnlich nur $\frac{1}{4}$ bis $\frac{1}{8}$ der Gesamtlänge ihrer Mutterachsen messen. Weitere Unterschiede ergeben sich aus der größeren Zahl von sympodialen Sproßgliedern an den Seitentrieben 1. und 2. Ordnung und aus dem häufigeren Auftreten von Seitentrieben 3. Ordnung bei der geförderten Form, die sonst völlig fehlen.

Als Vergleichsbasis sollen hauptsächlich die geförderten Wuchsformen des regenreicheren Vergleichsjahres dienen, da diese sonst nur schwach ausgeprägten Wuchsformunterschiede durch ihre erheblich gesteigerte Längenentwicklung deutlicher zum Ausdruck bringen.

Die Sorte 'Condine Red' besitzt neben dem Haupttrieb 8–9 Seitentriebe 1. Ordnung. Allgemein erreichen die längsten Seitentriebe 1. Ordnung je nach Wuchsformvariante bei der Sorte 'Condine Red' eine Länge von 0,70 – 1,50 m. Sie setzen sich dabei aus 5–7 sympodialen Sproßgliedern zusammen. Ebenso schwankt die Zahl der sympodialen Sproßglieder bei den längsten Seitenachsen 2. Ordnung zwischen 3 und 5. Den Hauptanteil der Länge der Seitentriebe 2. Ordnung hat meist nur ein Sproßglied. Die basalen Achsenglieder der Seitentriebe 1. und 2. Ordnung bringen die meisten und längsten Seitentriebe hervor, während die folgenden Achsenglieder je nach der Entfernung von der Triebbasis nur einen unmittelbar unter dem Blütenstand entspringenden Seitentrieb entwickeln oder unverzweigt sind. So nimmt auch die Zahl der Seitentriebglieder von der Basis zur Spitze der jeweiligen Mutterachse hin ab.

Nur relativ wenige Mutanten entsprechen in ihrer Wuchsform der beschriebenen Ausgangssorte. Die Wuchsformen eines größeren Teils der Mutanten müssen als Reduktionsformen angesehen werden, während nur ein geringer Teil die Ausgangssorte in der Entwicklung des Verzweigungssystems übertrifft.

Weitgehende Übereinstimmung mit der Ausgangssorte besteht bei den Mutanten *alutacea, lutea, maculata, fucatifolia* und *pallescens*. Bei der schwachen Wuchsformvariante der beiden letztgenannten Mutanten treten allerdings geringe Abweichungen von der Normalform auf. Dabei zeichnet sich die Mutante *fucatifolia* durch schwach verkürzte Seitentriebe 1. Ordnung aus, während bei der Mutante *pallescens* eine erhöhte Zahl von Seitentrieben 2. Ordnung entwickelt ist.

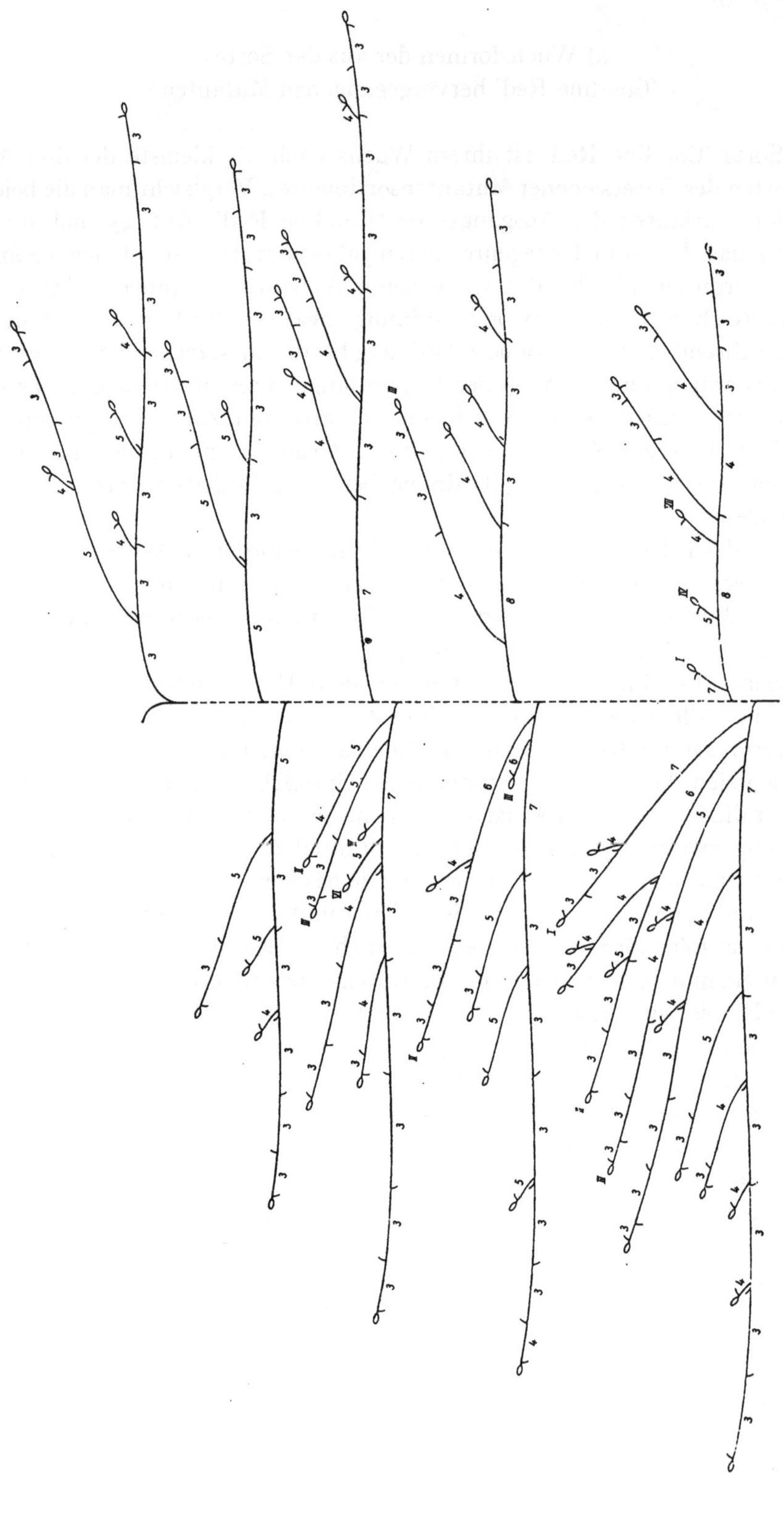

Abb. 45. Wuchsform der Sorte 'Condine Red' (starkwüchsige Variante)

Eine der Ausgangssorte entsprechende Seitentrieblänge, besonders bei der stärkeren Wuchsformvariante, aber eine schwach erhöhte Zahl von Seitentrieben 2. und 3. Ordnung findet sich bei den Mutanten *sufflava, discolor, glauca, convalescens, multinervis, fulgens, integerrima* und *pallida*. Die schwächeren Wuchsformvarianten dieser Mutanten sind der Ausgangsform dagegen weitgehend genähert. Ein ähnliches Wuchsverhalten ist für die Mutante *picta* charakteristisch. Hier ist jedoch die Verlängerung der Seitentriebe 2. Ordnung,

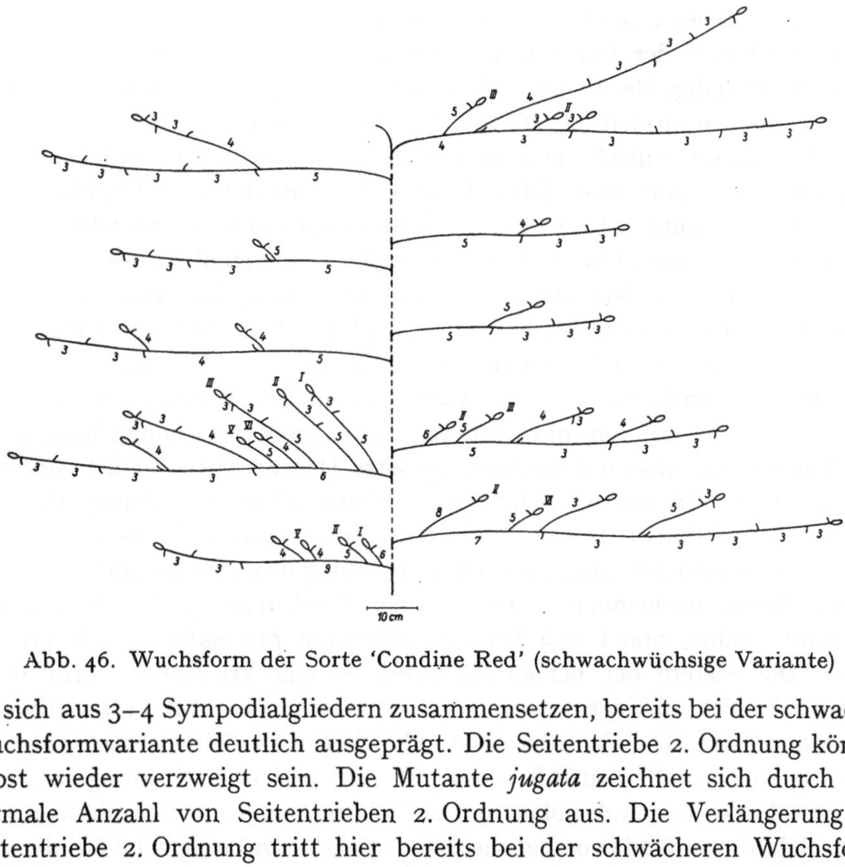

Abb. 46. Wuchsform der Sorte 'Condine Red' (schwachwüchsige Variante)

die sich aus 3–4 Sympodialgliedern zusammensetzen, bereits bei der schwachen Wuchsformvariante deutlich ausgeprägt. Die Seitentriebe 2. Ordnung können selbst wieder verzweigt sein. Die Mutante *jugata* zeichnet sich durch eine normale Anzahl von Seitentrieben 2. Ordnung aus. Die Verlängerung der Seitentriebe 2. Ordnung tritt hier bereits bei der schwächeren Wuchsformvariante in Erscheinung. Auch bei dieser Mutante kommen Seitentriebe 3. Ordnung zur Entwicklung. Jedoch sind gewöhnlich nur der oberste und der 3. Seitentrieb an den basalen Sympodialgliedern verlängert.

Eine weitere Gruppe von Mutanten zeichnet sich sowohl in der kräftigen als auch der schwachen Wuchsformvariante durch eine deutlich erhöhte Anzahl von Seitentrieben 2. und 3. Ordnung aus. Diesem Verzweigungstypus entsprechen die Mutanten *beaked*[3], *aegrota, corrotundata, extenuata, marmorata, opaca, diluta, deformis*[2], *anantha* und *plana*. Dabei bildet die Mutante *plana* insofern eine Ausnahme, als die schwächere Wuchsformvariante verlängerte Seitentriebe 2. Ordnung besitzt. Bei allen Mutanten dieser Gruppe sind die

Knospen der Seitenachsen 1. Ordnung vollständig oder fast vollständig ausgetrieben. An den benachbarten Sympodialgliedern werden meist ebenfalls mehrere Seitentriebe ausgebildet. Ebenso verhalten sich die basalen Sympodialglieder der Seitenachsen 2. Ordnung.

Die stärkste Triebbildung dieser Größengruppe wurde bei den Mutanten *viridis, elegans, pulvinata*[2] (Tafel 5) und *multivalens-2* beobachtet. Die Tendenz zur verstärkten Seitentriebbildung ist hier bereits bei den schwachen Wuchsformvarianten erkennbar, wo bei einer Reihe von Seitenachsen 1. Ordnung sämtliche Knospen ausgetrieben sind. Bei den kräftigen Wuchsformvarianten ist darüber hinaus der Austrieb eines bis mehrerer folgender Sympodialglieder nahezu vollständig. Meist sind zahlreiche Seitentriebe 3. Ordnung ausgebildet. Diese erscheinen an den basalen Sympodialgliedern oft zu mehreren, an den folgenden dagegen einzeln, entsprechend der akrotonen Triebförderung dicht unterhalb der Infloreszenz. Oftmals sind die Seitentriebe 2. Ordnung stark verlängert. Am deutlichsten ist die erwähnte Triebverlängerung bei der Mutante *pulvinata*[2] ausgeprägt. Wie auch bei zahlreichen anderen Mutanten beobachtet werden kann, läuft zu der relativen Seitentriebförderung eine extrem starke Aufzweigung parallel, so daß Seitentriebe 4. Ordnung keine Seltenheit darstellen.

Andere Mutanten zeichnen sich durch eine schwache Wuchshemmung der Seitentriebe 2. Ordnung aus. Im Achsensystem der Mutante *sparsa* unterscheiden sich die unteren und mittleren Seitentriebe 1. Ordnung hinsichtlich ihrer Verzweigung nicht von der Ausgangssorte. Dagegen entwickeln die obersten Seitentriebe 1. Ordnung nur relativ kurze Seitenachsen 2. Ordnung. Die Tendenz zur Reduktion tritt noch stärker bei der schwachen Wuchsformvariante auf, wo die oberen Seitentriebe 1. Ordnung völlig unverzweigt sind.

Eine Wachstumshemmung, die zu einer Verkürzung aller Seitentriebe 2. Ordnung führt, findet sich bei den Mutanten *procumbens* (Abb. 47) und *repens*. Die letztere der beiden Mutanten ist eine kriechende Form, deren Seitentriebe sich im Gegensatz zu anderen kriechenden Mutanten aktiv dem Boden anpressen. Die Zahl der Sympodialglieder an Seitentrieben 1. und 2. Ordnung ist ebenfalls deutlich verringert. Seitentriebe 2. Ordnung entstehen hier gewöhnlich nur in der obersten Laubblattachsel der Seitenachsen 1. Ordnung, d. h. es werden bevorzugt die Seitentriebe 2. Ordnung gebildet, die nach dem sympodialen Fortsetzunsgtrieb auf Grund der akrotonen Verzweigungsweise allgemein am stärksten entwickelt werden. Häufig fehlen die Seitentriebe 2. Ordnung völlig. Auffallend ist weiterhin eine starke Förderung des Haupttriebes gegenüber den Seitentrieben. Die Merkmalskombination von schwacher Verzweigung und extrem niederliegendem Wuchs tritt auch bei der Mutante *lazy* in Erscheinung (Stringam, 1966).

Einige andere zu dieser Größengruppe zählende Mutanten sind als typische Reduktionsformen anzusehen. So ist die Zahl der Seitentriebe 2. Ordnung bei der Mutante *multiflora* (Abb. 48) deutlich verringert. Die Verzweigung der Seitentriebe 2. Ordnung ist bei dieser Mutante nur schwach angedeutet. Wird

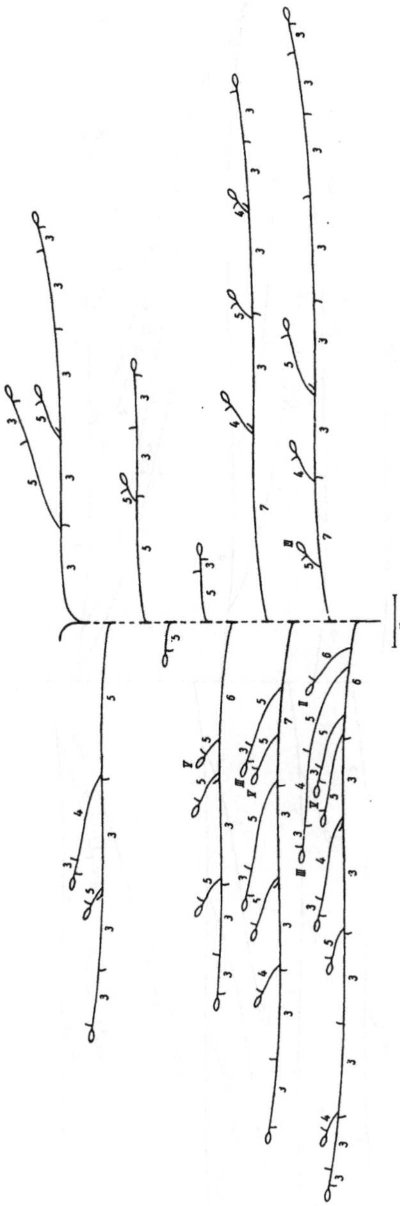

Abb. 47. Mut. *procumbens* ('C. R.'), starkwüchsige Variante

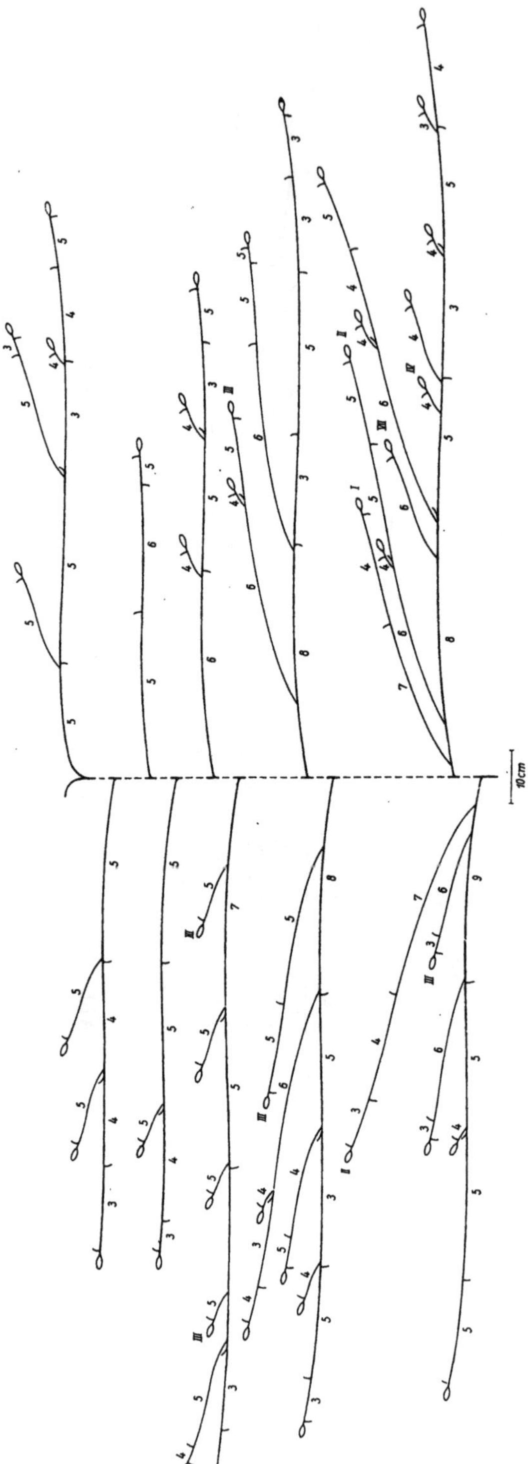

Abb. 48. Mut. *multiflora* ('C. R.'), starkwüchsige Variante

bei den untersuchten Tomatenmutanten auch nicht in jedem Falle das Achsensystem durch die Bildung von überdurchschnittlich großen Infloreszenzen beeinflußt, so kann man doch annehmen, daß derartig extrem große Infloreszenzen, wie sie bei der Mutante *multiflora* auftreten, das vegetative Wachstum beeinträchtigen.

Durch ähnliche Reduktionsmerkmale, aber Infloreszenzen normaler Größe, sind die Mutanten *torosa* und *trifoliate*[2] gekennzeichnet. Von den Seitenachsen 1. Ordnung kommen bei der Mutante *trifoliate*[2] meist nur sehr wenige zur Entwicklung. Die am Haupttrieb oberhalb der 1. Infloreszenz inserierten Seitentriebe und die Seitentriebe 2. Ordnung können bei der erwähnten Mutante stark verlängert sein. Diese mögliche Triebverlängerung ist gewöhnlich nicht auf eine einfache Achsenstreckung zurückzuführen. Es liegt hier vielmehr eine Vermehrung der Sympodialglieder vor, so daß sich manche Seitenachsen 2. Ordnung aus bis zu 9 Sympodialgliedern zusammensetzen können. Auch bei der schwachen Wuchsformvariante bestehen die Seitentriebe 1. und 2. Ordnung aus einer deutlich erhöhten Zahl von Sympodialgliedern.

Einzelne Seitentriebe 2. Ordnung können relativ stark verzweigt sein. So treten bei der schwachen Wuchsformvariante vereinzelt Seitentriebe 3. Ordnung auf, während sich das Achsensystem der kräftigen Wuchsformvariante bis zu Seitentrieben 5. Ordnung aufgliedern kann. Die Achsen dieser Mutante unterscheiden sich außerdem von denen der Ausgangssorte durch ihren größeren Durchmesser.

Die Mutante *torosa* bildet stets nur wenige Seitentriebe 1. Ordnung (Abb. 49). Häufig wird nur ein Seitentrieb 1. Ordnung ausgebildet. Im Extremfall schließt der Haupttrieb sein Wachstum mit der Bildung der 1. Infloreszenz ab, so daß der sympodiale Fortsetzungstrieb nicht zur Entwicklung kommt. Ebenso fehlen den Seitentrieben häufig die Knospen der sympodialen Fortsetzungstriebe. Eine weitere Besonderheit dieser Mutante besteht in der häufigen konkauleszenten Verwachsung der Seitentriebe mit der Mutterachse.

Relativ wenige Mutanten übertreffen die Ausgangssorte hinsichtlich ihrer Trieblänge. Hierzu zählen zunächst die Mutanten *adpressa*, *beaked*[2] (Tafel 6) und *divaricata*, die sich vor allem durch verlängerte Seitentriebe 1. und 2. Ordnung auszeichnen. Die Zahl der Seitentriebe und der Verzweigungsgrad sind dagegen von der Ausgangssorte kaum verschieden. Eine Ausnahme bildet hier die Mutante *divaricata*, deren schwache Wuchsformvariante eine Förderung des Achsensystems vermissen läßt. Die Mutante *adpressa* ist außerdem durch ihren kriechenden Wuchs charakterisiert.

Durch eine weitere Wuchsförderung zeichnen sich die Mutanten *cochlearis*, *procera* und *microcarpa* (Tafel 7) aus. Bei diesen ist die Zahl der verlängerten Seitentriebe 2. und 3. Ordnung deutlich erhöht. An den unteren Seitentrieben 1. Ordnung treiben die Knospen der basalen Sympodialglieder gewöhnlich sämtlich aus. Auch mehrere der folgenden Sympodialglieder entwickeln eine erhöhte Zahl von Seitentrieben. Die Seitenachsen 3. Ordnung

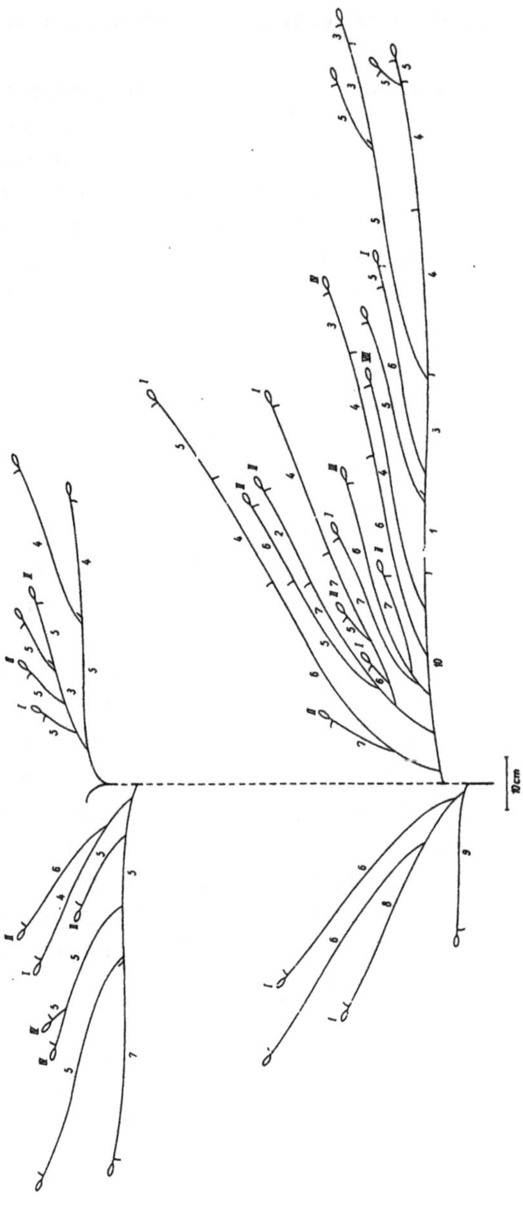

Abb. 49. Mut. *torosa* ('C. R.'), starkwüchsige Variante

sind ebenfalls vergrößert und entstehen an den verschiedenen Sympodialgliedern meist in der Einzahl, seltener zu mehreren. Entsprechend der akrotonen Triebförderung geht auch hier aus der obersten Seitenknospe des Sympodialgliedes der jeweils einzige oder aber bei mehreren Seitentrieben der längste Seitentrieb hervor. Seitentriebe 4. Ordnung sind ebenfalls nicht selten. In wenigen Fällen können Seitentriebe 5. Ordnung beobachtet werden. Die Längenzunahme dieser Mutanten ist sowohl durch die größeren Sympodialglieder als auch durch deren höhere Anzahl bedingt. Die erwähnten Wuchseigenschaften, wie Triebverlängerung und die verstärkte Bildung von Seitentrieben, sind bereits bei den schwachen Wuchsformvarianten dieser Mutanten erkennbar.

Zahlreiche andere Mutanten zeichnen sich im Vergleich zu der Ausgangssorte durch einen schwächeren Wuchs aus. Einige dieser Mutanten, deren kräftige Wuchsformvariante etwa 0,70 – 1,00 m mißt, sind in ihrer Längenentwicklung nur unbedeutend gehemmt. Die Längendifferenz dieser Formen fällt noch teilweise in die Variationsbreite der Ausgangssorte. Der Grund für die geringe Größe liegt hauptsächlich in den verkürzten Sympodialgliedern. Eine Abnahme der Anzahl der Sympodialglieder tritt an den Seitenachsen 1. Ordnung kaum, an den Seitenachsen 2. Ordnung dagegen häufiger und stärker in Erscheinung. Seitentriebe 3. Ordnung sind meist seltener entwickelt als bei der Ausgangssorte. Zu den Formen mit schwacher Wuchshemmung, aber einem der Ausgangssorte entsprechenden Verzweigungsgrad sind die Mutanten *incurva, squarrulosa, longipes, debilis, viridula, bullata, glaucescens, deprimata* (Abb. 50), *tempestiva, acroxantha, yellow virescent*[4], *laeta, imbecilla* und *adusta* zu rechnen. Mit Ausnahme der Mutanten *imbecilla, adusta, squarrulosa, incurva, viridula* und *tempestiva* macht sich bei diesen Formen eine Verkürzung der Seitentriebe 2. Ordnung bemerkbar. Eine Besonderheit der hier erwähnten Mutante *incurva* besteht in ihren unregelmäßig gekrümmten Sproßachsen. Als Ausnahme ist auch die Mutante *tempestiva* zu betrachten, deren Hauptsproß bereits nach der Ausbildung von etwa 6 Laubblättern eine Infloreszenz hervorbringt.

Einige andere Mutanten dieser Größengruppe zeigen weitere Wuchsformveränderungen. So sind bei beiden Wuchsformvarianten der Mutante *longipes* die Seitentriebe 2. Ordnung schwach verlängert. Die Mutante *yellow virescent*[3] entwickelt dagegen stärker verkürzte Sympodialglieder. Eine geringfügig erhöhte Anzahl von Seitentrieben 2. Ordnung, die besonders an den Seitensprossen 1. Ordnung gehäuft auftreten, wird an den kräftigen Wuchsformvarianten der Mutanten *nitida, rigida, dilabens, curvata*[2], *penetrabile* und *heterogemma* beobachtet. Die Mutante *heterogemma* läßt dabei eine weitere Besonderheit erkennen. Die Tragblätter der Sympodialglieder werden hier nicht immer, wie sonst üblich, durch kongenitale Verwachsung mit dem Achselsproß emporgehoben, sondern sie verbleiben häufig an ihrem ursprünglichen Entstehungsort. Die ebenfalls dieser Größengruppe angehörende Mutante *rigidula* besitzt eine normale Anzahl von Seitentrieben 2. Ordnung, die aber zu einer relativ starken Verzweigung neigen.

Andere, diesem Formenkreis zuzuordnende Mutanten sind durch eine stark erhöhte Anzahl von Seitentrieben 2. Ordnung charakterisiert. Weiter oben wurde bereits festgestellt, daß eine vermehrte Anzahl von Seitentrieben 2. Ordnung häufig mit einer Verlängerung dieser Triebe gekoppelt ist. Einen morphologischen Übergang zu den stärker verzweigten Typen stellen die Mutanten *variabilis* und *multifurcata* dar, bei denen trotz der normalen Anzahl

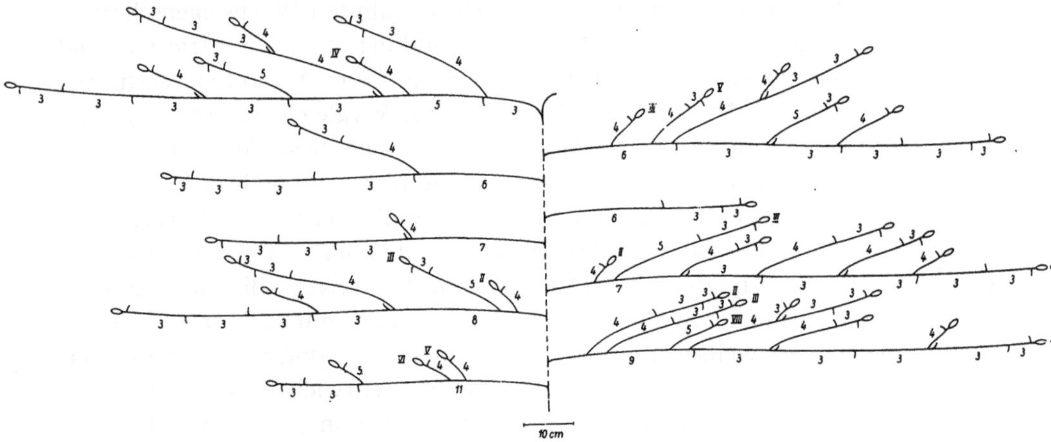

Abb. 50. Mut. *deprimata* ('C. R.'), starkwüchsige Variante

von Seitentrieben 2. Ordnung die Verlängerung dieser Triebe bereits deutlich ausgeprägt ist. Zahlreiche verlängerte Seitenachsen 2. Ordnung sind dagegen bei den Mutanten *hilara, perlucida, lata, elegans*[2], *conversa* und *fusiformis* entwickelt. Mit Ausnahme der Mutante *fusiformis* treten diese Wuchsformeigenschaften bereits mehr oder weniger deutlich bei den schwachen Wuchsformvarianten auf. Die Seitentriebe 2. Ordnung sind besonders extrem an den Seitensprossen 1. Ordnung gehäuft, wobei sich meist einige der folgenden Sympodialglieder ebenfalls durch eine vermehrte Seitentriebbildung auszeichnen. Seitentriebe 3. Ordnung kommen häufiger als bei der Ausgangssorte vor und sind ebenfalls relativ verlängert. Die verstärkte Seitentriebstreckung wird auch bei diesen Mutanten durch die größere relative Länge der Sympodialglieder bewirkt. Bei der Beschreibung der Wuchsformen empfiehlt es sich zur Charakterisierung mancher Wuchsformeigenschaften den Begriff „relative Länge“ zu verwenden. Unter relativer Länge soll im Rahmen dieser Wuchsformuntersuchungen das Längenverhältnis zwischen den Seitentrieben 2. Ordnung bzw. höherer Ordnung und den Seitentrieben 1. Ordnung oder zwischen den einzelnen Sympodialgliedern und dem zugehörigen Gesamttrieb verstanden werden.

Eine besonders extrem verzweigte Form stellt die Mutante *globosa* (Abb. 51) dar. Hier sind die basalen Sympodialglieder der Seitentriebe 2. Ordnung besonders stark verlängert. Die ungewöhnlich starke Seitentriebbildung erstreckt sich nicht nur – wie sonst meist – auf die unteren und mittleren Seitentriebe,

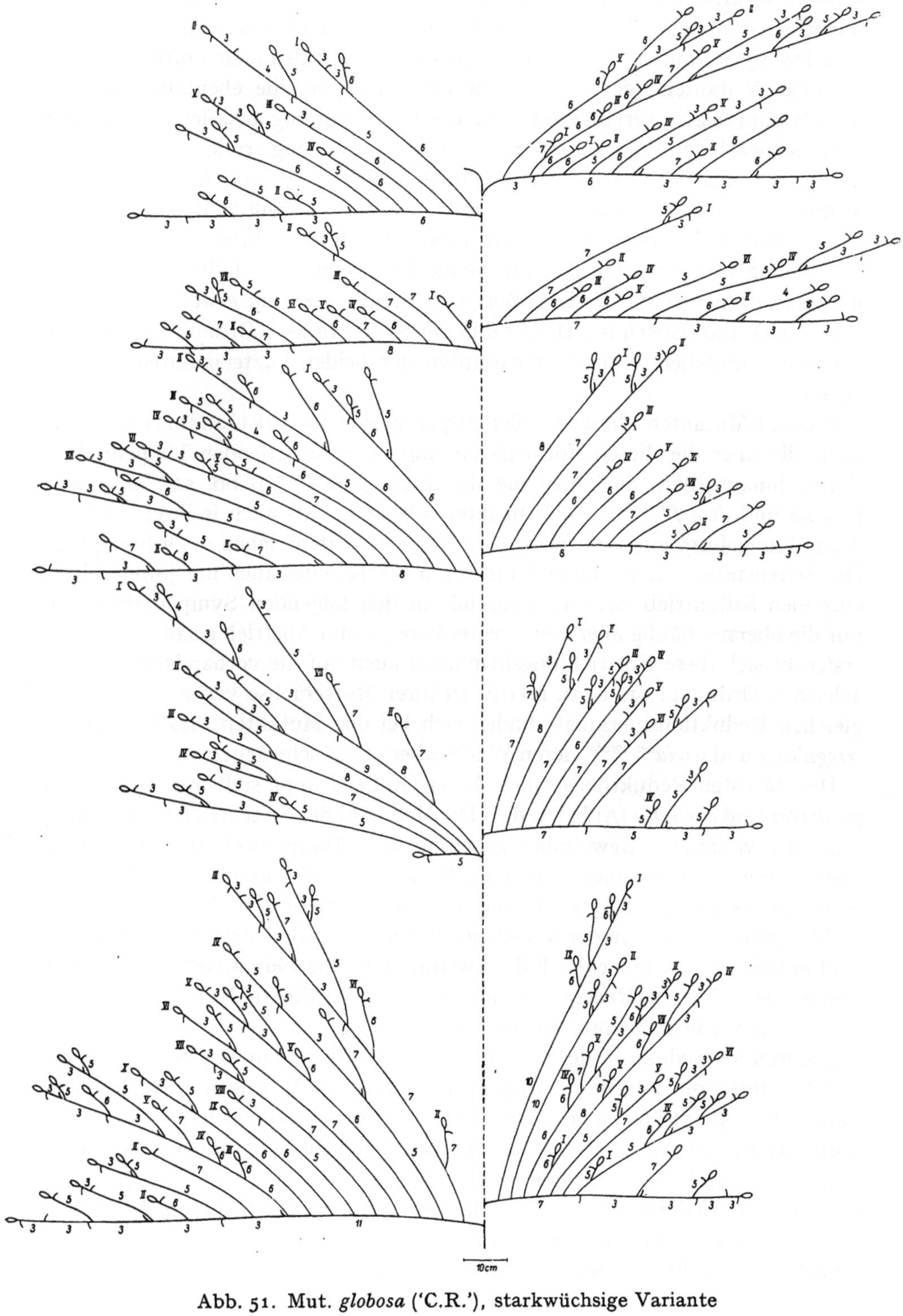

Abb. 51. Mut. *globosa* ('C.R.'), starkwüchsige Variante

sondern in gleichem Maße auf die oberen Seitentriebe 1. Ordnung. Die zahlreichen Seitentriebe, die bei beiden Wuchsformvarianten mit annähernd gleicher Häufigkeit auftreten, bedingen die kuglige Gestalt dieser Form.

Einige Mutanten der vorliegenden Größengruppe, die ebenfalls eine vermehrte Zahl relativ verlängerter Seitentriebe 2. Ordnung auszeichnet, sind von etwas schwächerem Wuchs. Die Seitentriebe 1. Ordnung erreichen hier bei der kräftigen Wuchsformvariante eine Länge von etwa 70 cm. Hierzu sind die Mutanten *cincta, involuta, dilatata* und *divergens* zu zählen. Weitere Reduktionen finden sich bei der Mutante *rotundata*, deren zahlreiche Seitentriebe 2. Ordnung verkürzt sind. Entsprechende Verzweigungsverhältnisse liegen bei den Mutanten *hairless*[2] und *pendens* vor, für die aber ein etwas schwächerer Wuchs charakteristisch ist. Die Anzahl der Seitentriebe 2. Ordnung ist dagegen bei den schwachen Wuchsformvarianten der beiden letztgenannten Formen normal.

Weitere Mutanten dieser Größengruppe zeigen Reduktionserscheinungen, die über die diesen Formenkreis allgemein betreffenden Längenreduktionen hinausgehen. So bilden die Mutanten *varia^{virgata}* (Abb. 52), *mediocris, galbina* und *dwarf^{immuna}* sowohl in ihrer schwachen als auch in ihrer kräftigen Ausprägungsform eine verringerte Anzahl von Seitentrieben 2. Ordnung aus. Die Seitensprosse 1. Ordnung bringen nur wenige oder auch nur jeweils einen einzelnen Seitentrieb hervor, während an den folgenden Sympodialgliedern nur die oberste, häufig aber keine Seitenknospe zum Austrieb gelangt. Oftmals erstreckt sich diese Entwicklungshemmung auch auf die vorhandenen Seitenachsen 2. Ordnung, die dann relativ zu ihrer Mutterachse verkürzt sind. Die gleichen Reduktionsmerkmale finden sich bei den Mutanten *invalida, lucida, irregularis* und *varia^{decolorata}*, deren Wuchs aber etwas schwächer ist.

Die stärksten Reduktionsformen dieser Größengruppe stellen die Mutanten *multiplex* und *carinata* (Abb. 53) dar. Die Mehrzahl der Seitentriebe 1. Ordnung fällt hier völlig aus. Gewöhnlich gehen aus dem Hauptsproß nur sehr wenige oder auch nur ein einzelner Seitentrieb hervor. Zuweilen kann der Austrieb der Seitenknospen auch völlig verhindert sein. Seitentriebe 2. Ordnung sind meist nicht vorhanden oder an den verschiedenen Sympodialgliedern nur in der Einzahl entwickelt. In manchen Fällen werden einzelne Seitentriebe 3. Ordnung ausgebildet. Eine zusätzliche Besonderheit der erwähnten Mutante *multiplex* stellen ihre verdickten Sproßachsen dar.

Die weitere Reduktion der Gesamtgröße des Verzweigungssystems führt zu den Mutanten der folgenden Gruppe, deren kräftige Wuchsformvariante sich durch etwa 50–70 cm lange Seitentriebe 1. Ordnung auszeichnet. Bei dieser Mutantengruppe zeigt sich bereits sehr deutlich, daß die Größenunterschiede und die Unterschiede in der Verzweigungsstärke zwischen den schwachen und kräftigen Wuchsformvarianten bei den im Wachstum gehemmten Mutanten weitaus geringer sind. Auch innerhalb dieser Größengruppe lassen sich die verschiedensten Reduktionsformen unterscheiden.

Die der beschriebenen Gruppe angehörenden Mutanten *fucata* (Abb. 54), *sphacelata, excedens, truncata, firma, rava* und *heteroidea* kennzeichnet eine Verzweigungsintensität, die etwa der der Ausgangssorte entspricht. Bei der Mutante *truncata* sind neben der die gesamte Gruppe betreffenden Wachstumshemmung noch weitere Reduktionen bemerkbar. Die kräftige Ausprägungsform entwickelt eine schwach verringerte Anzahl von Seitentrieben 2. Ordnung, während die Seitensprosse 1. Ordnung bei der schwachen Wuchsformvariante höchstens einen einzelnen Seitentrieb ausbilden, sonst aber unverzweigt sind.

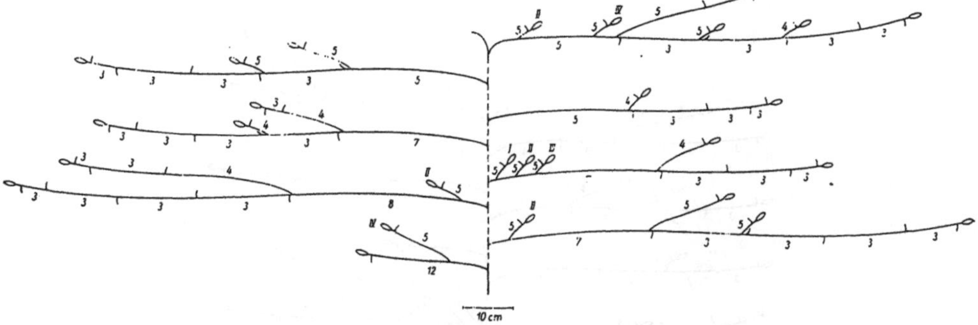

Abb. 52. Mut. *varia^{virgata}* ('C. R.'), starkwüchsige Variante

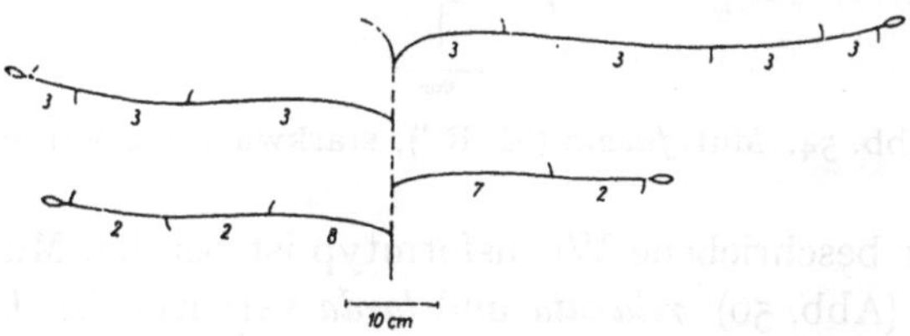

Abb. 53. Mut. *carinata* ('C. R.'), schwachwüchsige Variante

Ein etwas schwächerer Wuchs beider Wuchsformvarianten zeichnet die Mutanten *marcida, exilis, yellow virescent*2 und *umbrosa* aus. Eine relative Triebförderung haben dagen die Mutanten *frugalis* und *bicolor* erfahren, deren Seitentriebe 2. Ordnung relativ zu ihrer Mutterachse verlängert sind. Dabei bildet die Mutante *frugalis* nicht selten zusätzliche Seitentriebe 3. Ordnung aus.

Für eine Reihe weiterer Formen der beschriebenen Größengruppe sind auffällige relative Wuchsförderungen charakteristisch. Diese Mutanten bilden außer den relativ verlängerten Seitentrieben 2. Ordnung zahlreiche Seitentriebe 3. Ordnung aus. Als morphologische Übergangsformen sind hier die Mutanten *impedita^{exigua}* und *sterilis* zu betrachten, bei denen nur einige basale Seitentriebe 1. Ordnung stark verzweigt sind. Dagegen erstreckt sich die starke Aufzweigung bei den Mutanten *fruticosa^{hemiglobosa}* und *erecta* (Abb. 55) auf sämtliche oder fast sämtliche Seitentriebe 1. Ordnung. Der stärkste und fast lückenlose Austrieb tritt an den eigentlichen Seitensprossen 1. Ordnung in Erscheinung. Die Achsen der Mutante *fruticosa*^{hemiglobosa} sind dabei deutlich verdickt.

Andere Mutanten dieser Größengruppe tragen den Charakter von Reduktionsformen. Besonders auffallend ist hier die geringe Zahl von Seitentrieben 2. Ordnung. Soweit sie vorhanden sind, erscheinen sie verkürzt. Die meisten Seitentriebe 1. Ordnung sind völlig unverzweigt. Werden dagegen Seitentriebe 2. Ordnung ausgebildet, so treten sie meist einzeln an den Seitensprossen 1. Ordnung, dicht unterhalb der Infloreszenz auf. Seitentriebe 3. Ordnung

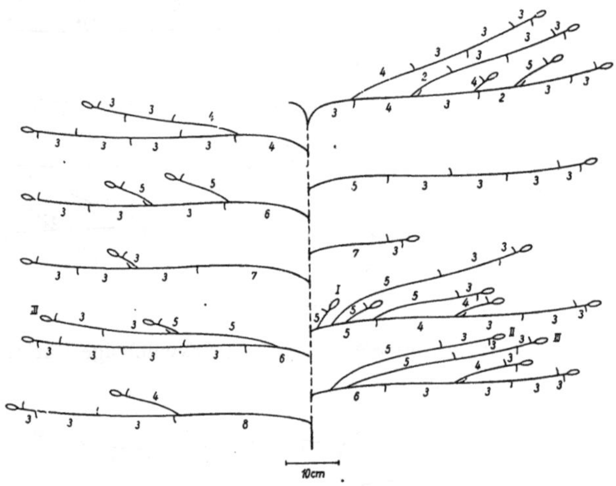

Abb. 54. Mut. *fucata* ('C. R.'), starkwüchsige Variante

fehlen stets. Der beschriebene Wuchsformtyp ist bei den Mutanten *unicaulis*, *eramosa*, *ignava* (Abb. 56), *relaxata* und *tarda* verwirklicht. Unterschiede zwischen den beiden Wuchsformvarianten sind kaum vorhanden.

Weitere Reduktionen führen zu einer Verringerung der Seitentriebe 1. Ordnung, so daß gewöhnlich nur noch bis zu 5 Seitentriebe ausgebildet werden. Diese sind fast oder völlig unverzweigt. Kommen Seitentriebe 2. Ordnung zur Entwicklung, so sind diese relativ kurz. Seitentriebe 3. Ordnung fehlen diesen Mutanten. Bei dem beschriebenen Typ, zu dem die Mutanten *oligosperma* (Abb. 57), *coriacea* und *opacata* gehören, ist ebenso wie bei dem vorher erwähnten Wuchsformtyp die Anzahl der Sympodialglieder deutlich verringert. Die Seitentriebe 1. Ordnung sind bei der Mutante *oligosperma* völlig unverzweigt.

Betrachtet man die gesamte Größengruppe, so zeigt sich, daß die Mutanten, mit Ausnahme der eben erwähnten stark reduzierten Formen, in ihrer Größe kaum von einer veränderten Zahl von Sympodialgliedern, sondern durch die geringere Länge der einzelnen Internodien bestimmt werden. Die Zahl der Seitenachsen 3. Ordnung, sieht man von einigen stärker verzweigten Mutanten ab, ist in diesem Formenkreis deutlich verringert.

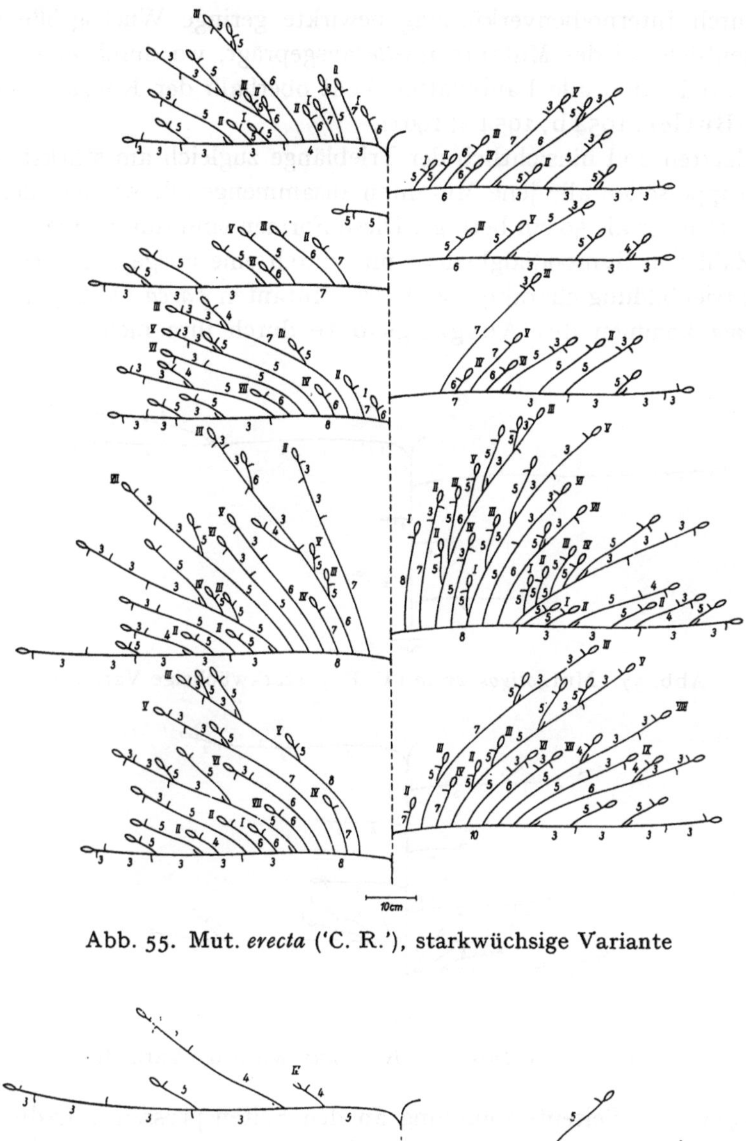

Abb. 55. Mut. *erecta* ('C. R.'), starkwüchsige Variante

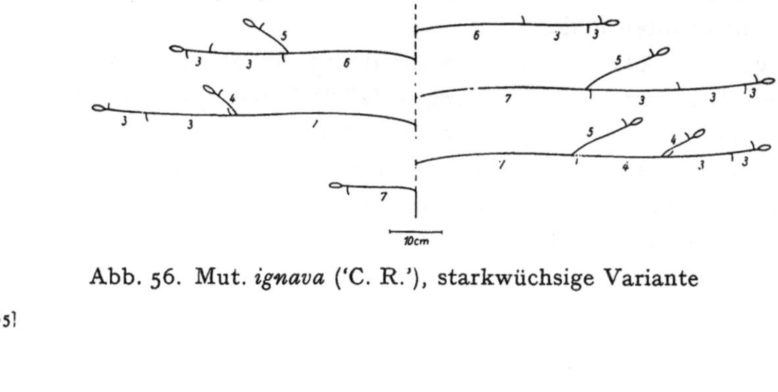

Abb. 56. Mut. *ignava* ('C. R.'), starkwüchsige Variante

Eine durch Internodienverkürzung bewirkte geringe Wuchsgröße ist besonders deutlich bei der Mutante *rosette* ausgeprägt, wo durch eine extreme Internodienreduktion alle Laubblätter dicht oberhalb der Kotyledonen inseriert sind (Butler, 1954 b; 1954 e; 1961).

In der letzten und hinsichtlich der Trieblänge zugleich am stärksten reduzierten Gruppe sollen alle jene Mutanten zusammengefaßt werden, deren Gesamtlänge weniger als 50 cm beträgt. Diese Formen sind durch eine stark verringerte Zahl von Sympodialgliedern und durch eine ausgeprägte Hemmung der Seitentriebbildung charakterisiert. Die Mutanten *parca* (Abb. 58), *neglecta* und *infirma* kommen der Ausgangssorte durch ihre mehr oder weniger

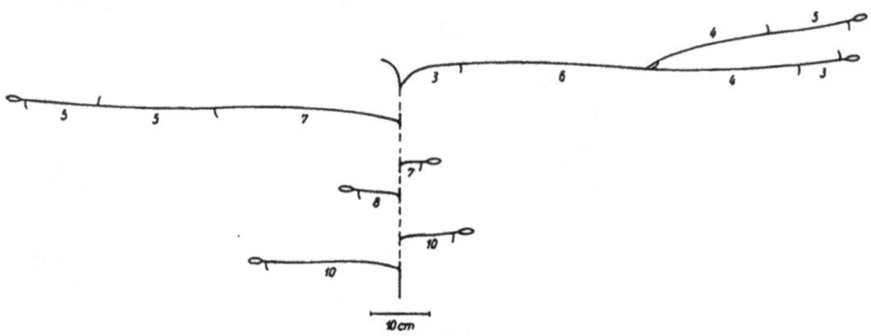

Abb. 57. Mut. *oligosperma* ('C. R.'), starkwüchsige Variante

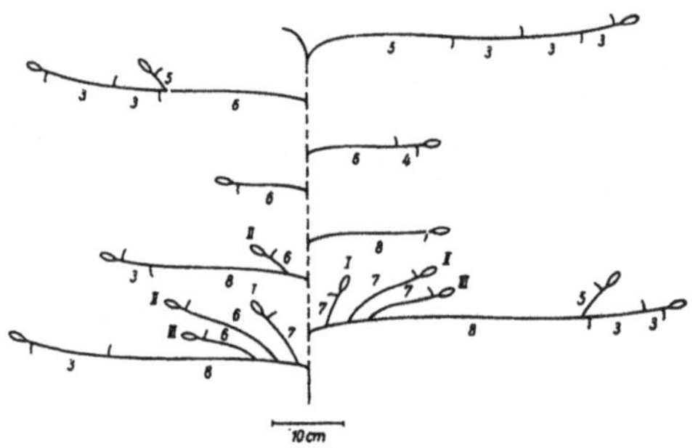

Abb. 58. Mut. *parca* ('C. R.'), starkwüchsige Variante

stark ausgeprägte Seitentriebbildung an den Seitensprossen 1. Ordnung am nächsten. Seitentriebe 3. Ordnung wurden bei diesen Mutanten niemals beobachtet, aber auch die Seitentriebe 2. Ordnung können bei den schwachen Wuchsformvarianten fehlen.

Eine verstärkte Seitentriebbildung findet sich dagegen bei den Mutanten *globiformis* (Abb. 59), *impedita*^{distincta} und *sphaerica*. Diese Mutanten sind vor allem durch eine erhöhte Zahl von Seitentrieben 2. Ordnung charakterisiert. Die Seitentriebe 2. Ordnung, die besonders an den Seitensprossen 1. Ordnung gehäuft vorkommen, bringen nicht selten Seitentriebe 3. Ordnung hervor. Die dichte Verzweigung bedingt auch hier die kugelige Gestalt der Mutanten.

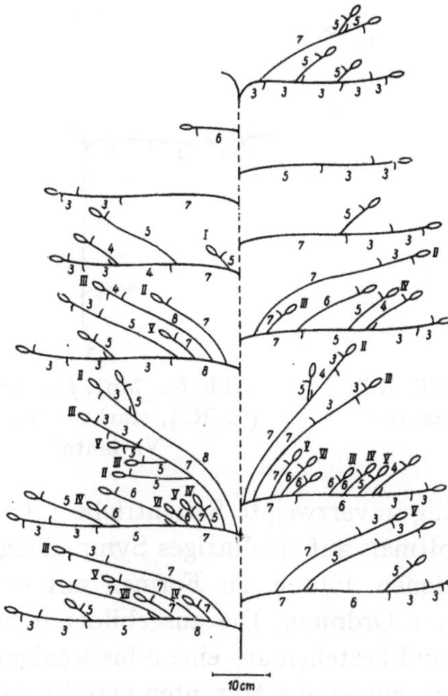

Abb. 59. Mut. *globiformis* ('C. R.'), starkwüchsige Variante

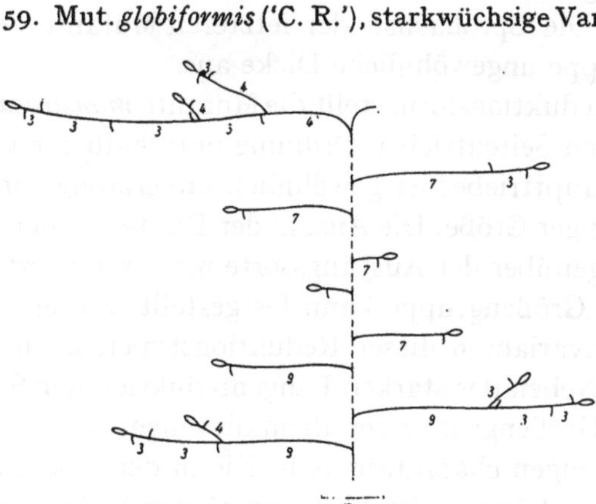

Abb. 60. Mut. *ruptilis* ('C. R.'), starkwüchsige Variante

Die überwiegende Zahl von Mutanten dieser Größengruppe ist durch weitere Reduktionsmerkmale gekennzeichnet. So werden bei den Mutanten *ruptilis* (Abb. 60), *protea, succedanea, tenuis, parva-2* und *semiglobosa* nur sehr wenige Seitentriebe 2. Ordnung ausgebildet. Die Seitentriebe 1. Ordnung sind meist unverzweigt oder besitzen nur einzelne Tochterachsen, die dann gewöhnlich am distalen Ende der Seitensprosse 1. Ordnung inseriert sind. Seitenachsen 3. Ordnung fehlen stets.

Ein weiterer Reduktionsschritt führt zu den Mutanten *albovirens, fragilis, indiga, pumila, minuta* (Abb. 61), *complicata* und *pauper*. Die bezeichneten

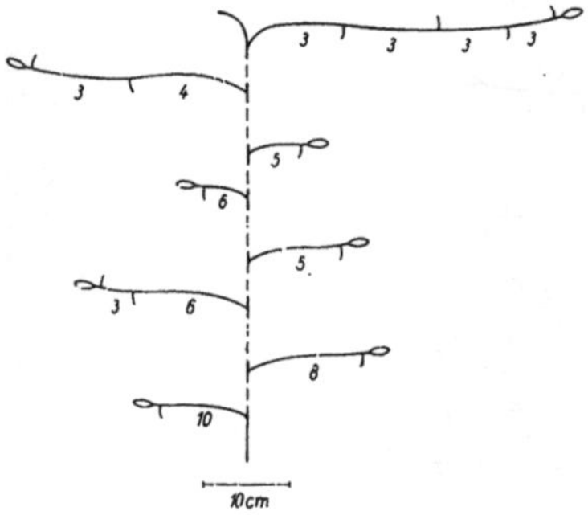

Abb. 61. Mut. *minuta* ('C. R.'), starkwüchsige Variante

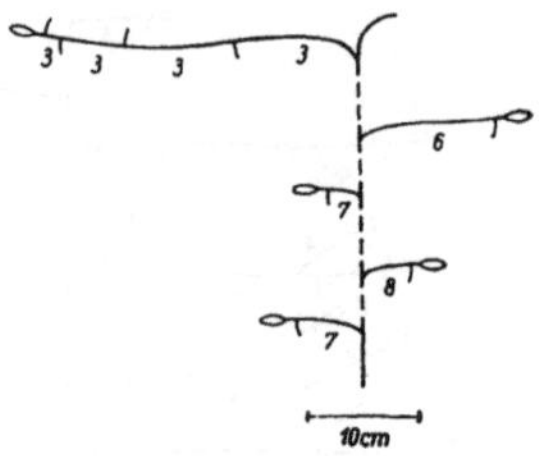

Abb. 62. Mut. *purilla* ('C. R.'), starkwüchsige Variante

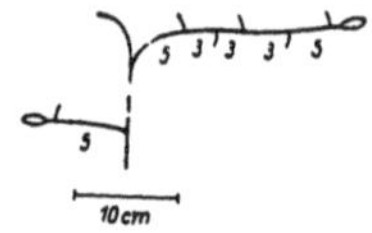

Abb. 63. Mut. *monstrosa* ('C. R.')

Mutanten besitzen völlig unverzweigte Seitentriebe 1. Ordnung, die sehr kurz sein können und sich oftmals auf ein einziges Sympodialglied beschränken.

Zusätzliche Reduktionen führen zu Formen mit einer verringerten Anzahl von Seitenachsen 1. Ordnung. Die ausgebildeten Seitenachsen sind nur ganz selten verzweigt und bestehen aus einem bis wenigen Sympodialgliedern. Zu dieser Formengruppe zählen die Mutanten *gracilis*, *purilla* (Abb. 62), *nana* und *dwarf*^{crispata}. Die Sproßachse der letzteren Mutante zeichnet sich durch eine für diese Gruppe ungewöhnliche Dicke aus.

Die extremste Reduktionsform stellt die Mutante *monstrosa* (Abb. 63) dar. Sie entwickelt nur einen Seitentrieb 1. Ordnung unterhalb der 1. Infloreszenz. Der distale Teil des Haupttriebes ist gewöhnlich unverzweigt und wie der Seitentrieb von sehr geringer Größe. Die Anzahl der Blätter an den einzelnen Sympodialgliedern ist gegenüber der Ausgangssorte nicht reduziert.

Auch bei dieser Größengruppe kann festgestellt werden, daß zwischen den beiden Wuchsformvarianten dieser Reduktionstypen kaum Unterschiede beobachtet werden. Neben der starken Längenreduktion der Seitentriebe 1. Ordnung ist für diese Größengruppe vor allem die eingeschränkte Zahl von Seitentrieben aller Ordnungen charakteristisch. Die in der beschriebenen Gruppe so augenfällige Triebverkürzung ist hier einmal durch die geringe Länge, zum anderen aber durch die verminderte Anzahl der Sympodialglieder bedingt.

b) Wuchsformen der aus der Sorte 'Rheinlands Ruhm' hervorgegangenen Mutanten

Die Sorte 'Rheinlands Ruhm' nimmt hinsichtlich ihres Längenwachstums unter den drei Ausgangssippen des Gaterslebener Mutantensortiments eine Mittelstellung ein. Die kräftige Wuchsformvariante (Tafel 8) erreicht eine Seitentrieblänge von etwa 1,50 m; dagegen bildet die schwache Wuchsformvariante (Abb. 64) Seitentriebe 1. Ordnung von nur etwa 1,00 m Länge.

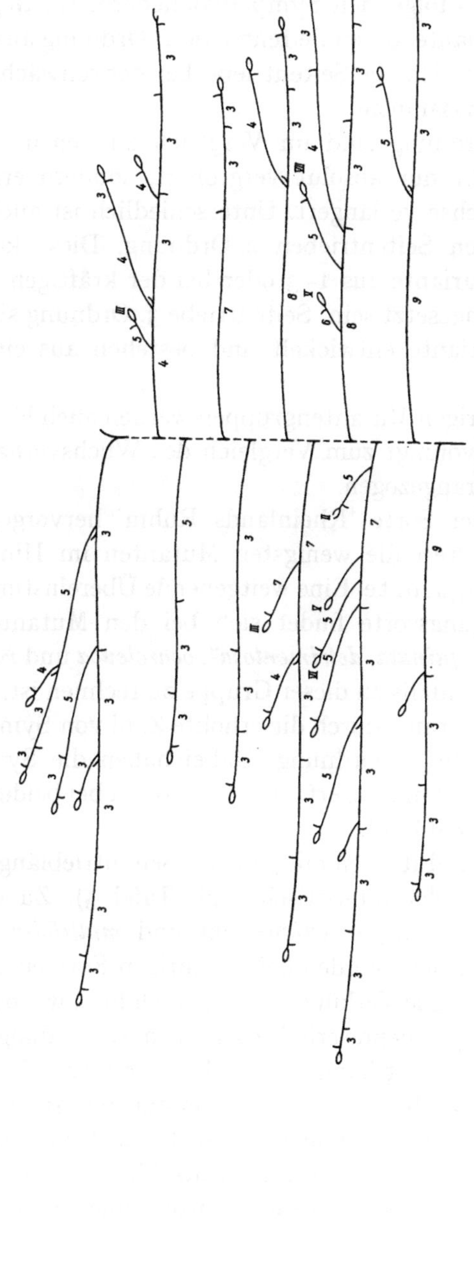

Abb. 64. Wuchsform der Sorte 'Rheinlands Ruhm' (schwachwüchsige Variante)

Von den Seitentrieben 2. Ordnung, die an den basalen Sympodialgliedern der kräftigen Wuchsformvariante besonders zahlreich auftreten, sind bei der schwachen Wuchsformvariante nur wenige oder auch nur einzelne ausgebildet. Die Verzweigung der Seitentriebe 1. Ordnung ist bei der schwachen Wuchsformvariante meist auf die eigentlichen Seitensprosse 1. Ordnung beschränkt. Dagegen entstehen sie bei der kräftigen Vergleichsform in geringer Zahl oder einzeln auch an mehreren folgenden Sympodialgliedern. Im Gegensatz zu der kräftigen Wuchsformvariante, deren Seitentriebe 1. Ordnung aus 7 Sympodialgliedern bestehen, setzen sich die Seitentriebe bei der schwächeren Form aus 4–6 Sympodialgliedern zusammen.

Die Seitentriebe 2. Ordnung sind im Vergleich zu denen der schwachen Wuchsformvariante nicht nur absolut vergrößert, sondern erscheinen auch relativ zu ihrer Mutterachse verlängert. Unterschiedlich ist auch die Zahl der Sympodialglieder bei den Seitentrieben 2. Ordnung. Diese können bei der schwachen Wuchsformvariante aus 1–3 oder bei der kräftigen aus 1–5 Sympodialgliedern zusammengesetzt sein. Seitentriebe 3. Ordnung sind nur bei der kräftigen Wuchsformvariante entwickelt und bestehen aus einem einzelnen Sympodialglied.

Ebenso wie bei den übrigen Mutantengruppen werden auch hier die kräftigen Wuchsformvarianten bevorzugt zum Vergleich des Wuchsverhaltens der verschiedenen Mutanten herangezogen.

Auch in dieser aus der Sorte 'Rheinlands Ruhm' hervorgegangenen Abstammungsgruppe gleichen die wenigsten Mutanten im Hinblick auf ihre Wuchsform der Ausgangssorte. Eine weitgehende Übereinstimmung mit den Wuchsformen der Ausgangssorte findet sich bei den Mutanten *polyphylla*, *marmorata*[2], *composita*, *inquinata*, *detrimentosa*[2], *ochroleuca* und *indehiscens*. Die Mutante *glutinosa*, die ebenfalls zu dieser Gruppe zu rechnen ist, unterscheidet sich von den genannten Formen durch die erhöhte Zahl von Sympodialgliedern an den Seitentrieben 1. und 2. Ordnung. Dabei haben die Sympodialglieder zugleich eine merkliche Verkürzung erfahren. Sie treten bei beiden Wuchsformvarianten in vermehrter Zahl auf.

Für eine Reihe weiterer Mutanten mit gleicher Seitentrieblänge ist eine verstärkte Verzweigung charakteristisch (vgl. Tafel 5). Zu dieser Gruppe zählen die Mutanten *multiplicata*, *deliquescens* und *multifolia*. Die Mutante *multiplicata* unterscheidet sich von den beiden übrigen Formen durch ihre verkürzten Sympodialglieder. Die Verkürzung wird auch hier, wie bei der Mutante *glutinosa*, durch eine entsprechende erhöhte Zahl von Sympodialgliedern an den Seitenachsen 1. und 2. Ordnung kompensiert. Die verstärkte Triebbildung der erwähnten Mutanten kommt besonders in dem verstärkten Austrieb der basalen und mittleren Seitentriebe 1. Ordnung zum Ausdruck. Dabei sind die Seitenknospen der Seitensprosse 1. Ordnung meist vollzählig ausgetrieben, und auch einige der benachbarten Sympodialglieder bringen eine vermehrte Zahl von Seitentrieben hervor.

Die Seitentriebe 2. Ordnung sind bei der kräftigen Wuchsformvariante im Vergleich zu denen der schwächeren Vergleichsform relativ zu ihrer Mutterachse verlängert. Weiterhin ist bei der kräftigen Wuchsformvariante eine größere Zahl von Seitentrieben 3. Ordnung entwickelt; auch Seitentriebe 4. Ordnung sind hier nicht selten.

Bei einer weiteren Mutante dieses Formenkreises, *sticky fruit epidermis*[2], kommt die erwähnte relative Seitentriebverlängerung bereits bei der schwachen Wuchsformvariante zum Ausdruck. Eine Ausnahme bildet auch die zu dieser Größengruppe zählende Mutante *decomposita*, deren schwache Wuchsformvariante in keiner Weise auf einen stärkeren Verzweigungstyp hindeutet.

Nur sehr wenige Mutanten übertreffen die Ausgangssorte in ihrer Trieblänge. Unter diesen gleichen die Mutanten *falsiflora* und *reptans* trotz ihrer größeren Trieblängen hinsichtlich der Verzweigungsintensität weitgehend der Ausgangssorte (vgl. Tafel 6). Eine zusätzliche Besonderheit der Mutante *reptans* besteht in ihrem stark kriechenden Wuchs. Weitere Formen dieser Größenordnung sind die Mutanten *splendida* und *praematura*, die sich von der Ausgangssorte weiterhin durch eine schwach geförderte Seitentriebbildung unterscheiden. Die stärkere Wuchsformvariante bildet hierbei an den basalen Sympodialgliedern der Mutterachse eine schwach erhöhte Zahl von Seitentrieben 2. Ordnung. Ebenso ausgeprägt ist die Bildung von Seitenachsen 3. Ordnung. Die Wuchsformvarianten der trockneren Anbaujahre bringen bei beiden Mutanten ebenfalls eine erhöhte Anzahl von Seitenachsen 2. Ordnung hervor, die aber außerdem eine durch vermehrte Sympodialgliedbildung bedingte Triebverlängerung erkennen lassen.

Der größte Teil der aus der Sorte 'Rheinlands Ruhm' hervorgegangenen Mutanten umfaßt Reduktionsformen. Auch hier können die verschiedensten Grade der Reduktion beobachtet werden. Einige Mutanten, deren kräftige Wuchsformvariante eine annähernde Seitentrieblänge von 1,00 m erreicht, unterscheiden sich nur geringfügig von der Ausgangssorte. Formen dieser Gruppe, die im Hinblick auf ihren Verzweigungsgrad weitgehend mit der Ausgangssorte übereinstimmen, sind die Mutanten *lurida, sinuata, glaucophylla, mutabilis* und *rava*[2] (vgl. Abb. 50).

Verschiedene andere Mutanten zählen auf Grund ihrer kräftigen Wuchsformvariante ebenfalls zu dieser Gruppe. Sie zeigen jedoch in ihrer schwachen Wuchsformvariante stärkere Wuchshemmungen als es nach der Vergleichsform zu erwarten wäre. Zu diesen Formen zählen die Mutanten *flacca, dwarf-2, deformis* und *fruticosa*^{abbrevizta}. Die schwache Wuchsformvariante der Mutante *deformis* ist außerdem durch die verstärkte Bildung von Seitenachsen 2. Ordnung charakterisiert. Die Mutante *fruticosa*^{abbreviuta} unterscheidet sich dagegen durch ihre ungewöhnlich dicken Sproßachsen und ihre relativ verkürzten Seitentriebe 2. Ordnung von den sonst ähnlichen Vergleichsformen.

Einige hinsichtlich des Verzweigungsgrades schwach geförderte Typen stellen die Mutanten *afertilis, suffulta*[2], *fulgens*[2], *convoluta* und *curvi-*

folia dar. Bei den kräftigen Wuchsformvarianten dieser Formen zeichnet sich eine schwach verstärkte Bildung von Seitenachsen 2. Ordnung ab. Die entsprechenden schwachen Wuchsformvarianten sind dagegen normal verzweigt. Stärkere Verzweigungen, auch bei den schwachen Wuchsformvarianten, treten bei der Mutante *detrimentosa* und besonders stark ausgeprägt bei der Mutante *trifoliate*³ auf (vgl. Abb. 51). Bei sämtlichen besprochenen Mutanten der vorliegenden Größengruppe, mit Ausnahme der Mutante *trifoliate*³, konnten auch an den kräftigen Wuchsformvarianten niemals Seitenachsen 4. Ordnung beobachtet werden.

Ebenso kommen in dieser Größengruppe Formen vor, bei denen die Seitentriebe 2. Ordnung in ihrem Wachstum gehemmt sind (vgl. Abb. 52). So haben sie bei der kräftigen Wuchsformvariante der Mutanten *fulgida* und *suffusa* eine relative Verkürzung erfahren. Außerdem entwickelt die Mehrzahl der Seitensprosse 1. Ordnung nur einen Seitentrieb. Dieser entsteht, bedingt durch die an den einzelnen Sympodialgliedern wirksame akrotone Seitentriebförderung, dicht unterhalb der Infloreszenz.

Eine andere Gruppe von Mutanten erreicht selbst in ihrer kräftigen Ausprägungsform die Länge von 1,00 m nicht. Die zugehörigen Formen zeichnen sich zumeist durch eine geringere Zahl von Sympodialgliedern an den Seitentrieben 1. und 2. Ordnung aus. Die Seitentriebe 3. Ordnung treten relativ seltener auf oder sind bei nur wenigen Mutanten in größerer Zahl entwickelt. Zu den Formen, die der Ausgangssorte in ihrer Verzweigungsstärke am nächsten stehen, zählen die Mutanten *inquieta*, *restricta* und *sitiens* (vgl. Abb. 54). Dabei bildet die letztere Mutante insofern eine Ausnahme, als die Anzahl der Sympodialglieder gegenüber der Ausgangsorte nicht verringert ist und andererseits ein Teil der Seitentriebe 1. Ordnung häufig frühzeitig sein Längenwachstum einstellt.

Mehrere Mutanten der beschriebenen Größengruppe fallen durch ihre stärkere Verzweigung auf (vgl. Abb. 55). Hier sind die Seitensprosse 1. Ordnung lückenlos oder fast vollständig ausgetrieben, die Seitenachsen 2. Ordnung sind relativ stark verlängert. Ferner kommt es zur Bildung von Seitenachsen 3. Ordnung. Typen, bei denen beide Wuchsformvarianten diese Merkmale zeigen, sind die Mutanten *attenuata* und *pulvinata*. Andere Mutanten stimmen nur in ihrer kräftigen Wuchsformvariante hiermit überein, während bei den schwächeren Wuchsformvarianten die stärkere Verzweigungspotenz nur angedeutet ist. Hierzu zählen die Mutanten *mutata*, *contaminata*, *gamosepala* und *rotundifolia*. Die Mutante *lamprochlora*, die auch diesem Formenkreis angehört, bringt in ihrer schwächeren Wuchsformvariante nur wenige Seitenachsen 2. Ordnung hervor. Gewöhnlich kommt hier nur ein Seitentrieb an den basalen Sympodialgliedern zur Entwicklung.

Andere Mutanten dieser Größengruppe erreichen einen wesentlich geringeren Verzweigungsgrad als die Ausgangssorte (vgl. Abb. 56). So entwickeln die Mutanten *inconstans* und *obscura* nur wenige Seitentriebe 2. Ordnung, die außerdem relativ verkürzt sind. Die Verzweigung der Seitentriebe 1. Ordnung beschränkt sich dabei meist ausschließlich auf das basale Sympodialglied. Eine Verstärkung dieser Triebreduktion wird an schwachen Wuchsformvarianten der Mutante *obscura* deutlich, deren Seitentriebe 1. Ordnung völlig unverzweigt sind (vgl. Abb. 57).

Weitere Reduktionen der Seitentriebe charakterisieren eine Mutantengruppe, deren kräftige Wuchsformvarianten eine Seitentrieblänge von 0,50 bis 0,70 m erreichen. Auch bei dieser Gruppe ist die Zahl der Sympodialglieder an den Seitentrieben 1. und 2. Ordnung deutlich verringert. Die Seitentriebe 3. Ordnung werden meist nur in geringer Anzahl ausgebildet oder fehlen völlig.

Zu den Formen, die in ihrer Verzweigungsstärke der Ausgangssorte ähneln, sind die Mutanten *olivacea, lembiformis, declinata* und *gracillama* zu rechnen (vgl. Abb. 58). Die Größenunterschiede der beiden Wuchsformvarianten, die in dieser Größengruppe noch sehr deutlich hervortreten, sind bei den Mutanten *olivacea* und *gracillama,* deren schwache Wuchsformvarianten eine Größe von nur 0,10–0,20 m erreichen, besonders stark ausgeprägt.

Eine verstärkte Verzweigung der Seitentriebe 1. Ordnung tritt dagegen bei der Mutante *inclinata* auf (vgl. Abb. 59). Die vermehrten Seitentriebe 2. Ordnung sind relativ zu ihrer Mutterachse verlängert. Ähnliche, wenn auch etwas abgeschwächte Wuchsformmerkmale sind für die Mutante *laesa* typisch. Bemerkenswert ist an dieser Mutante weiterhin, daß ein Teil der Seitentriebe 1. Ordnung häufig frühzeitig sein Wachstum einstellt. Diesen wenigen, hinsichtlich der Verzweigungsintensität geförderten Formen steht eine Reihe anderer Mutanten dieser Größengruppe gegenüber, die durch weitere Reduktionsmerkmale charakterisiert sind.

Die kräftigen Wuchsformvarianten der Mutanten *perviridis, arrecta, emortua, virgulta* und *impatiens* bringen relativ wenige Seitentriebe 2. Ordnung hervor, deren Entstehung meist auf die Seitensprosse 1. Ordnung beschränkt ist (vgl. Abb. 60). Die Seitentriebe 2. Ordnung sind relativ verkürzt und bestehen häufig nur aus einem Sympodialglied. Seitentriebe 3. Ordnung werden gewöhnlich nicht ausgebildet. Bei den schwächeren Wuchsformvarianten sind die Seitentriebe 1. Ordnung oftmals unverzweigt. Hinsichtlich der Seitentrieblänge dieser Reduktionstypen bestehen zwischen den beiden Wuchsformvarianten kaum Unterschiede.

Als stärkste Reduktionsform der behandelten Größengruppe ist die Mutante *flavida* anzusehen, die gewöhnlich nur 1–4 Seitentriebe 1. Ordnung hervorbringt. Die vorhandenen Seitenachsen zeigen nur geringe Reduktionsmerkmale. Sie setzen sich aus zahlreichen Sympodialgliedern zusammen und können sich bis zu Seitentrieben 3. und 4. Ordnung verzweigen.

Die weitere Längenreduktion der Haupt- und Seitentriebe führt zu den Formen *depauperata, morata, leprosa* und *sufflaminata.* Diese erreichen eine Länge von 0,30–0,50 m. Die Seitentriebe 1. Ordnung setzen sich aus nur 1–3 Sympodialgliedern zusammen. Die Seitentriebe 2. Ordnung, die meist in geringer Zahl auftreten und deren Entstehung sich häufig nur auf die Seitensprosse 1. Ordnung beschränkt, bestehen aus 1–2 Sympodialgliedern. Größenunterschiede zwischen den beiden Wuchsformvarianten sind kaum ausgeprägt. Die Mutante *leprosa* bildet hier insofern eine Ausnahme, als die Wuchsformvariante des wärmeren und trockeneren Anbaujahres eine größere Trieblänge (0,50–0,70 m) erreichte als die Vergleichsform. Oftmals ist auch die Zahl der Seitenachsen 1. Ordnung reduziert.

Weitere Mutanten, die eine Seitentrieblänge von 0,20–0,40 m erreichen, entwickeln völlig unverzweigte Seitentriebe 1. Ordnung (vgl. Abb. 61), wobei in wenigen Fällen nur ein einzelner Seitentrieb 2. Ordnung zur Ausbildung kommen kann, der dann am Seitensproß 1. Ordnung, dicht unterhalb der Infloreszenz inseriert ist. Zu diesen Formen, deren Seitenachsen meist nur aus 1–2 Sympodialgliedern bestehen, zählen die Mutanten *cana*, *tabescens* und *flaccida*.

Eine Form mit noch stärkeren Reduktionsmerkmalen ist die Mutante *gracilenta*, bei der häufig nur 4–6 Seitentriebe 1. Ordnung zur Entwicklung gelangen (vgl. Abb. 62). Die Seitentriebe setzen sich meist nur aus 1–3 Sympodialgliedern zusammen und sind gewöhnlich unverzweigt. Nur in seltenen Fällen ist ein kleiner Seitentrieb am Seitensproß 1. Ordnung entwickelt.

Am Ende dieser Reduktionsreihe steht die Mutante *punctata*, die eine Seitentrieblänge von etwa 5 cm erreicht. Sehr häufig ist von dem Achsensystem der Pflanze nur die Hauptachse entwickelt. Sind Seitentriebe 1. Ordnung vorhanden, so kommen sie nur in geringer Zahl vor; sie bestehen nur aus einem Sympodialglied und sind völlig unverzweigt (vgl. Abb. 63).

In die Gruppe der schwachwüchsigen Mutanten ist weiterhin eine Form zu stellen, die sich im Bau ihrer Sympodialglieder von allen übrigen Mutanten des Gaterslebener Mutantensortimentes unterscheidet. Die Mutante *mortalis* (Tafel 9) erreicht eine Seitentrieblänge von etwa 0,15–0,25 m. Der Hauptsproß bringt außer den Kotyledonen etwa 15 weitere Blätter hervor. Ebenso bildet das sich hieran anschließende Sympodialglied mehr als 10 Laubblätter aus. Die Seitentriebe 1. Ordnung bestehen meist aus einem Sympodialglied, an dem 10–15 Blätter inseriert sind. Sämtliche möglichen Seitentriebe 2. Ordnung kommen gewöhnlich zur Entwicklung und bringen selbst wieder zahlreiche Seitentriebe 3. Ordnung hervor. Von den Seitentrieben 2. Ordnung können während der einjährigen Entwicklungsdauer nur wenige ihre Entwicklung mit der Bildung einer Infloreszenz abschließen. Auch bei den Seitensprossen 1. Ordnung kommt es erst nach der Ausbildung von 12–14 Blättern zur Anlegung einer Infloreszenz. Ebenso zeigen Sympodialglieder der Seitentriebe 3. Ordnung und der seltener auftretenden Seitentriebe 4. Ordnung eine starke Tendenz zur vermehrten Blattbildung. An den noch nicht vollständig ausdifferenzierten Sympodialgliedern der Seitentriebe 3. Ordnung treten bis zu 11 Blätter auf, während an den ebenfalls noch nicht vollständig entwickelten Sympodialgliedern der Seitenachse 4. Ordnung bis zu 8 Laubblätter ausgebildet werden. Eine weitere Besonderheit dieser Mutante kommt in ihrer basitonen bis schwach mesotonen Triebförderung zum Ausdruck, die sowohl am Haupttrieb als auch an den Seitentrieben 1. und 2. Ordnung sehr deutlich ausgeprägt ist. Die untersten Seitentriebe 1. Ordnung gehen dabei aus den Kotyledonarknospen hervor.

Die Wuchsformunterschiede zu allen übrigen Gaterslebener Mutanten bestehen danach vor allem in der lang andauernden vegetativen Entwicklungsphase der einzelnen Sympodialglieder und in der an den Sympodialgliedern wirksam werdenden basitonen Triebförderung.

c) Wuchsformen der aus der Sorte 'Lukullus' hervorgegangenen Mutanten

Die Cultivar 'Lukullus' ist die größte der drei Ausgangssippen des Gaterslebener Mutantensortimentes. Auch bei dieser Sorte bedingen die unterschiedlichen Witterungsverhältnisse eine ungleiche Ausprägung der Wuchsform. So erreichen die Seitentriebe der schwachen Wuchsformvariante (Abb. 65) eine Länge von etwa 1,30 m, während die kräftige Wuchsformvariante (Tafel 10) Seitentriebe mit einer Länge von 1,50–2,00 m hervorbringt. In der Anzahl der Sympodialglieder sind nur schwache Unterschiede vorhanden. Die Zahl der Sympodialglieder an den Seitenachsen 1. Ordnung ist mit 7–8 bei der kräftigen Wuchsformvariante gegenüber 6 Sympodialgliedern bei der schwachen Wuchsformvariante nur wenig verschieden. Die Seitenachsen 2. Ordnung, die an den basalen Sympodialgliedern beider Formen gehäuft auftreten, erscheinen bei der kräftigen Wuchsformvariante in erhöhter Zahl. Das jeweils benachbarte Sympodialglied entwickelt gewöhnlich höchstens 2 Seitentriebe, während die folgenden Sympodialglieder nur e i n e n Seitentrieb an ihrem distalen Ende hervorbringen oder völlig unverzweigt sind. Die Anzahl der verzweigten Sympodialglieder ist bei der geförderten Wuchsformvariante deutlich größer. Die in ihrer absoluten Länge veränderten Seitentriebe 2. Ordnung sind in Bezug auf ihre Mutterachsen auch relativ verlängert. Weitere Unterschiede der kräftigen Wuchsformvariante bestehen in der erhöhten Sympodialgliedzahl der Seitentriebe 2. Ordnung und in der Ausbildung von Seitenachsen 3. Ordnung.

Einige Mutanten e n t s p r e c h e n auch in dieser Sortengruppe im Hinblick auf ihre Wuchsform d e r A u s g a n g s s o r t e. Dieses trifft vor allem für die Mutanten *bipinnata*, *anthocyanin gainer*[2], *inflexa*, *stricta*, *luteola*, *diminuta* und *yellow color of fruit flesh*[2] zu. Die Mutanten *inflexa*, *luteola* und *diminuta* lassen sich jedoch nur bei einem Vergleich der kräftigen Wuchsformvarianten hier einordnen; die schwachen Wuchsformvarianten dieser Formen fallen dagegen in ihrer Wuchsstärke gegenüber der vergleichbaren Ausgangsform deutlich ab. Die Sproßachsen der Mutante *stricta* sind darüber hinaus stark verdickt.

Die Mutante *grandifructa*, die der Ausgangssorte hinsichtlich ihrer Wuchsstärke ebenfalls gleichkommt, zeichnet sich durch eine schwächere Verzweigung der mittleren und oberen Seitentriebe 1. Ordnung aus. Diese Seitenachsen bringen nur wenige und relativ kurze Seitentriebe 2. Ordnung hervor, was auch bei der schwachen Wuchsformvariante deutlich zum Ausdruck kommt (vgl. Abb. 47).

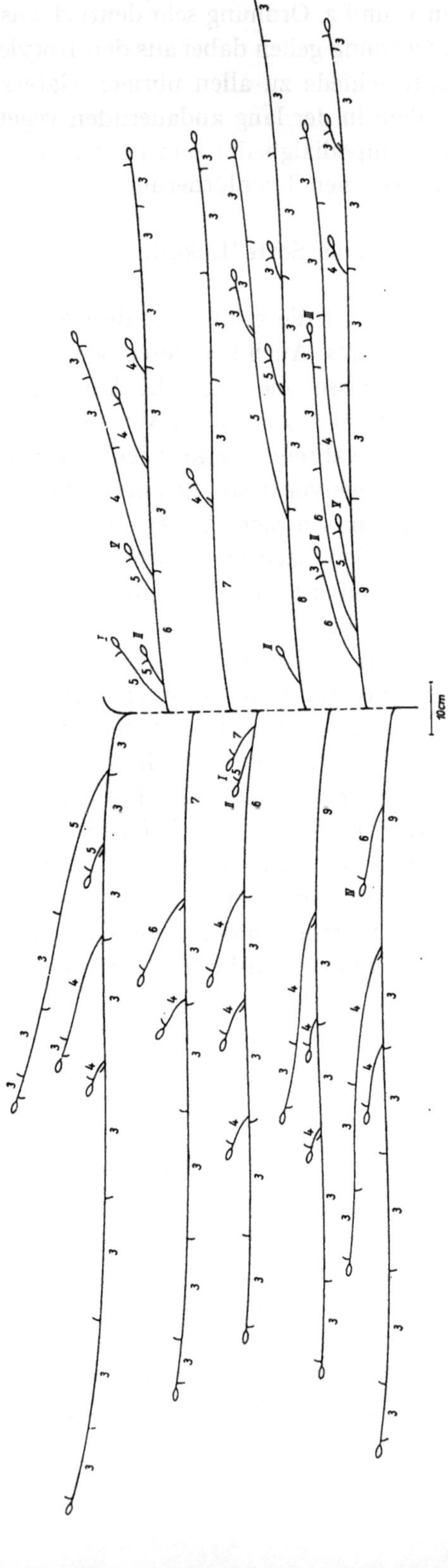

Abb. 65. Wuchsform der Sorte 'Lukullus' (schwachwüchsige Variante)

Nur wenige Formen, wie die Mutanten *prunoidea* und *oviformis*, übertreffen die Ausgangsform in ihrer Größe (vgl. Tafel 6). Die Wuchsförderung dieser beiden Mutanten geht in der Hauptsache auf eine Verlängerung der einzelnen Sympodialglieder zurück. Die Anzahl der Sympodialglieder ist nur an einigen Seitenzweigen gesteigert. Die Mutante *prunoidea* bringt bereits als schwache Wuchsformvariante zahlreiche Seitenachsen 3. Ordnung hervor.

Die größte Zahl von Mutanten sind auch in dieser Sortengruppe hinsichtlich ihres Verzweigungssystems als Reduktionsformen zu werten. Ein relativ schwach gehemmtes Längenwachstum ist für eine Reihe von Formen charakteristisch, deren kräftige Wuchsformvariante Seitentriebe mit einer Länge von etwa 1,50 m hervorbringt. Innerhalb dieses Größenbereichs ist eine der Ausgangssorte ähnliche Verzweigungsstärke bei den Mutanten *rigida*^{2}, *jugata*^{2}, *terminata* und *polylopha* ausgeprägt (vgl. Abb. 50). Als eine Besonderheit sind die bei der Mutante *terminata* häufig auftretenden kongenitalen Verwachsungen des Hauptsprosses mit den Seitensprossen 1. Ordnung anzusehen. Eine schwach reduzierte Form dieser Größengruppe stellt die Mutante *clausa* dar, deren Seitensprosse 1. Ordnung, vor allem bei der schwachen Wuchsformvariante, eine geringere Zahl von Tochterachsen ausbilden als bei der Ausgangssorte.

Dagegen ist die Verzweigung der Seitenachsen bei den Mutanten *ovate*^{2}, *melongenoida* und *lutescent*^{2} gegenüber der Ausgangssorte bedeutend verstärkt (vgl. Abb. 51). Hier sind die Knospen der basalen Sympodialglieder bei einer größeren Zahl von Seitentrieben vollständig oder fast vollständig ausgetrieben. Die hier entstandenen Seitentriebe 2. Ordnung entwickeln meist selbst wieder zahlreiche Tochterachsen. Auch an den basalen Sympodialgliedern der schwachen Wuchsformvarianten treten die Seitentriebe 2. Ordnung gehäuft auf.

Ähnliche Verhältnisse wie bei den genannten Formen liegen bei der Mutante *eluta* vor, deren schwache Wuchsformvariante sich aber durch eine geringere relative Wuchsgröße auszeichnet. Zu einem ähnlichen Wuchsverhalten neigt auch die Mutante *plicata*, deren schwacher Wuchsformvariante die Triebhäufung an den Seitensprossen 1. Ordnung fehlt und die Mutante *olivacea*^{2}, deren schwache Wuchsformvariante ungewöhnlich klein ist und die eine überdurchschnittliche Seitentriebbildung vermissen läßt. Die kräftige Ausprägungsform der letzteren Mutante bildet in der Mehrzahl relativ kurze Seitentriebe 2. Ordnung.

Allgemein läßt sich feststellen, daß die im Vergleich mit der Ausgangssorte geringere Größe der beschriebenen Formengruppe in der Hauptsache durch die Größe der einzelnen Sympodialglieder, weniger dagegen durch ihre Anzahl bestimmt wird.

Die kräftigen Wuchsformvarianten einer weiteren Größengruppe zeichnen sich durch eine Seitentrieblänge von 1,00 – 1,50 m aus. Die weitgehenden Entsprechungen zu der Verzweigungsweise der Ausgangssorte, auch hinsichtlich der relativ verlängerten Seitentriebe 2. Ordnung und der Ausbildung von Seitentrieben 3. Ordnung, sind bei den Mutanten *violacea*, *versiformis*, *splendens*, *applanata* und *decumbens* vorhanden (vergl. Abb. 54). Die Mutante *decumbens* neigt dabei in besonderem Maße zu kriechendem Wuchs. Auch in dieser Größengruppe übertreffen einige Mutanten die Ausgangssorte durch ihre verstärkte Verzweigung (vgl. Abb. 55). So bringen die Mutanten *rustica*, *suffulta* und *colorless fruit epidermis*[2] eine vermehrte Zahl von Seitentrieben 2. Ordnung hervor, die besonders an den basalen Sympodialgliedern gehäuft auftreten. Das Verzweigungssystem der Mutante *suffulta* ist weiterhin durch seinen größeren relativen Achsendurchmesser charakterisiert.

Nur geringfügige Reduktionserscheinungen zeichnen die Mutanten *rava*[3] und *fertilis* aus. Die Seitentriebe 2. Ordnung sind bei beiden Formen relativ verkürzt. Bemerkenswert ist bei der letzteren Mutante ferner die häufige kongenitale Verwachsung der aus dem mittleren und basalen Bereich der Sympodialglieder hervorgehenden Seitenachsen mit dem jeweiligen zugehörigen Tragblatt.

Weitere Reduktionsmerkmale treten bei den Mutanten *notabilis* und *macrocarpa* in Erscheinung, deren kräftige Wuchsformvarianten eine verringerte Anzahl Seitenachsen 2. Ordnung ausbilden (vgl. Abb. 56). Die Wuchsformvarianten des trockeneren Anbaujahres sind bei diesen beiden Formen dagegen normal verzweigt. Ebenfalls zu dieser Größengruppe läßt sich eine der möglichen Ausprägungsformen der Mutante *torosa*[2] (Tafel 11) rechnen. Die Terminalknospen dieser Mutante können sehr frühzeitig oder aber auch erst zu einem relativ späten Zeitpunkt ihr Wachstum einstellen. Dieses unter gleichen Anbaubedingungen sehr uneinheitliche Wuchsverhalten führt zu unterschiedlichen Wuchsformtypen. Die hier wirksamen Wachstumshemmungen kommen auch in den oftmals relativ kurzen und aus einer geringen Zahl von Sympodialgliedern bestehenden Seitenachsen 1. Ordnung zum Ausdruck. Seitentriebe 2. Ordnung treten an den verschiedenen Mutterachsen oft nur in der Einzahl auf und hier besonders an dem jeweiligen basalen Sympodialglied.

Die kräftigen Wuchsformvarianten einer weiteren Größengruppe sind durch Seitentrieblängen von etwa 1,00 m charakterisiert. Die verminderte Länge der Haupt- und Seitentriebe dieser Mutanten wird durch die geringe Länge und die geringere Anzahl der Sympodialglieder bestimmt. Eine Form dieser Gruppe, die der Ausgangssorte im Hinblick auf ihre Verzweigungsintensität gleicht, ist die Mutante *clara* (vgl. Abb. 58).

Andere Mutanten dieses Größenbereichs gehen in ihrer Verzweigungsstärke weit über die Ausgangssorte hinaus, so die Mutanten *congesta*, *globosa*[2] und *rigidula*[2] (vgl. Abb. 59). Die Knospen der Seitensprosse 1. Ordnung sind bei diesen Mutanten nahezu vollständig ausgetrieben. Die Seitenachsen 2. Ordnung sind stark verlängert und selbst wieder intensiv verzweigt, was zu dem kugeligen Wuchs dieser Formen führt. Die Mutante *curvata* ist ebenfalls überdurchschnittlich stark verzweigt. Sie bildet zahlreiche, aber relativ kurze Seitentriebe 2. Ordnung aus.

Eine der Mutante *clara* weitgehend entsprechende Verzweigungsintensität, aber fast ausschließlich relativ verkürzte Seitenzweige 2. Ordnung, die nur aus wenigen Sympodialgliedern bestehen, charakterisieren die Mutanten *squarrosa*, *marcescens*, *venosa* und *praecox*. Die Mutante *flavescens* bildet dagegen an den Seitensprossen 1. Ordnung meist nur einen Seitentrieb aus. Verschiedene Seitentriebe 1. Ordnung sind auch völlig unverzweigt.

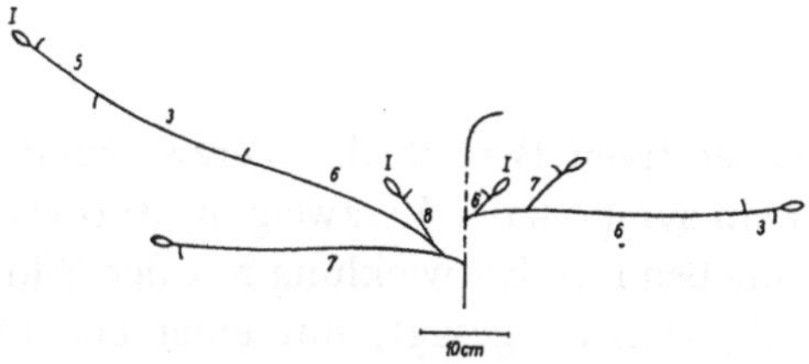

Abb. 66. Mut. *torosa*[2] ('L.')

Die eindeutigsten Reduktionsformen umfaßt die Größengruppe, deren Mutanten eine Seitentrieblänge von 0,30 – 0,50 m erreichen. Einige stark verzweigte Typen dieser Gruppe stellen die Mutanten *subtilis*, *corrupta* und *conferta* dar. Auch hier bewirken die zahlreichen Seitenachsen 2. Ordnung einen kugeligen Wuchs. Die extremsten Reduktionstypen der behandelten Sortengruppe finden sich in den Mutanten *torosa*[2] (Abb. 66) und *semisterilis*. Die Mutante *torosa*[2], die relativ dicke Sproßachsen entwickelt, bringt, wie schon weiter oben erwähnt, sehr unterschiedliche Wuchsformvarianten hervor. Die am stärksten reduzierte Wuchsformvariante entwickelt einen Haupttrieb, dessen Wachstum mit der Ausbildung der 1. Infloreszenz endet, d. h. der nur aus dem eigentlichen Hauptsproß besteht. Außerdem können wenige schwach verzweigte oder völlig unverzweigte Seitenachsen 1. Ordnung gebildet werden. Starken Reduktionen unterliegt auch das Verzweigungssystem der Mutante *semisterilis*, bei dem an einem relativ kurzen Haupttrieb nur ein bis wenige Seitentriebe 1. Ordnung zur Entwicklung kommen. Diese Seitentriebe bestehen gewöhnlich nur aus einem Sympodialglied.

IV. Der Bau der Infloreszenz von *Lycopersicon esculentum* Miller und ihre durch Mutation bedingten morphologischen Veränderungen

Ähnlich wie im vegetativen Bereich des Verzweigungssystems ist auch im generativen Bereich ein sympodialer Verzweigungstyp verwirklicht. Sämtliche Sympodialglieder schließen ihre Entwicklung mit der Bildung eines endständigen Blütenstandes ab, genauer gesagt, mit einer endständigen Einzelblüte, deren Blütenstiel durch eigene Verzweigung zu einer Bereicherung der Infloreszenz führt. Dabei entsteht unterhalb dieser, das vegetative Wachstum abschließenden Blüte im einfachsten Falle ein kurzer Seitensproß, der selbst wieder in einer Blüte endet. Dieser die Infloreszenzverzweigung einleitende, erste sympodiale Seitenast ist als eine Seitenachse 1. Ordnung anzusehen und wird in Fortführung der Laubblattspirale in $\frac{2}{5}$-Stellung angelegt (Danert, 1958). Er überragt seinen Muttersproß gewöhnlich um einiges und bildet selbst wieder den Ausgangspunkt für eine weitere, derartige Verzweigung. Dieses wiederholt sich noch mehrmals, so daß hieraus eine mehrblütige einfache Wickel resultiert (Tafel 12, Fig. 2). Alle diese sympodialen Infloreszenzglieder entstehen tragblattlos.

Besonders blütenreiche einfache Wickel treten bei *Lycopersicon pimpinellifolium* auf (Abb. 67a; Tafel 12, Fig. 5). Hier sind Wickel, die sich aus bis zu 20 sympodialen Gliedern zusammensetzen, keine Seltenheit. Relativ vereinfacht erscheinen dagegen die Wickel von *Lycopersicon esculentum*. Die hier auftretenden einfachen Wickel werden fast stets aus weniger als 10 Infloreszenzgliedern gebildet. Eine Form von *Lycopersicon pimpinellifolium*, die einen ähnlich vereinfachten Blütenstand entwickelt, ist die Mutante *dwarf*-3 (Abb. 67b).

Eine weitere Besonderheit des Blütenstandes von *Lycopersicon esculentum* besteht in dem häufigen Auftreten von Doppelwickeln (Abb. 67c). Ihre Bildung ist darauf zurückzuführen, daß aus einem der unteren Infloreszenzglieder zwei sich selbst wieder sympodial verzweigende Infloreszenzglieder hervorgehen (Abb. 68a–c; Tafel 12, Fig. 1). Auch diese werden wie die aufeinanderfolgenden Seitenachsen des vegetativen Bereichs in $\frac{2}{5}$-Stellung angelegt (Danert, 1958). Die erwähnten Stellungsverhältnisse treten grundsätzlich auch bei den untersuchten Mutanten auf. Jedoch können bei einigen stärker verzweigten Formen häufig schwache Verschiebungen oder auch Unregelmäßigkeiten in der $\frac{2}{5}$-Stellung beobachtet werden. Schwache Abwandlungen können zu einer Verkleinerung auf etwa 90° oder – was bedeutend seltener vorkommt – zu einer

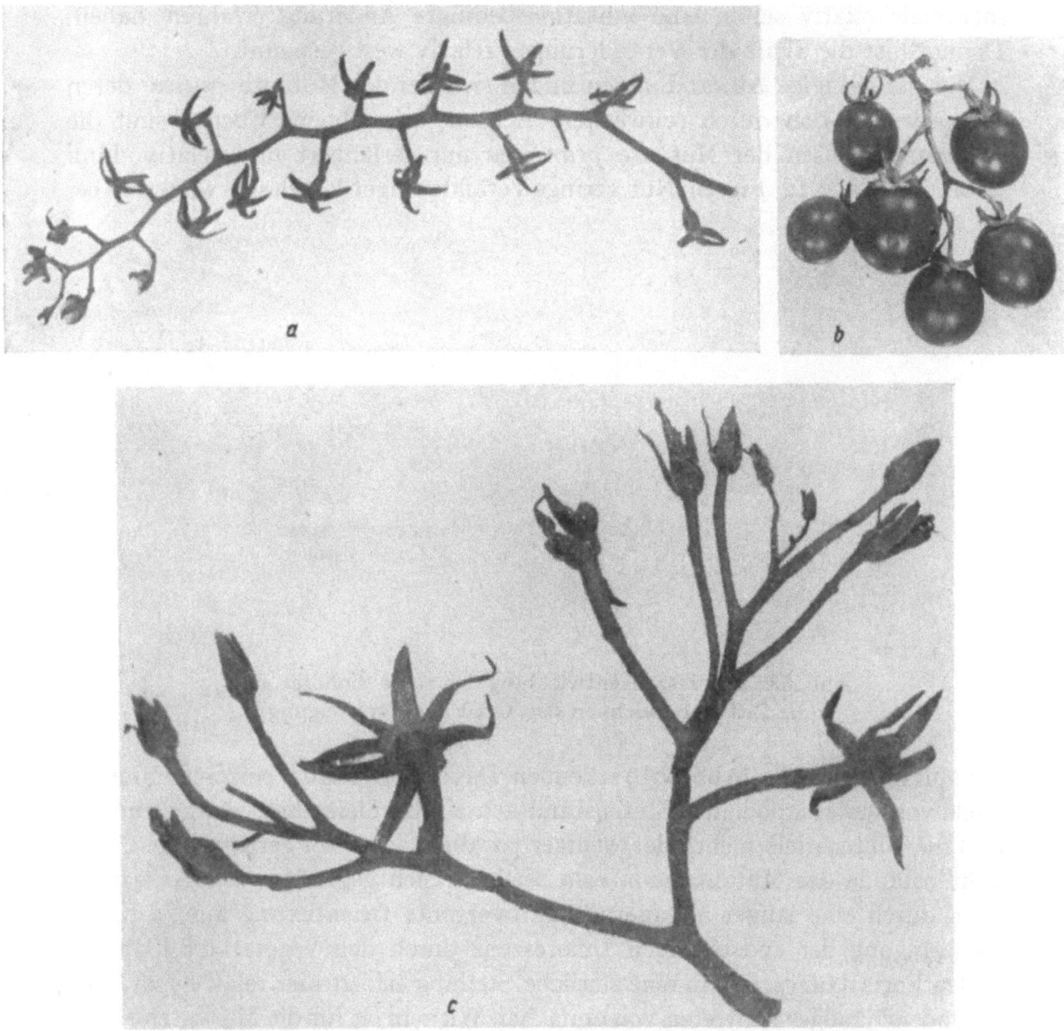

Abb. 67. a – Infloreszenz von *Lycopersicon pimpinellifolium*, b – Fruchtstand der Mut. *dwarf*-3 (*Lycopersicon pimpinellifolium*) (nat. Gr.), c – Infloreszenz der Sorte 'Lukullus' (nat. Gr.)

Vergrößerung auf etwa 180° führen. Diese Unregelmäßigkeiten lassen es zweckmäßig erscheinen, im folgenden nur zwischen Divergenzwinkeln von etwa 180° und deutlich kleineren als 180° zu unterscheiden. In nur seltenen Fällen findet man – besonders an den unteren Infloreszenzen der Haupt- und Nebentriebe –, daß ein weiteres Infloreszenzglied einer Doppelwickel zwei Nebentriebe hervorbringt und es damit zu einer Wiederholung der Doppelwickelbildung innerhalb einer Infloreszenz kommt.

Betrachtet man nun die Mutanten des Gaterslebener Mutantensortimentes, so läßt sich feststellen, daß die Infloreszenz- wie auch die Blüten- und Fruchtmerkmale relativ selten eine mutationsbedingte Änderung erfahren haben. Dennoch ist die Skala der Veränderungen relativ weit gespannt.

Nur geringfügige Abwandlungen finden sich bei der Mutante *rustica*, deren Doppelwickel sich durch schwächere Achsen auszeichnen. Ebenso sind die Infloreszenzachsen der Mutante *prunoidea* nur verlängert und relativ dünn (Abb. 69a; Tafel 12, Fig. 6). Nur geringe Veränderungen lassen sich weiterhin bei

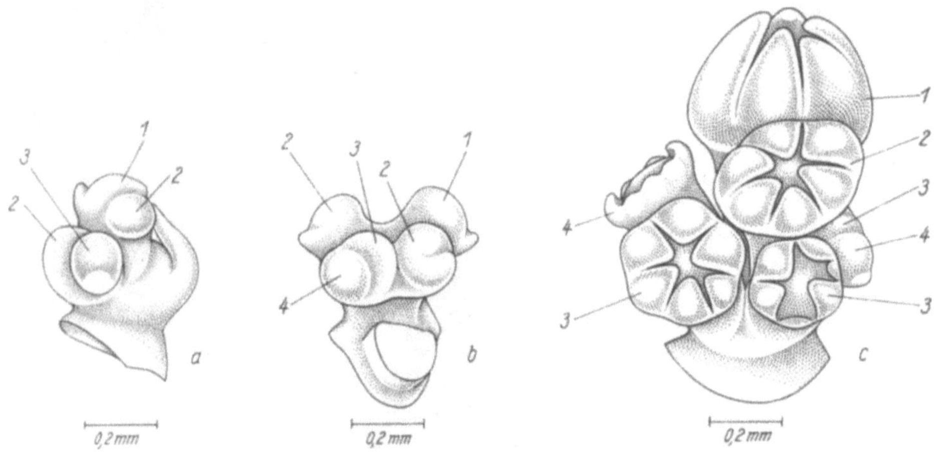

Abb. 68. Infloreszenzentwicklung der Sorte 'Condine Red' (die Ziffern bezeichnen den Grad der Verzweigung)

der Mutante *trifoliate*² (Abb. 69b) erkennen. Das Abspreizen der einzelnen Blütenstiele von der sympodialen Blütenstandsachse unterbleibt hier weitgehend, so daß die Blütenstiele mehr oder weniger parallel nach vorn gerichtet sind. Die Blütenstände der Mutante *terminata* zeichnen sich gegenüber der Ausgangsform durch eine länger andauernde akrovergente Orientierung aus, d. h. die Verdrängung der endständigen Infloreszenz durch den vegetativen, sympodialen Fortsetzungstrieb in eine seitliche Stellung erfolgt hier relativ spät. Ein besonders häufiges Auftreten von einfachen Wickeln ist für die Mutanten *erecta* und *flavescens* charakteristisch. Morphologisch abweichende Bildungen kennzeichnen auch die Mutanten *deformis* und *deformis*², deren Blütenstände oftmals unregelmäßig gebogen sind.

Andere Mutanten leiten zu den als Reduktionstypen zu betrachtenden Infloreszenzformen über. Hierzu zählen insbesondere die Mutanten *dwarf*^{crispata} (Tafel 12, Fig. 7), *fruticosa*^{abbreviata} (Abb. 70a) und *fruticosa*^{hemiglobosa}. Diese besitzen eine stark verkleinerte Infloreszenz, deren einzelne Glieder außerordentlich stark verkürzt sind. Weniger extreme, aber ebenfalls deutliche Blütenstandsverkürzungen treten bei der Mutante *globiformis* auf.

Eindeutige Reduktionsformen stellen die Mutanten *torosa* und *torosa*² (Abb. 70b; Tafel 12, Fig. 3) dar. Beide Mutanten bringen nur kleine Infloreszenzen mit wenigen Blüten hervor. Eine Besonderheit der Mutante *torosa*² bildet die hier oftmals ausgeprägte Einblütigkeit der 1. Infloreszenz

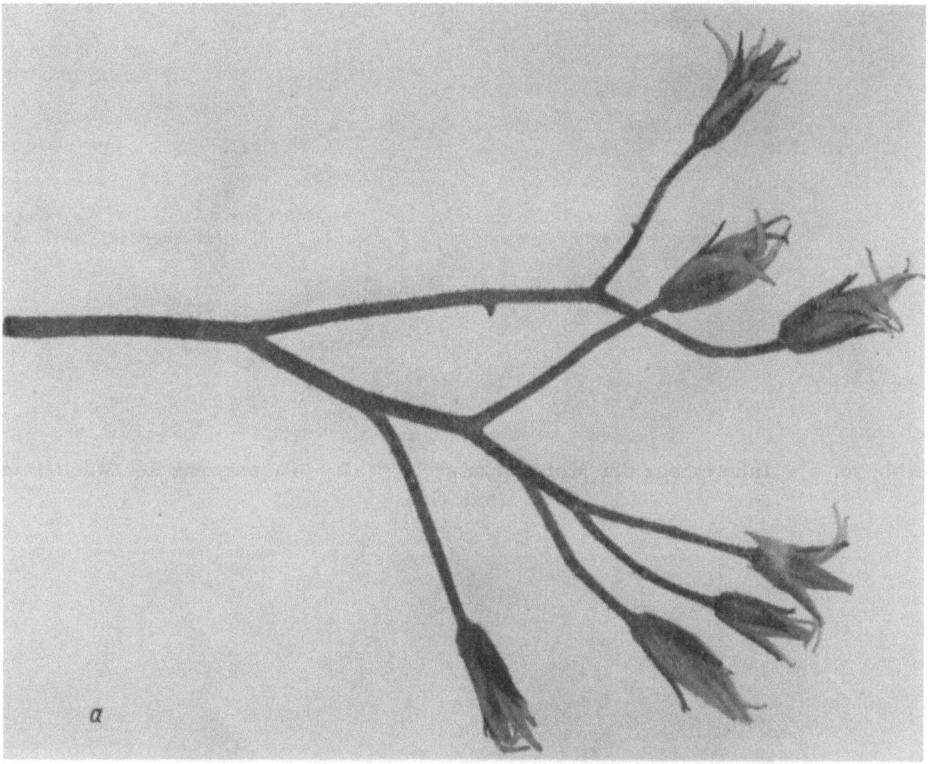

Abb. 69. a – Infloreszenz der Mut. *prunoidea* (nat. Gr.), b – Infloreszenz der Mut. *trifoliate*[2] (nat. Gr.)

Abb. 70. a – Infloreszenz der Mut. *fruticosa*^{abbreviata}, b – Infloreszenz der Mut. *torosa*[2] (nat. Gr.)

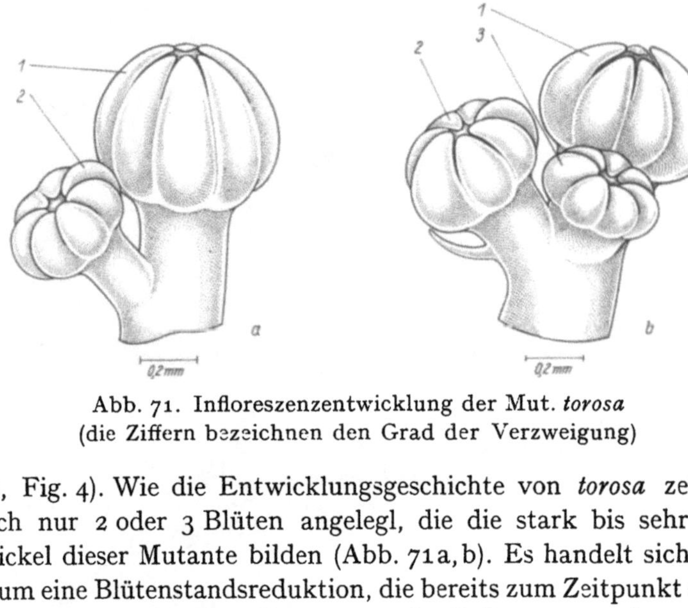

Abb. 71. Infloreszenzentwicklung der Mut. *torosa* (die Ziffern bezeichnen den Grad der Verzweigung)

(Tafel 12, Fig. 4). Wie die Entwicklungsgeschichte von *torosa* zeigt, werden gewöhnlich nur 2 oder 3 Blüten angelegl, die die stark bis sehr stark verarmte Wickel dieser Mutante bilden (Abb. 71a, b). Es handelt sich hier offensichtlich um eine Blütenstandsreduktion, die bereits zum Zeitpunkt der Blütenanlegung wirksam wird. Eine Verarmung der Infloreszenzen ist auch für die Mutanten *cabbage* (Lesley, J. W., and M. M. Lesley, 1952) und *lateral suppressor* (Williams, 1958b; 1960) charakteristisch. Anders verhält sich eine noch stärker reduzierte Form, die Mutante *mortalis*. Diese Mutante, deren Achsensystem zu einer stark vegetativ betonten Entwicklung neigt, gelangt niemals zur Anthese. Jedoch kommt es zur Anlage von verarmten Wickeln, deren Blütenknospen nur ein bis wenige Millimeter groß werden, um dann zu verkümmern (Abb. 44b). Bedeutende Infloreszenzreduktionen können auch bei der Mutante *semisterilis* beobachtet werden. Die Mutanten bringen nur ein bis wenige Zentimeter große Infloreszenzen hervor, deren Blüten gewöhnlich nicht

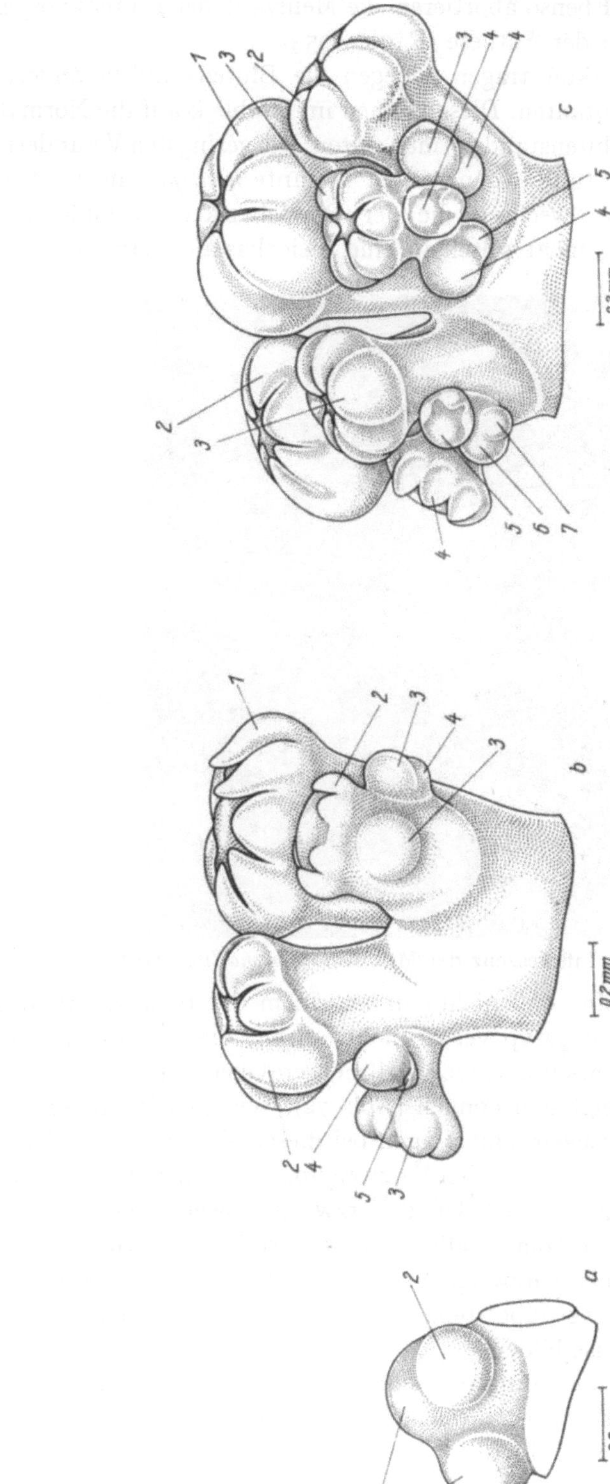

Abb. 72. Infloreszenzentwicklung der Mut. ***multiplex*** (die Ziffern bezeichnen den Grad der Verzweigung)

zur Anthese kommen. Ebenso abortieren die Mehrzahl der Blütenknospen bei der Mutante *hastate* vor der Anthese (Rick, 1959).

Einen anderen Charakter tragen dagegen die Blütenstandsveränderungen einer Reihe weiterer Mutanten. Diese können im Hinblick auf die Normalform als weiterentwickelte Blütenstandsformen gelten. Die geringsten Veränderungen dieser Entwicklungsrichtung treten bei der Mutante *multiplex* in Erscheinung (Tafel 12, Fig. 9). Hier wechselt die der Doppelwickel zugrunde liegende dichasiale Verzweigung nicht selten in eine pleiochasiale Verzweigung über.

Abb. 73. Infloreszenz der Mut. *heterogemma* (nat. Gr.)

Hinzu kommt weiterhin, daß nicht nur an einem der basalen Infloreszenzglieder dieser Verzweigungstyp verwirklicht ist, wie dieses bei einer Doppelwickel beobachtet werden kann, sondern daß mehrere Glieder einer Infloreszenz di- bis pleiochasial verzweigt sein können (Abb. 72). Wie entwicklungsgeschichtliche Untersuchungen zeigen, bilden auch bei dieser Mutante die Anlagen der beiden Seitenachsen einer dichasialen Verzweigung im Normalfall einen Winkel, der deutlich kleiner ist als 180°. Diese Verzweigungsweise, die im Falle der Dichasienbildung bei der Tomate allgemein verwirklicht ist, wird nur in ganz seltenen Fällen von einer Verzweigungsweise abgelöst, bei der sich die beiden Tochterachsen direkt gegenüberstehen, also einen annähernden Winkel von 180° mit der Mutterachse bilden.

Insgesamt liegt bei der Mutante *multiplex* ein etwas stärker verzweigter Blütenstand vor, der sich aber hinsichtlich seiner Größe nur geringfügig von der Ausgangsform unterscheidet.

Ähnliche Besonderheiten können bei der Mutante *heterogemma* nur am 1. Blütenstand des Haupttriebes beobachtet werden. Die ebenfalls pleichasial verzweigte Infloreszenz, die in ihrer Größe die Infloreszenz der Ausgangssorte nur wenig übertrifft, zeichnet sich durch eine unterschiedliche Förderung ihrer Blüten aus. Ihre erste Blüte, die als Königsblüte erscheint, ist im Hinblick auf die übrigen Blüten der Infloreszenz bedeutend gefördert (Abb. 73).

Eine bedeutende Zunahme der Blütenzahl je Infloreszenz ist dagegen für die Mutante *compound inflorescence* charakteristisch (Butler, 1952b). Stärkere Unterschiede zur Ausgangsform treten auch bei der Mutante *multiplicata* auf. Der Blütenstand dieser Mutante zeichnet sich durch eine noch größere Zahl von di- und pleiochasialen Verzweigungen aus, so daß hieraus ein deutlich vergrößerter Blütenstand resultiert (Abb. 74).

Eine weitere zusätzliche Bildung leitet zu den morphologischen Veränderungen der folgenden Mutanten über. Dicht unterhalb der Blüte treten nicht selten Blätter auf, so daß die oberen sympodialen Seitenzweige oftmals in der Achsel von Tragblättern entstehen. Die Bildung von zusätzlichen Blättern im Blütenstandsbereich kann bei den Ausgangsformen und den weitaus meisten

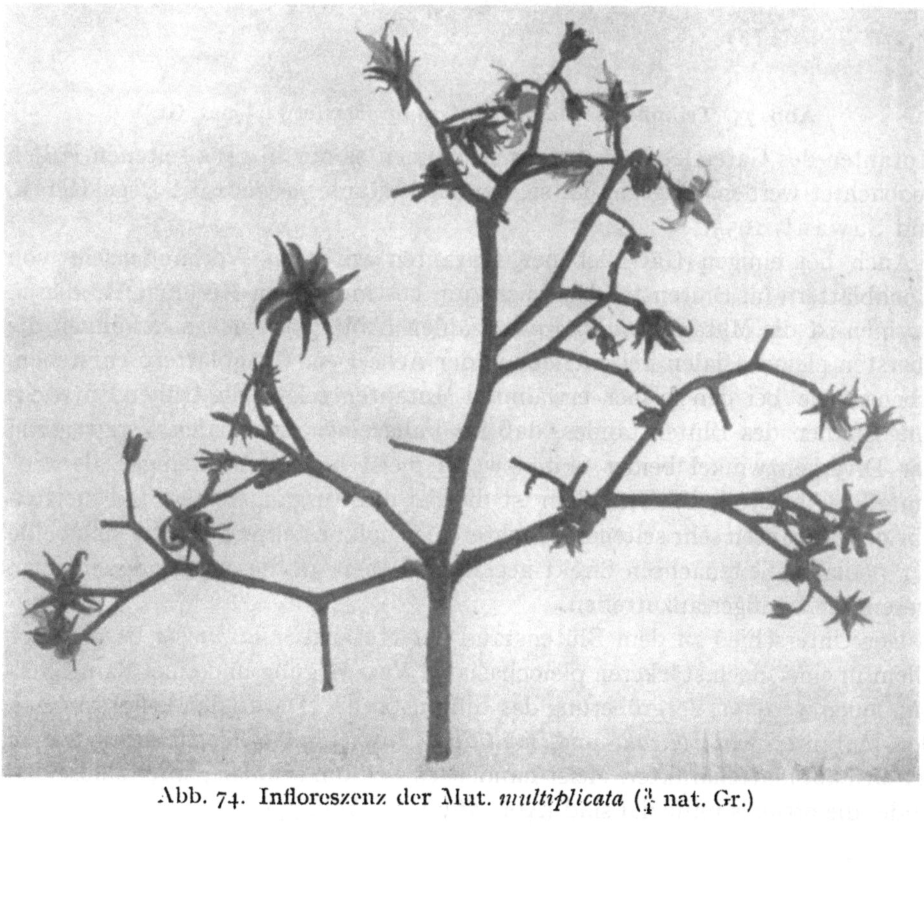

Abb. 74. Infloreszenz der Mut. *multiplicata* ($\frac{3}{4}$ nat. Gr.)

Abb. 75. Teilinfloreszenz der Mut. *multiflora* (etwa ¼ nat. Gr.)

Mutanten des Gaterslebener Mutantensortimentes nur in ganz seltenen Fällen beobachtet werden. Dagegen ist sie bei der Mutante *jointless* die Regel (Rick, and Sawant, 1955).

Auch bei einigen Gaterslebener Mutanten wird das Vorhandensein von Hochblättern im Blütenstandsbereich zum bestimmenden Merkmal. Zu diesen Formen ist die Mutante *multiflora* zu zählen (Abb. 75). Auch hier können die obersten pleiochasialen Seitentriebe in der Achsel von Tragblättern entstehen. Ebenso wie bei den bisher erwähnten Mutanten zeigen die frühen Entwicklungsstadien des Blütenstandes, daß im Falle einer dichasialen Verzweigung der Divergenzwinkel beider Seitenzweige meist bedeutend weniger als 180° umfaßt (Abb. 76a, b). Trotzdem ist die bei den Ausgangssorten und meisten übrigen Mutanten sehr selten beobachtete Ausnahmestellung, bei der sich beide sympodialen Seitenachsen direkt gegenüberstehen, in dieser Infloreszenzform wesentlich häufiger anzutreffen.

Der Unterschied zu dem Blütenstand der Mutante *multiplicata* besteht vor allem in einer noch stärkeren pleiochasialen Verzweigung und einer damit verbundenen weiteren Vergrößerung des Blütenstandes. Die an den Infloreszenzen der Mutanten *multiplicata* und *multiflora* auftretenden Hochblätter tragen selten Laubblattcharakter. Meist handelt es sich um schmale, spreitenlose Gebilde, die oftmals unifazial sind (Abb. 76c u. d, Abb. 77).

Weit häufiger treten Hochblätter des Blütenstandsbereiches bei der Mutante *composita* auf (Abb. 78; Tafel 12, Fig. 10). Auch in der Form unterscheiden sich die 1–4 cm großen Blätter von denen der oben erwähnten Mutanten durch die Ausbildung einer gefiederten Blattspreite, die sich meist aus einer Endfieder und zwei zu einem Fiederjoch vereinigten Seitenfiedern zusammensetzt. Im Gegensatz zu den basalen Seitenachsen des Blütenstandes, die gewöhnlich

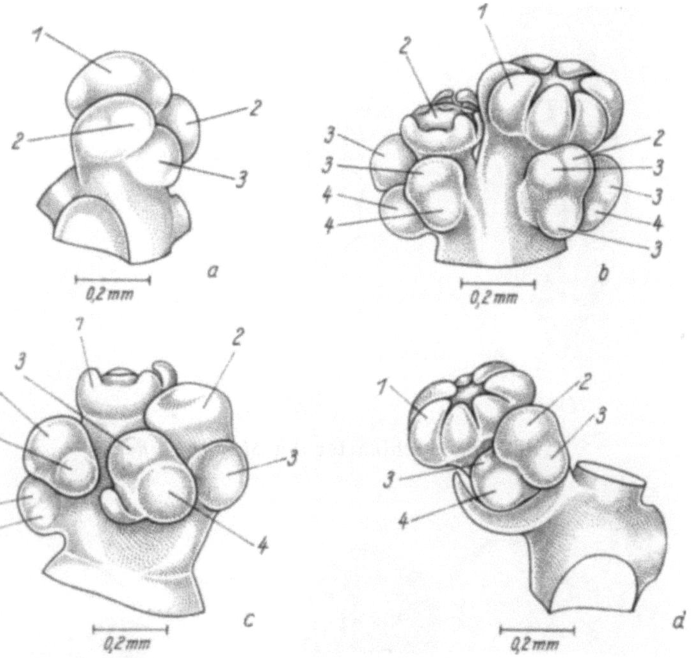

Abb. 76. Infloreszenzentwicklung der Mut. *multiflora*; Tbl Tragblatt (die Ziffern bezeichnen den Grad der Verzweigung)

seltener Hochblätter hervorbringen (Abb. 79a), sind am distalen Teil der Sympodialglieder höherer Ordnung, meist in der Höhe der obersten tragblattlosen Verzweigung, in den weitaus meisten Fällen jeweils ein Hochblatt, seltener mehrere Hochblätter entwickelt (Abb. 79b u. c). Die auch bei diesem Blütenstand vielfach aufeinanderfolgenden di- bis pleiochasialen Verzweigungen entstehen zu einem Teil in der Achsel dieser Hochblätter. Alle übrigen, also die Mehrzahl der Seitenzweige dieser Mutante entstehen tragblattlos. Nicht selten läßt sich auch beobachten, daß trotz des vorhandenen Hochblattes die Bildung eines Achseltriebes unterbleibt (Abb. 79d). Das Charakteristische dieses Blütenstandes, der eine beachtliche Größe erreicht, besteht vor allem in einer verstärkten Seitentriebbildung, die zu einem Teil aus der Achsel laubblattartiger Hochblätter erfolgt.

Den Schluß dieser Formenreihe bilden die Blütenstände zweier Mutanten, die hinsichtlich ihrer Blütenstandsgröße alle übrigen Mutanten weit übertreffen.

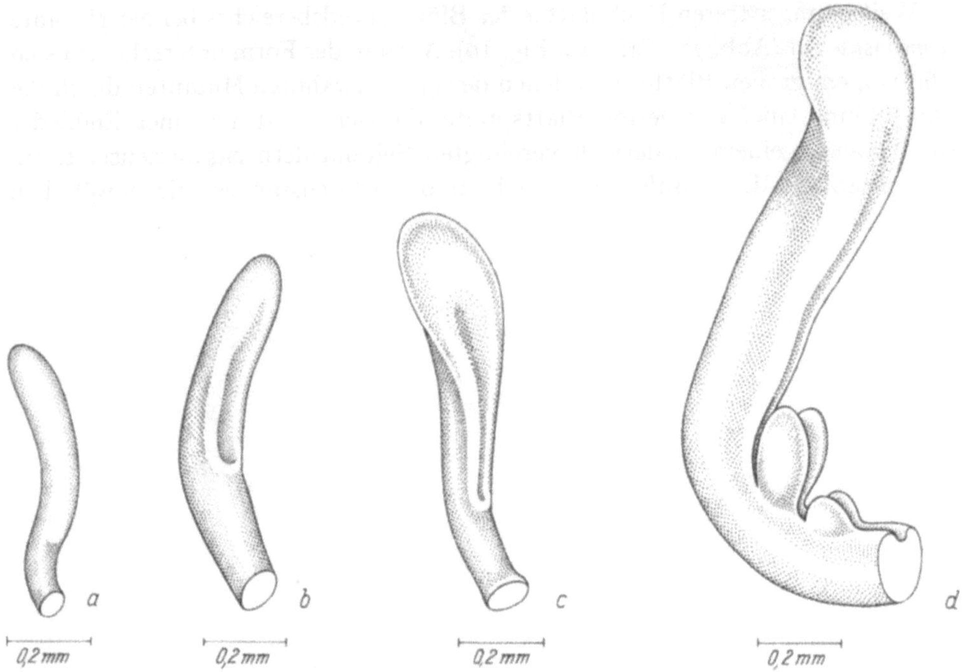

Abb. 77. Hochblätter der Mut. *multiflora*

Abb. 78. Teilinfloreszenz der Mut. *composita* (etwa nat. Gr.)

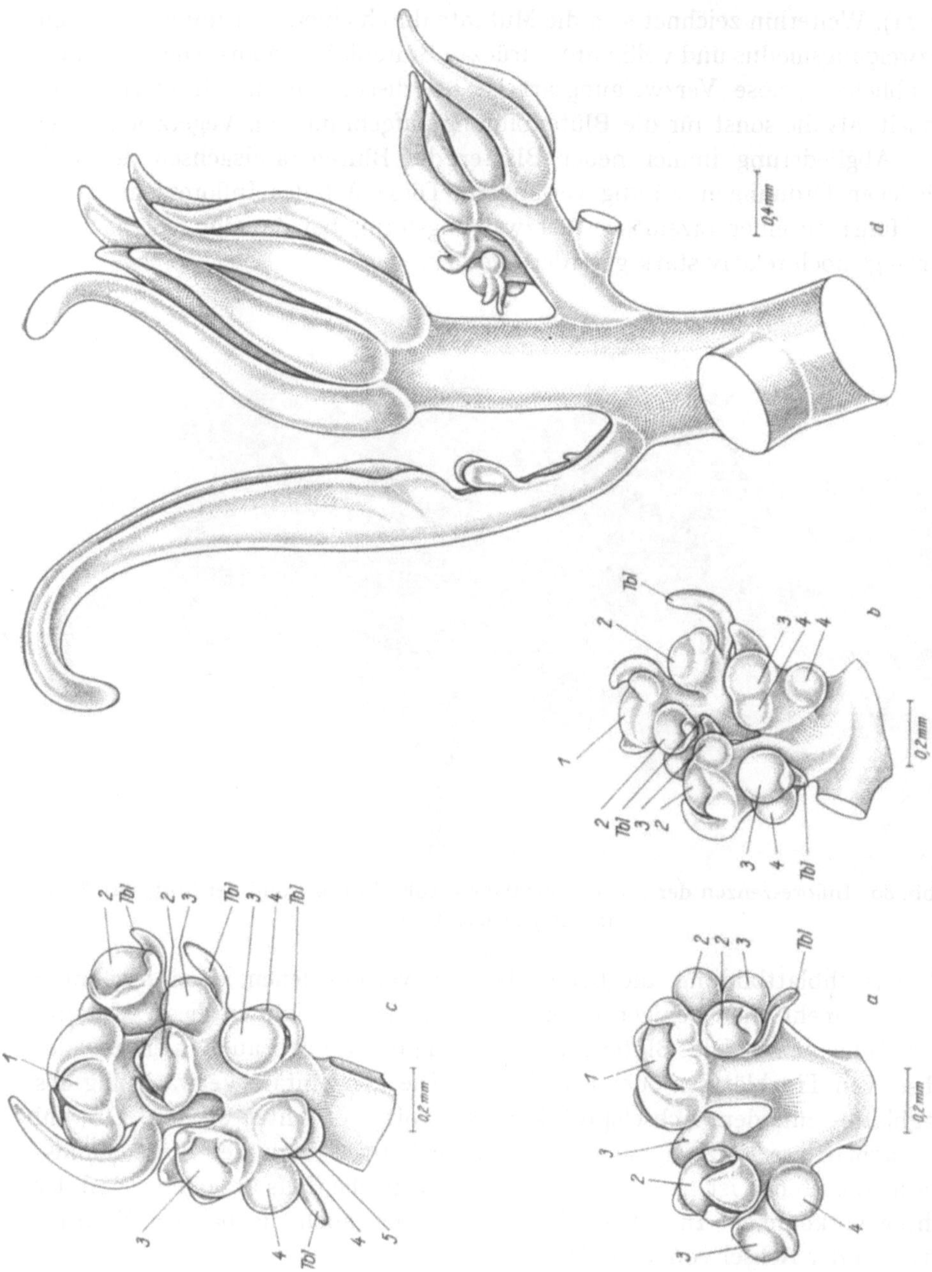

Abb. 79. Infloreszenzentwicklung der Mut. *composita*; Tbl Tragblatt (die Ziffern bezeichnen den Grad der Verzweigung)

Die Blütenstände beider Mutanten zeichnen sich durch Blütenlosigkeit aus, was gleichzeitig die Einbuße ihrer Hauptfunktion bedeutet. Obwohl bei diesen Mutanten keine Blüten ausgebildet werden, soll das den normalen Infloreszenzen homologe Achsensystem dennoch als Blütenstand bezeichnet werden.

Die Mutante *falsiflora* entwickelt eine Infloreszenz, an der neben der enormen Größe vor allem die starke Hochblattbildung auffällt (Abb. 80; Tafel 12,

Fig. 11). Weiterhin zeichnet sich die Mutante durch einen sehr unregelmäßigen Verzweigungsmodus und völlig unterdrückte Blütenbildung aus. Die bei Tomaten übliche cymöse Verzweigungsart ist bei dieser Mutante insofern abgewandelt, als die sonst für die Blütenbildung aufgebrauchten Vegetationskegel unter Abgliederung immer neuer Blätter die Blütenstandsachsen der verschiedenen Ordnungen ständig verlängern. Diese Art des Infloreszenzwachstums führt zu einer razemösen Verzweigungsform, bei der die Seitenachsen allerdings noch relativ stark gefördert werden.

Abb. 80. Infloreszenzen der Sorte 'Rheinlands Ruhm' (links) und der Mut. *falsiflora* (rechts) ($\frac{1}{4}$ nat. Gr.)

Die Hochblattbildung, die bereits bei den verschiedenen, oben erwähnten Mutanten mehr oder weniger stark ausgeprägt ist, erreicht in dieser Mutante ihren Höhepunkt. Die Blütenstandsverzweigung erfolgt auch hier aus der Achsel von Tragblättern oder tragblattlos. Die kongenitale Verwachsung des Tragblattes mit dem Achselsproß kann sehr oft beobachtet werden. Obwohl die tragblattlose Verzweigungsart vornehmlich am Grunde der Blütenstandsachsen anzutreffen ist (Abb. 81/Ia u. b), kann sie ebenfalls am oberen Teil der Achsen vorkommen. In einigen Fällen entstehen auch die basalen Tochterachsen in der Achsel von Tragblättern.

Im wesentlichen lassen sich bei diesem Blütenstand zwei Triebarten unterscheiden. Der erste Typ umfaßt Seitentriebe, die eine Anzahl relativ kleiner, meist unifazialer Blätter, wie sie bei der Mutante *anantha* angetroffen werden, hervorbringen. In der Achsel dieser Blätter entstehen entweder Seitentriebe des gleichen Typs, oder es kommt zur Ausbildung einer zweiten Art von Trieben, deren Beblätterung durch zwei transversal gestellte Laubblätter ein-

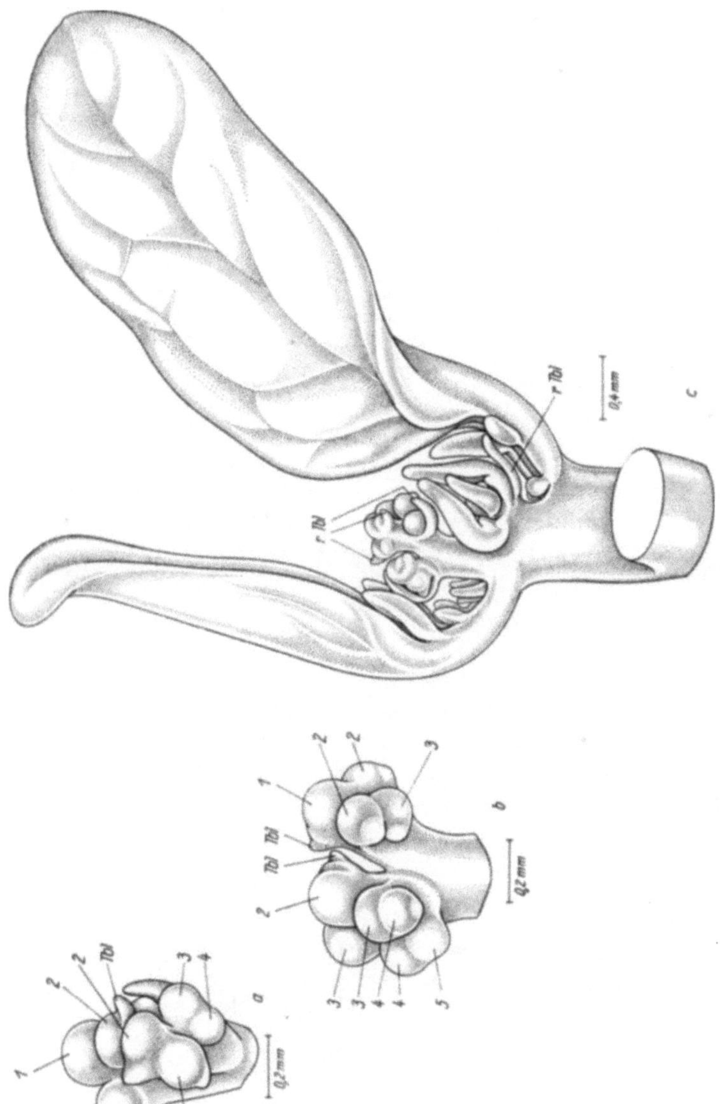

Abb. 81/I. a–c Infloreszenzentwicklung der Mut. *falsiflora*; Tbl Tragblatt, r Tbl reduziertes Tragblatt (die Ziffern bezeichnen den Grad der Verzweigung)

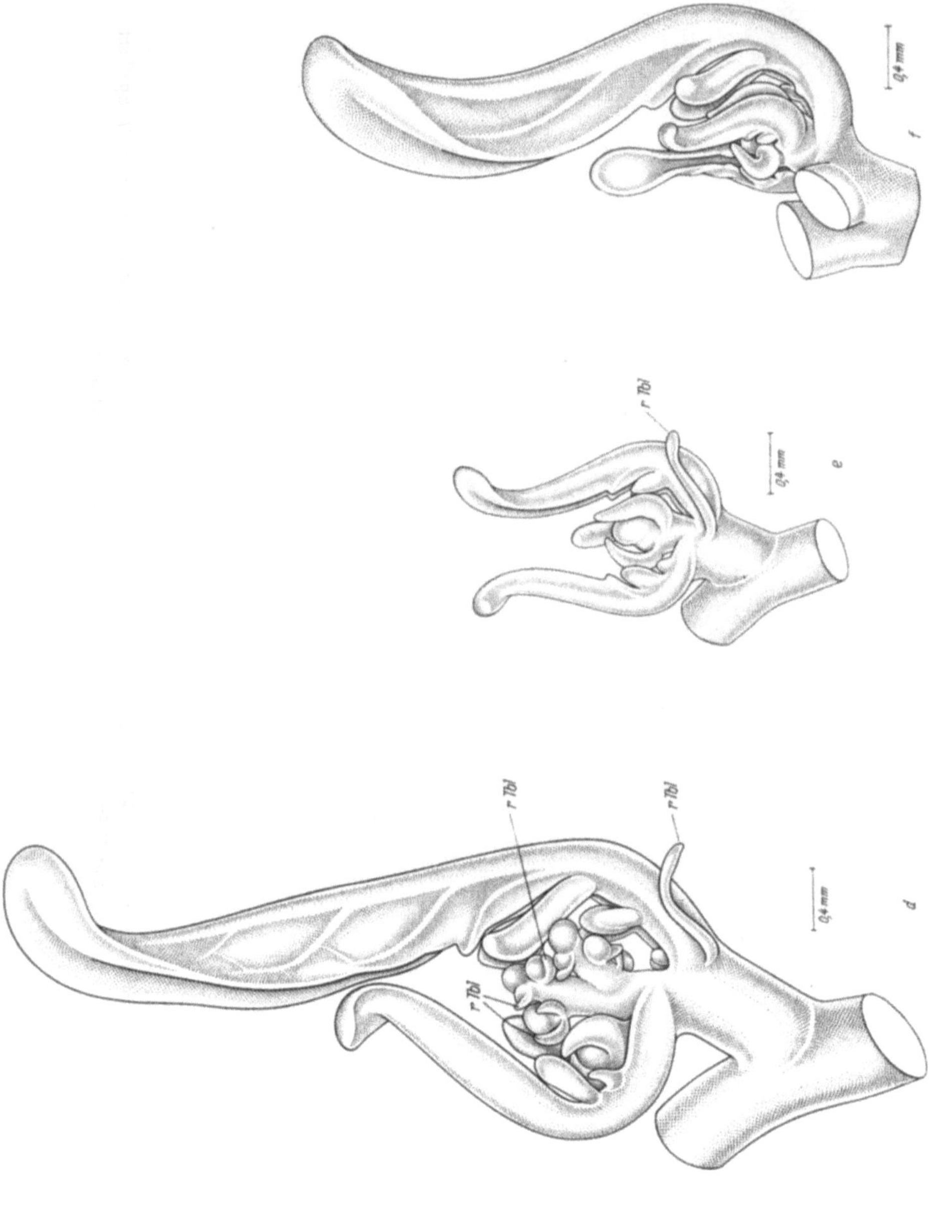

Abb. 81/II. d–f Infloreszenzentwicklung der Mut. *falsiflora*; r Tbl reduziertes Tragblatt geleitet wird (Abb. 81/IIe). Nach der Bildung einer Reihe weiterer, meist aus einer Endfieder und zwei Fiederjochen bestehenden Laubblättern geht diese in die anfangs beschriebenen, reduzierten Blattformen über. Auch kann innerhalb der Blattfolge die reduzierte Beblätterung wieder von gut ausgebildeten Fiederblättern abgelöst werden. Die erwähnten Fiederblätter können dabei eine erhebliche Größe von 10 cm und darüber erreichen. In der Achsel der gefieder-

Abb. 82. Teilinfloreszenz der Mut. *anantha* (etwa $\frac{1}{2}$ nat. Gr.)

ten Laubblätter entstehen meist wieder fiederblättrige Triebe (Abb. 81/IId und f).

Letztere erscheinen auch häufig einzeln oder zu mehreren an der Basis der Mutterachse, oftmals ohne Tragblatt. Ebenso können sie, wie schon anfangs erwähnt, ohne Tragblatt an dem oberen Teil der Mutterachse inseriert sein. Übergänge zwischen den beiden erwähnten Triebarten finden sich bei Seitentrieben, bei denen nur die zwei oder auch nur eines der beiden transversalen Fiederblätter ausgebildet sind, alle folgenden Blätter dagegen stark vereinfachte Reduktionsformen darstellen (Abb. 81/Ic und 81/IId). Vergleicht man die beiden Triebarten, so ergibt sich für die großblättrigen Triebe eine bedeutend gesteigerte Wuchskraft.

Die beiden erwähnten Blattarten lassen sich schon als sehr frühe Entwicklungsstadien voneinander unterscheiden. Während die laubblattähnlichen Hochblätter durch ihre relativ breiten Blattprimordien auffallen, sind die Primordien der reduzierten Hochblätter entsprechend der schmalen, drehrunden Endform dieser Blattorgane stark verschmälert. Ein weiteres Kriterium ist die bei den laubblattähnlichen Hochblättern sehr früh einsetzende Fiederanlegung, die den Reduktionsformen der Hochblätter völlig fehlt. Eine Blütenbildung konnte auch bei der Untersuchung der Entwicklungsgeschichte dieser Infloreszenz niemals beobachtet werden.

Zusammenfassend kann festgestellt werden, daß bei der Infloreszenz der Mutante *falsiflora* Übergipfelungen noch immer vorkommen, wobei meist die mit unifazialen Blättern versehenen Sprosse ein sehr schwaches Wachstum zeigen und deshalb häufig übergipfelt werden, daß sich aber große Teile der Infloreszenz bereits durch eine razemöse Verzweigungsweise auszeichnen.

Eine andere vollständig blütenlose Form stellt die Mutante *anantha* dar (Abb. 82; Tafel 12, Fig. 12). Auch diese Mutante bringt einen außergewöhnlich großen Blütenstand hervor, an dem zahlreiche Hochblätter entwickelt sind. Die Bildung des Blütenstandes wird durch einen Vegetationskegel eingeleitet, der sehr bald nach seiner Entstehung einen etwa ebenso großen weiteren Vegetationskegel hervorbringt (Abb. 83/Ia). Aus beiden Kegeln geht bald darauf wieder je ein Kegel hervor, so daß es zu einem Entwicklungsstadium kommt, das aus vier Vegetationskegeln etwa gleicher Größe besteht (Abb. 83/Ib).

Auf einige Besonderheiten dieser Kegelbildung soll zunächst eingegangen werden. Die Bildung von neuen Vegetationskegeln erfolgt hier nicht wie bei anderen Sprossen an der Basis oder unterhalb des Vegetationskegels, sondern unmittelbar in der Spitzenregion desselben, so daß sich Haupt- und Nebentrieb in diesem Stadium kaum unterscheiden, da auch der Haupttrieb in der Region des oberen Vegetationskegels relativ klein ist. Es kommt noch hinzu, daß der Kegel der Seitenachse mit einer relativ breiten Basis aus dem Kegel der Hauptachse hervorgeht. Dieser Umstand läßt den Eindruck entstehen, daß der Kegel der Hauptachse sein Wachstum einstellt und aus seiner Spitze zwei gleichwertige Seitenachsen hervorgehen. Die letztere Deutung würde zu der Schlußfolgerung führen, daß die zunächst entwickelten beiden Vegetationskegel zwei gleichwertige Seitenachsen 1. Ordnung sind, während es sich bei den vier Vegetationskegeln des oben beschriebenen Entwicklungsstadiums um vier gleichwertige Seitenachsen 2. Ordnung handelt.

Zu dieser Auffassung gelangt auch Helm (1951), wobei er von der Voraussetzung ausgeht, daß die Normalform der Tomate Doppelwickel hervorbringt, deren Seitenachsen 1. Ordnung sich diametral gegenüberstehen. Eine andere Deutungsmöglichkeit, nach der einer der vier Vegetationskegel einer Hauptachse und zwei weitere, deren Seitenachsen 1. Ordnung entsprechen, erscheint danach unwahrscheinlich, da der zwischen den beiden möglichen Seitenachsen 1. Ordnung zu beobachtende relativ kleine Divergenzwinkel mit der oben ge-

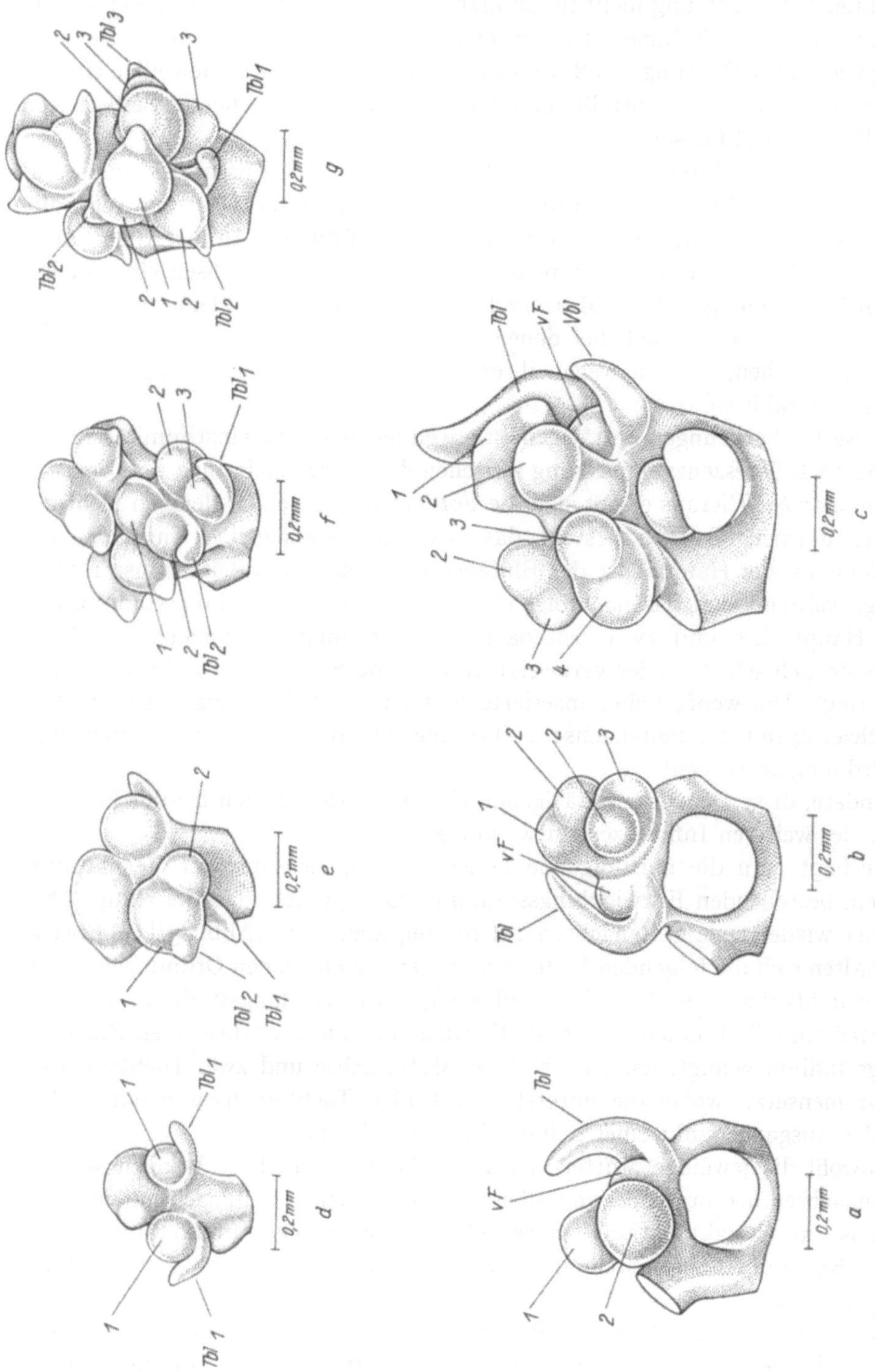

Abb. 83/I. a–g Infloreszenzentwicklung der Mut. *anantha*; Tbl Tragblatt, v F vegetativer Fortsetzungstrieb (die Ziffern bezeichnen den Grad der Verzweigung)

machten Voraussetzung nicht in Einklang zu bringen ist. Wegen dieser Unterschiede in der Stellung der untersuchten Seitenachsen liegt die eingangs erwähnte Deutung des Blütenstandes nahe, nach der die jeweilige Hauptachse ihr Wachstum einstellt und zwei aus ihr hervorgehende Seitentriebe den Blütenstand fortsetzen.

Wie jedoch zahlreiche eigene Untersuchungen der Ausgangsformen und einer großen Zahl von Mutanten zeigen, hat die dieser Deutung zugrunde liegende Voraussetzung in dem Umfange keine Gültigkeit. In fast allen Fällen bilden die bei der Tomateninfloreszenz auftretenden Seitenachsen einer dichasialen Verzweigung mit der Mutterachse einen Winkel, der kleiner als 180° ist (Abb. 68a). Doppelwickel, bei denen sich die beiden Seitenachsen diametral gegenüberstehen, müssen wegen ihrer sehr geringen Häufigkeit zu den Ausnahmen gezählt werden.

Diese Beobachtungen bestätigen eine weitgehende Übereinstimmung in der primären Infloreszenzverzweigung zwischen den Ausgangsformen und der Mutante *anantha*. Hieraus ergibt sich die Forderung nach einer gleichen Deutung beider Formen. Danach besteht das erwähnte zweikegelige Entwicklungsstadium aus der Hauptachse des Blütenstandes und deren Seitenachse 1. Ordnung, während sich das nachfolgende vierkegelige Entwicklungsstadium aus der Hauptachse und zwei Seitenachsen 1. Ordnung zusammensetzt, deren unterste sich selbst wieder verzweigt und so eine Seitenachse 2. Ordnung hervorbringt. Die wenig höher inserierte Seitenachse 1. Ordnung entsteht etwa gleichzeitig mit der Seitenachse 2. Ordnung, die aus der unteren Seitenachse 1. Ordnung hervorgeht.

Andere, diese Deutung bestätigende Hinweise ergeben sich bei der Betrachtung der weiteren Infloreszenzentwicklung.

Verfolgt man die nachfolgende Differenzierung des aus vier Vegetationskegeln bestehenden Entwicklungsstadiums, so zeigt sich, daß die Hauptachse immer wieder neue Seitenachsen 1. Ordnung abgliedert (Abb. 83/Ic). Ebenso verhalten sich die folgenden Seitenachsen der verschiedenen Ordnungen. Auch sie durchlaufen zunächst ein zweikegeliges Entwicklungsstadium, das aus Mutter- und Tochterachse besteht. Es wird von einem vierkegeligen Entwicklungsstadium gefolgt, das sich aus der Mutterachse und zwei Tochterachsen zusammensetzt, wobei die unterste der beiden Tochterachsen bereits selbst wieder Ausgangspunkt einer Seitenachse geworden ist.

Sowohl die jeweilige Mutter- als auch alle Tochterachsen bringen weitere Seitenachsen hervor, wobei von allen neu entstandenen Seitenachsen zunächst jeweils das charakteristische vierkegelige Entwicklungsstadium durchlaufen wird. Keine der Achsen stellt ihr Wachstum ein, sondern verzweigt sich fortlaufend weiter.

Die so in der ersten Periode der Infloreszenzentwicklung gebildeten Achsenorgane der verschiedenen Ordnungen entstehen tragblattlos. Auf einem etwas späteren Entwicklungsstadium der Infloreszenz kommen an den neu ent-

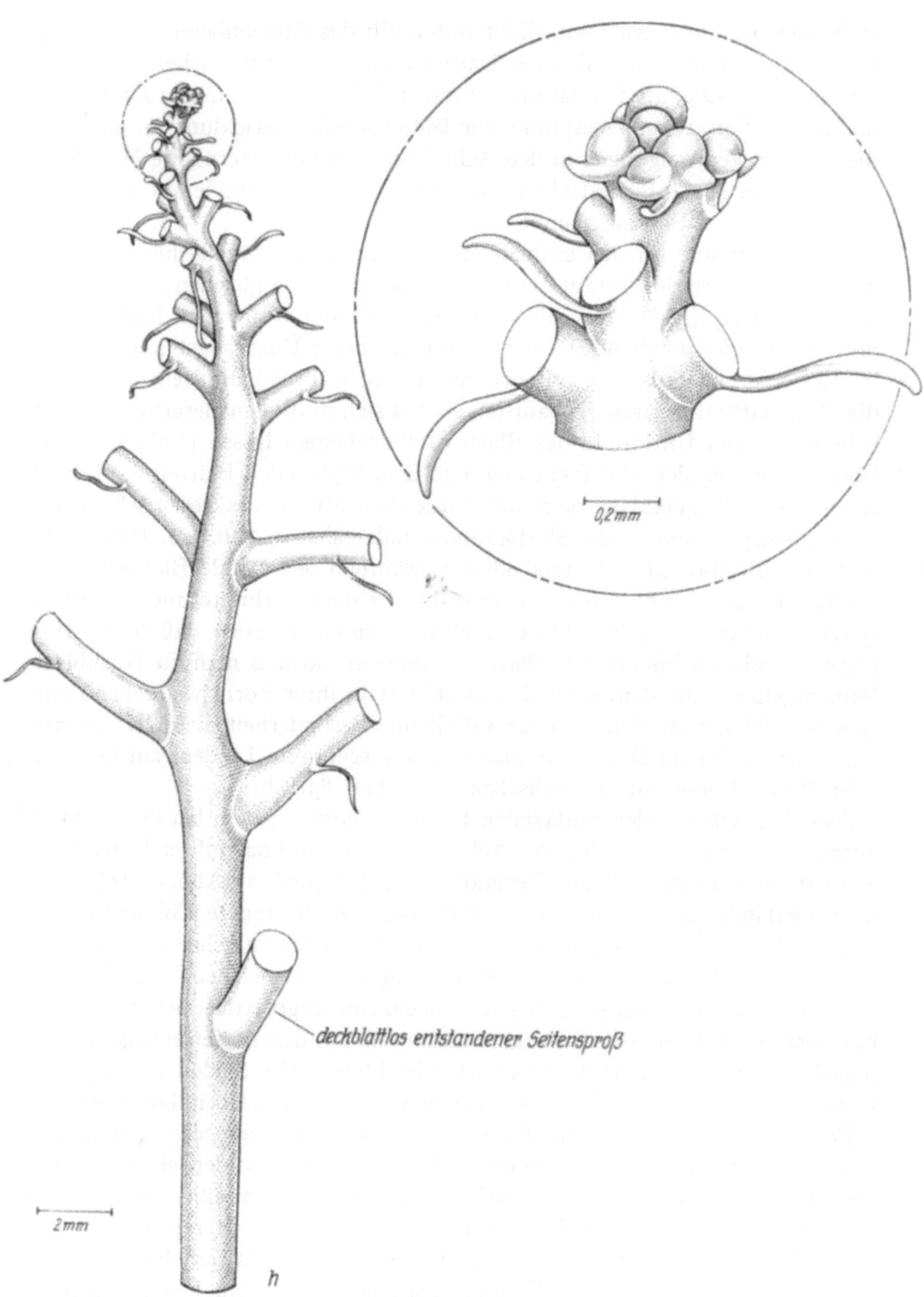

Abb. 83/II. h Infloreszenzachse der Mut. *anantha*

stehenden Infloreszenzachsen, dicht unterhalb des Spitzenbereichs des Vegetationskegels Blattprimordien zur Entwicklung. Zunächst erscheinen sie noch sehr unregelmäßig, an den darauf folgenden Achsen jedoch mit größter Regelmäßigkeit. Von diesem Zeitpunkt der Blütenstandsentwicklung an entstehen die meisten Verzweigungen in den Achseln von Hochblättern. Die Hochblattorgane dieser Mutante sind kleine, schmalzylindrische Gebilde, die sich durch einen unifazialen Bau auszeichnen.

Die Bestätigung für den unifazialen Bau dieser Blattorgane findet sich bei den Hochblättern der Mutante *multiflora*, wo neben den gleichen zylindrischen Blattbildungen (Abb. 77a) alle Übergänge zu dorsiventralen Blättern beobachtet werden können. Die dort vorkommenden Übergangsbildungen sind im Basalteil ebenfalls von zylindrischer Form, während die Ventralseite der distalen Blatthälfte rinnig gebaut ist, so daß sich in diesem Bereich eine deutliche Ober- und Unterseite des Blattes unterscheiden lassen (Abb. 77b). Die Grenze zwischen dem dorsiventralen und dem unifazialen Blatteil wird durch einen Querwulst gebildet, wie er für unifaziale Blätter charakteristisch ist. Ein noch stärker dorsiventrales Blattstadium findet sich in Abb. 77c. Hier ist der unifaziale Blattanteil bedeutend kleiner, während der distale Blatteil bereits die für jüngere Laubblattstadien charakteristische Verbreiterung der Blattspitze zeigt (Abb. 77c). Es fällt nicht schwer, sich vorzustellen, daß die Ventralrinne des Blattes bis zur Blattbasis herabreicht, so daß man zu Hochblattformen gelangt, die dem normalen Laubblatt in ihrer Form weitgehend entsprechen (Abb. 77d). Eine weitere auffallende Besonderheit dieser Hochblattorgane ist die bei der Mutante *anantha* stark ausgeprägte Tendenz zur kongenitalen Verwachsung mit den Achselsprossen (Abb. 83/IIh).

Aus den Achseln der unifazialen Hochblattorgane gehen bei der Mutante *anantha* Vegetationskegel hervor (Abb. 83/Id), die bald nach ihrer Entstehung einen tragblattlosen seitlichen Vegetationskegel abgliedern (Abb. 83/Ie). Kurz darauf entsteht an der gleichen Mutterachse, etwa im rechten Winkel zu der tragblattlosen Seitenachse, ein Blattprimordium, aus dessen Achsel sehr bald eine zweite Seitenachse hervorgeht (Abb. 83/If). Ungefähr zur gleichen Zeit bildet auch die tragblattlose erste Seitenachse selbst wieder eine tragblattlose Seitenachse. So wäre jetzt wiederum ein vierkegeliges Stadium entstanden, dessen einziger Unterschied zu dem am Anfang der Blütenstandsbildung auftretenden vierkegeligen Entwicklungsstadium in dem zusätzlichen Auftreten eines Hochblattes besteht.

Betrachtet man zunächst die Vegetationspunkte des zweikegeligen Stadiums, so zeichnet sich in der weiteren Entwicklung zwischen beiden ein deutlicher Unterschied ab. Während – wie bereits erwähnt – die jeweilige Mutterachse nach Abgliederung der tragblattlosen Seitenachse im weiteren Verlauf der Entwicklung nur Seitenachsen in der Achsel von Tragblättern hervorbringt, entsteht aus der tragblattlosen Tochterachse zunächst eine tragblattlose Seitenachse, nach deren Ausgliederung alle weiteren Seitenachsen ebenfalls in der Achsel von Tragblättern entstehen (Abb. 83/Ig).

Verfolgt man die Entwicklung des zuletzt entstandenen tragblattlosen Vegetationskegels weiter, so findet man, daß auch dieser zunächst einen deckblattlosen Vegetationskegel abgliedert, während alle folgenden aus ihm hervorgehenden Seitenachsen in der Achsel von Tragblättern erscheinen. Ganz entsprechend verhalten sich die Vegetationskegel, die aus der Achsel der Tragblätter hervorgehen. Auch sie gliedern zunächst eine tragblattlose Seitenachse ab, während alle folgenden von ihnen erzeugte Seitenachsen in der Achsel von Hochblättern entstehen.

Es kann danach die Feststellung getroffen werden, daß mit Ausnahme des basalen Bereichs des Gesamtblütenstandes, in dem alle Seitentriebe tragblattlos entstehen, und einer gewissen Übergangszone alle Seitentriebe des Blütenstandes zunächst einen tragblattlosen Seitentrieb abgliedern und die zahlreichen folgenden Seitentriebe in der Achsel von Hochblättern entstehen, unabhängig davon, ob der sich verzweigende Seitentrieb einer Blattachsel entstammt oder tragblattlos entstanden ist.

Betrachtet man nun die Verzweigungskette der mehrfach auseinander hervorgehenden deckblattlosen Seitentriebe, so kommt man zu einer Verzweigungsform, die in ihrem Grundbau mit den tragblattlosen Sympodien der Normalinfloreszenzen verwandt ist. Da jedoch hier statt der zu erwartenden Blüten am Ende jeder Achse lange, monopodial wachsende, beblätterte Triebe entwickelt werden, deren sämtliche Achselknospen selbst wieder Ausgangspunkt für ein sich in gleicher Weise verzweigendes Achsensystem sind (Abb. 83/IIh), entsteht eine razemöse Verzweigungsform.

Die einzelnen Achsen der Gesamtinfloreszenz zeigen ein ihrem Ordnungsgrade entsprechendes, unterschiedliches Längenwachstum, wobei die Hauptachse schwach gefördert ist und der Unterschied zu den Seitenachsen deutlich erkennbar wird. Entsprechendes gilt für die Seitenorgane der verschiedenen Ordnungen. Hieraus ergibt sich ein weiterer Hinweis auf die Richtigkeit der oben erläuterten Infloreszenzdeutung. Die Bildung einer geförderten Hauptachse wurde auch von Paddock und Alexander (1952) bei der Mutante *anantha* 2 beobachtet. Eine weitere Bestätigung der oben gegebenen Deutung ergibt sich aus der Tatsache, daß sich die hier als Seitenachsen bezeichneten Achsenorgane hinsichtlich ihrer Achsendicke und ihrer Verzweigungsstärke eindeutig der Hauptachse unterordnen (Abb. 83/IIh). Außerdem besteht – wie bereits oben ausgeführt – hinsichtlich der Stellung der Seitenachsen keinerlei Unterschied zu den dichasialen Seitenachsen der Normalinfloreszenzen (Abb. 68a). Schließlich würde man im peripheren Bereich der Gesamtinfloreszenz hinsichtlich der Beblätterung einen für die beiden Vegetationskegel des zweikegeligen Entwicklungsstadiums unterschiedlichen und außerdem häufig wechselnden und damit sehr komplizierten Verzweigungsmodus annehmen müssen, würde es sich bei dem einen der beiden Kegel nicht um die Seitenachse der anderen handeln, sondern wollte man beide als Seitenachsen der gleichen Ordnung deuten, die ihr Wachstum einstellen und selbst wieder ausschließlich Seitenachsen hervorbringen. Wesentlich einfacher und klarer erscheint dagegen die hier gegebene und durch oben genannte Fakten gestützte Deutung, wonach jeder Seitentrieb des peripheren Infloreszenzbereiches ein Monopodium darstellt, das an seiner Basis einen deckblattlosen Seitentrieb abgliedert, während alle weiteren von ihm gebildeten Seitentriebe in der Achsel von Blättern entstehen.

Überblickt man nochmals die Mannigfaltigkeit der mutierten Infloreszenzformen, so zeichnen sich zwei Hauptentwicklungsrichtungen ab. In einem Falle – geht man von der Infloreszenzform der Ausgangssorten aus – treten an den Infloreszenzen einiger Mutanten typische Reduktionserscheinungen auf, die von kleineren über wenigblütige zu jenen Formen führen, deren Infloreszenzentwicklung frühzeitig zum Stillstand kommt. Eine andere Entwicklungsrichtung ist dagegen durch mehr und mehr vergrößerte Infloreszenzen gekennzeichnet. Mit zunehmender Infloreszenzgröße vergrößert sich auch die Zahl der in der Infloreszenz auftretenden Hochblätter. Die größten dieser Formen schließlich stellen völlig blütenlose Infloreszenzen dar, die ausschließlich Hochblätter hervorbringen. Dabei wird die im vegetativen Bereich der Tomatenpflanzen durch die Infloreszenzbildung und im Infloreszenzbereich durch die Blütenbildung bedingte sympodiale Verzweigungsweise weitgehend durch die monopodiale Verzweigung ersetzt.

V. Blütenmorphologie der Tomatenmutanten

Analysiert man das Gaterslebener Mutantensortiment hinsichtlich seiner Blütenmerkmale, so fällt auf, daß sich nur relativ wenige Mutanten durch veränderte Blüten auszeichnen. Dagegen weisen die übrigen Mutanten des Weltsortimentes einen relativ hohen Anteil von Formen auf, die durch veränderte Blüteneigenschaften charakterisiert sind. Dieser Unterschied erklärt sich vor allem aus der Auffälligkeit der in Funktion oder Form veränderten Blüte. Während durch die systematisch betriebene Auslese der Gaterslebener Mutanten auch zahlreiche Formen mit geringeren Merkmalsabweichungen aufgefunden werden konnten, sind die übrigen Mutanten des Weltsortimentes oftmals mehr oder weniger extreme Spontanmutationen, die durch hervorstechende Merkmalsänderungen auffielen und so aus einer großen Zahl von Normaltypen ausgelesen wurden. Die ohnehin gegebene Auffälligkeit von Merkmalsänderungen an der Blüte wird noch dadurch gesteigert, daß Blütenmutationen sehr häufig die Unfruchtbarkeit der Blüte zur Folge haben können.

Die Normalblüte der drei Ausgangssorten des Gaterslebener Mutantensortimentes ist gewöhnlich hexamer. Sie besteht aus 6 Sepalen, 6 Petalen, 6 Stamina und 2–4 Karpellen und muß damit gegenüber den übrigen Arten der Gattung als abgeleitet angesehen werden. Der Blütenstiel weist eine Artikulation auf und ist in diesem Bereich leicht geknickt. Beiderseits des Korkringes, an dem zur Zeit der Fruchtreife ein Trennungsgewebe das Ablösen der Frucht erleichtert, ist der Stiel knotig verdickt.

Vergleicht man die Blüten der Wildtomate, *Lycopersicon pimpinellifolium*, so fällt der pentamere Bau fast sämtlicher Blütenkreise auf. Dieses trifft für den Kelchblatt-, den Blumenblatt- und den Staubblattkreis zu. Der oberständige Fruchtknoten besteht aus zwei Karpellen.

Morphologisch nicht oder kaum in Erscheinung tretende Merkmalsänderungen stellen die chromosomalen Funktionsstörungen dar. Durch Veränderungen dieser Art zeichnen sich die Mutanten *asynaptic-1* bis *asynaptic-5* (Soost, 1951) und *asynaptic-6* (Clayberg, 1958a) aus. Die gestörte Chromosomenpaarung während der Meiose führt bei diesen Mutanten zu einem hochgradigen Pollenabort und einer weitgehenden Sterilität der Samenanlagen. Bemerkenswert ist hierbei die festgestellte Temperaturabhängigkeit der Asynapsis (Soost, 1951). Ein anderes meiotisches Fehlverhalten zeichnet die Mutante *precocious centromere division* aus, deren Zentromerteilung vorzeitig einsetzt (Clayberg,

1958b). Das Charakteristikum einer weiteren Mutantengruppe ist die fehlende Ausbildung funktionsfähigen Pollens. Zu dieser umfangreichen Gruppe zählen die Mutanten *male-sterile-1* und *male-sterile-2* (Lesley, J. W., and M. Lesley, 1939), *male-sterile-3* und *male-sterile-4* (Rick, 1945a), *male-sterile-5* bis *male-sterile-13* (Rick, 1948), *male-sterile-14* bis *male-sterile-18* (Rick, 1953), *male-sterile-19* bis *male-sterile-22* (Hafen and Stevenson, 1955), *male-sterile-23* und *male-sterile-24* (Rick, 1956b), *male-sterile-25* bis *male-sterile-33* (Rick, 1960c), *male–sterile-34* und *male-sterile-35* (Rick, 1962a), *male-sterile-36* (Lesley, M. M., and J. W. Lesley, 1958) und *male-sterile-37* (Matsuura and Currence, 1962). Bei der Mehrzahl dieser Mutanten unterbleibt eine Pollenbildung vollständig, einige Mutanten bilden eine mehr oder weniger große Menge sterilen Pollens. In den meisten Fällen sind die Antheren verkümmert und verfärbt, die Blüten mancher dieser Formen erreichen nur eine geringe Größe. Ein ähnliches Verhalten zeichnet die Mutante *variable male-sterile* aus, deren Antherenreduktion aber nur unter sommerlichen Feldbedingungen beobachtet werden kann, andere Kulturbedingungen führen dagegen zur völligen Normalisierung (Rick and Boynton, 1965). Weitere Formen mit männlicher Sterilität sind die Mutanten *yellow virescent*^{masculosterilis} und *yellow virescent*^{mutabilis} (Hagemann, 1962).

Ein anderes die Funktionstüchtigkeit der Gameten beeinflussendes Gen wurde bei der Mutante *Gamete eliminator* gefunden (Rick, 1966a). Von den drei bekannten Allelen bedingen zwei in der Kombination Ge^c/Ge^p Gametenabort. Durch teilweises Fehlen männlicher Gameten zeichnet sich die Mutante *dwarf sterile* aus (Rick, 1958c). Ähnlich verhalten sich die Mutanten *stamenless*^{1} bis *stamenless*^{5}, deren Antheren häufig zusätzlich reduziert sind (Bishop, 1953; Hafen and Stevenson, 1958). Besonders bemerkenswert scheint dabei die Mutante *stamenless*^{4}, deren Blüten unter Gewächshausbedingungen im Winter normale Antheren mit reichlichem Pollen ausbilden (Hafen and Stevenson, 1958). Einigen Autoren gelang es bei einer *stamenless*-Mutante die Bildung von Antheren und lebensfähigem Pollen durch Fütterung mit Gibberellin A_3 zu induzieren (Phatak et al., 1966).

Verminderte Fruchtbarkeit wird bei der Mutante *blunt* durch fehlende oder umgewandelte Stamina und durch die beeinträchtigte Klebqualität der Narbenoberfläche verursacht (Henderson and Brown, 1958). Einen hohen Grad von weiblicher Sterilität weist die ebenfalls stamenlose Mutante *corollaless* auf (Hafen and Stevenson, 1956b). Durch Sterilität der weiblichen Gameten zeichnen sich ferner die Blüten der Mutante *female-sterile* aus, deren Andrözeum aber völlig normal entwickelt ist (Honma and Phatak, 1964). Auch die Mutante *lyrate* ist durch ein steriles Gynäzeum gekennzeichnet (Rick, 1965c). Die Mutanten *apetalous* (Rick and Robinson, 1951) und *Necrotic* (Martin, 1961) sind durch einen hohen Prozentsatz an sterilen männlichen und weiblichen Gameten charakterisiert. Nur wenig oder keinen Pollen entwickelt die Mutante *midget* (Lesley, J. W., 1938). Geringe Pollenmengen und die Reduktion eines

Teiles der Stamina ist für die Mutante *vegetative* typisch (Rick and Robinson, 1951). Vollständig sterile und nur rudimentär ausgebildete Stamina werden bei der Mutante *pistillate* (Rick and Robinson, 1951) und *wiry-1* (Butler, 1963) beobachtet. Zahlreiche weitere Mutanten sind in ihrer Fertilität ebenfalls mehr oder weniger stark beeinträchtigt.

Die größere Anzahl der die Blüte betreffenden Mutationen ist durch auffallende morphologische Veränderungen charakterisiert. Sehr unterschiedliche morphologische Umwandlungen kann dabei das Gynäzeum erfahren. Nur geringe Unterschiede zum Gynäzeum der Normalform kennzeichnen die Mutanten *vegetative* und *pistillate*, deren Griffel häufig gebogen oder verdreht sein können (Rick and Robinson, 1951). Ähnliche Griffelmerkmale zeichnen die Mutante *exserted* aus, deren Griffel aber eine zusätzliche Verlängerung erfahren hat (Rick and Robinson, 1951). Das Gen *Gx* ermöglicht eine Griffelstreckung nach Gibberellinbehandlung (Honma and Bukovac, 1966).

Tiefgreifendere Veränderungen stellen dagegen die verschiedenen Grade der Karpellverwachsung dar. Als ein morphologischer Übergang zu den stärker veränderten Typen ist die Mutante *exserted carpels* zu betrachten, bei der einige Früchte jeder Pflanze einzelne, nur an der Basis mit der Frucht verwachsene Karpelle hervorbringen (Young, P. A., 1956a). Vollständige oder nahezu vollständige Apokarpie herrscht bei den Gynäzeen der Mutanten *wiry-1* (Butler, 1963), *apocarpous* (Guard, 1945), *grotesque* (Rick, 1956c) und *wiry-5* (Edwardson and Corbett, 1962) vor. Eine Besonderheit der letzteren Mutante besteht in der durch die häufig ausbleibende Verwachsung der Karpellränder bedingten Gymnospermie. Zahlreiche weitere mutationsbedingte Unterschiede des Gynäzeums betreffen vorwiegend die Fruchtmerkmale. Diese werden in einem gesonderten Kapitel behandelt.

Bei der Betrachtung der bei Tomatenblüten auftretenden, genetisch bedingten Funktionsstörungen wurde bereits auf verschiedene morphologische Abweichungen des Andrözeums hingewiesen. Andere Veränderungen dieses Blütenkreises können bei einer Reihe weiterer Mutanten beobachtet werden. Hierzu zählt die z. B. bei den Mutanten *dialytic* und *Lapageria* (Rick, 1964) auftretende Auflösung des Staminakegels (Butler, 1952b). Die bei der Tomatenblüte gewöhnlich zu einem Tubus vereinigten Stamina sind hier völlig frei. Das Andrözeum der Mutante *grotesque* erscheint „verdreht" (Rick, 1956c). Die Stamina der Mutante *blunt* tragen meist petaloiden Charakter (Henderson and Brown, 1958), während sie bei der Mutante *corollaless* ein sepaloides Aussehen haben (Hafen and Stevenson, 1955). Von den Gaterslebener Mutanten ist *corrotundata* (Abb. 84a) zu nennen, deren Stamina verkürzt sind. Die Antheren der Mutante *clara* sind schwach rötlich gefärbt.

Zahlreiche Veränderungen sind auch im Bereich der Corolle möglich. So haben die Petalen der Mutante *corollaless* ein sepalenähnliches Aussehen (Hafen and Stevenson, 1955). Eine entsprechende Umwandlung haben die Petalen der Mutante *stamenless*[5] erfahren (Hafen and Stevenson, 1958). Die Corollen

Abb. 84. a – Blüten der Sorte 'Condine Red' (links) und der Mut. *corrotundata* (rechts), Seitenansicht, b – Blüten der Sorte 'Condine Red' (links) und der Mut. *multiplex* (rechts), c – Blüten der Sorte 'Condine Red' (links) und der Mut. *microcarpa* (rechts), d – Blüten der Sorte 'Condine Red' (links) und der Mut. *corrotundata* (rechts) ($1\frac{1}{2}$ nat. Gr.)

einiger Formen zeichnen sich durch eine veränderte Färbung aus. Die bei der Mutante *white flower* auftretenden Petalen zeigen eine weiße bis gelbbraune Färbung (Young, P. A., and J. W. Macarthur, 1947). Blaßgelbe Petalen bringen die Mutante *aurea* (Lesley, J. W., and M. M. Lesley, 1956a), grünlichgelbe die Mutante *chartreuse* (Rick, 1960d) und orange gefärbte die Mutante *old gold* (Rick and Smith, 1953) hervor. Die Mutanten *luteola* und *pallida* fallen durch ihre hellgelbe Blütenfarbe auf. Die zunächst dunkelgelben Petalen der Mutante *microcarpa* nehmen kurze Zeit nach der Antherenreife eine hellgelbe Färbung an. Die Petalen der Mutanten *penetrabile* und *multiplex* (Abb. 84b) sind relativ zu ihrer Länge verbreitert. Durch eine Petalenverschmälerung sind dagegen die Mutanten *cochlearis, glaucescens, microcarpa* (Abb. 84c), *albovirens, clausa* und *elegans*[2] gekennzeichnet. Die gleiche Veränderung ist bei den Mutanten *solanifolia* (Rick, 1958b) und *cabbage* zu beobachten (Lesley, J. W., and M. M. Lesley, 1952). Ebenso sind die Petalen von *decomposita* häufig verschmälert. Nicht selten ist das Merkmal der Petalenverschmälerung mit einer geringen Blütengröße korreliert. Eine Extremform hinsichtlich der Petalenverschmälerung stellt die Mutante *wiry* dar, deren Petalen – wie auch die Laubblätter dieser Pflanze – eine fädige Form angenommen haben (Edwardson and Corbett, 1962). Eine relative Verkürzung haben die Petalen der Mutante *lata* erfahren. Petalenverkürzung fand Rick (1948) auch bei einigen *male-sterile*-Mutanten. Die Petalen der Mutante *corrotundata* (Abb. 84d) besitzen außerdem eine stumpfe Form. Die Mutante *wiry-5* bringt Petalen mit einer größeren Anzahl von kopfigen Drüsenhaaren hervor (Edwardson and Corbett, 1962).

Wie ein Vergleich der Laubblatt- und Petalenform bei den Gaterslebener Mutanten zeigt, ist in einigen Fällen die schmale Form der Petalen mit den schmalen Fiedern der Laubblätter korreliert. Im Falle der Mutanten *clausa* und *decomposita* handelt es sich dagegen um Formen mit stark geteilten Fiedern und bei den Mutanten *glaucescens* und *microcarpa* um solche mit stark konvexem Fiederrand. Eine deutliche Korrelation besteht zwischen der stumpfen Form der Petalen und Laubblattfiedern bei der Mutante *corrotundata*.

Durch stärkere Veränderungen weisen sich einige Reduktionsformen aus. So besteht die Corolle der Mutante *vegetative* aus nur einem Segment, oder sie fehlt mit Ausnahme eines rudimentären Basalringes vollständig (Rick and Robinson, 1951). Durch eine stark reduzierte Corolle sind auch die Mutanten *apetalous* (Rick and Robinson, 1951) und *lateral suppressor* (Williams 1960) charakterisiert.

Ähnlich unterschiedliche Veränderungen lassen sich auch im Bereich des Kelches nachweisen. Eine starke Verkürzung der Sepalen ist z. B. für die Mutanten *cochlearis* und *corrotundata* typisch. Die Mutante *torosa*[2] (Abb. 85a) bringt an ihrer ersten, einblütigen Infloreszenz völlig verlaubte Sepalen hervor, die eine Länge von über 6 cm erreichen können und oft mehrere Zentimeter breit sind. Eine entsprechende Vergrößerung des Kelches findet sich bei der Mutante *macrocalyx* (Butler, 1952b). Stumpfe, verbreiterte Sepalen zeichnen die

Abb. 85. a – Kelch der Sorte 'Lukullus' und der Mut. *torosa*[2] ($\frac{1}{2}$ nat. Gr.), b – Blüten der Sorte 'Rheinlands Ruhm' (links) und der Mut. *indehiscens* (rechts) ($1\frac{1}{2}$ nat. Gr.)

Mutante *blunt* aus (Henderson and Brown, 1958). Ein laubiger, verbreiterter Kelch wurde bei einer noch nicht benannten Mutante aufgefunden (Phatak et al., 1964). Farbliche Veränderungen treten bei der Mutante *yellow calyx* auf, deren Kelch zur Zeit der Fruchtreife eine gelbe Färbung annimmt (Kemp, 1966).

Verschiedene der die Blütenmerkmale kontrollierenden Gene bedingen eine Kleistogamie. So treten Störungen bei der Blütenentfaltung in geringerem Maße bei der Mutante *conferta* auf, wo ein Teil der Blüten nicht zur Entfaltung gelangt. Bei den Mutanten *clausa* und *gamosepala* wird die Corolle durch eine mehr oder weniger starke Verwachsung der Sepalen in ihrer normalen Entfaltung behindert. Eine noch stärkere Verwachsung der Sepalen, wie sie bei der Mutante

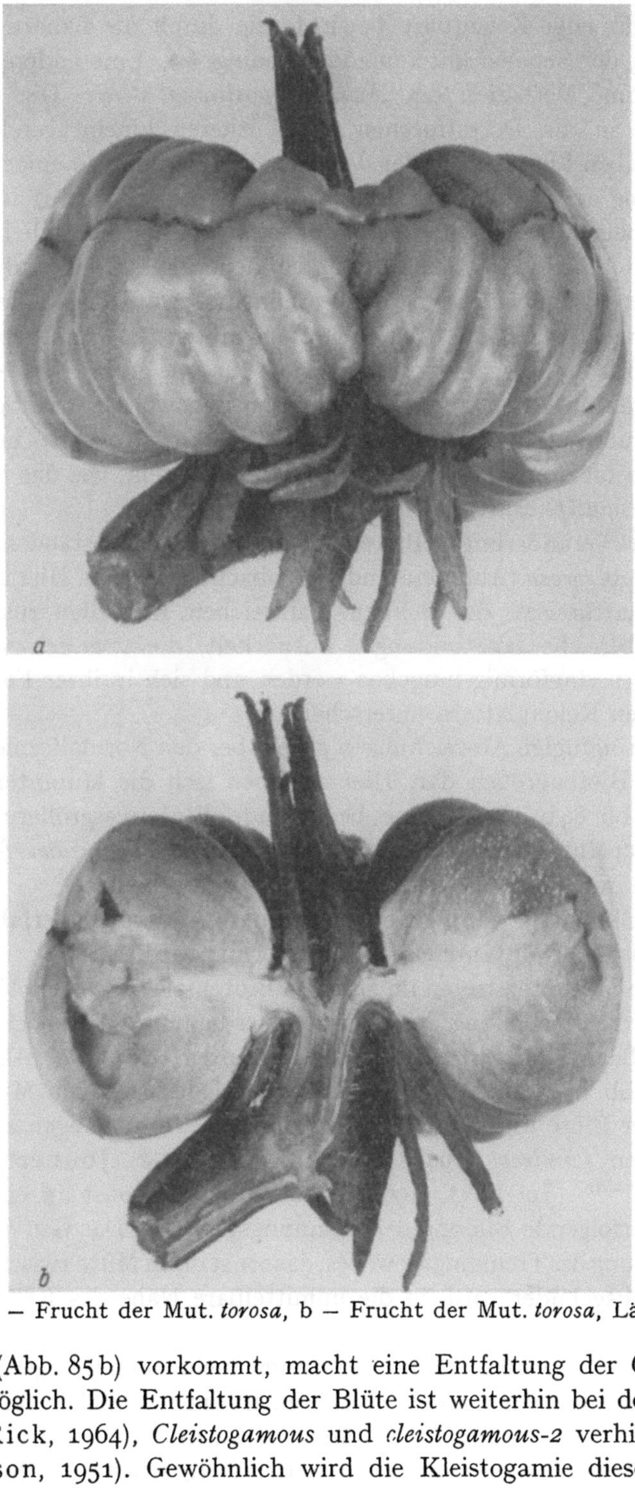

Abb. 86. a – Frucht der Mut. *torosa*, b – Frucht der Mut. *torosa*, Längsschnitt

indehiscens (Abb. 85b) vorkommt, macht eine Entfaltung der Corolle weitgehend unmöglich. Die Entfaltung der Blüte ist weiterhin bei den Mutanten *Lapageria* (Rick, 1964), *Cleistogamous* und *cleistogamous-2* verhindert (Rick and Robinson, 1951). Gewöhnlich wird die Kleistogamie dieser Mutanten durch die sehr enge Kelchröhre bewirkt, die durch die nahezu vollständige Verwachsung der Sepalen untereinander bedingt ist. Eine andere Ursache hat das kleistogame Verhalten der Mutante *positional-sterile*. Die während der Knospenlage in die Dorsalfurchen der Antheren hineinragenden Corollensegmente bleiben hier auch in der weiteren Entwicklung so eingeklemmt, daß die Entfaltung der Corolle verhindert wird (Larson and Paur,1948).

Bei den meisten normalblütigen Mutanten können zusätzlich sogenannte Königsblüten auftreten, d. h. Blüten, bei denen die Gliederzahl sämtlicher oder einzelner Blütenwirtel bedeutend erhöht ist. Als Königsblüten sind meist die zuerst angelegten Blüten der untersten Blütenstände ausgebildet. Dieses trifft sowohl für die Ausgangssorten als auch für eine große Zahl von Mutanten zu. Bei einigen Mutanten treten Königsblüten ungewöhnlich häufig auf. Hierzu zählen die Mutanten *multiplicata*, *torosa*, *torosa*^{2}, *jugata*, *jugata*^{2} und *terminata*. Diese können oft von sehr unregelmäßiger Gestalt sein, wie das besonders bei der Mutante *multiplicata* auffällt.

Eine weitere Veränderung im Bau einer Blüte des 1. Blütenstandes kann oftmals bei der Mutante *torosa* (Abb. 86a und b) beobachtet werden. Hier sind oberhalb des Fruchtblattkreises, der sich aus zahlreichen Karpellen zusammensetzt, nochmals zahlreiche Blattbildungen entwickelt, die von den verwachsenen Fruchtblättern ringförmig umgeben werden und sich in ihrer Form in keiner Weise von den Kelchblättern unterscheiden.

Relativ geringfügige Abweichungen gegenüber den Normalformen stellen die veränderten Blütengrößen dar. Hier zeichnen sich die Mutanten *torosa* und *multiplex* (Abb. 84b) durch eine bedeutende Blütenvergrößerung aus. Die Blüten anderer Mutanten, wie *dwarf*^{crispata}, *coriacea*, *flavida* und *dwarf*-2 (Abb. 87a), sind dagegen nur durch ihre geringere Größe unterschieden.

Auch der Blütenstiel kann genetisch bedingte Änderungen erfahren. So sind die Blütenstiele der Mutante *torosa*^{2} wulstförmig verdickt.

Bei einigen Mutanten treten im Bau des Blütenstiels insofern Abweichungen auf, als hier die Ausbildung der knotigen Verdickung im Bereich der Artikulation unterbleibt. Diese trifft für die Mutanten *composita* (Abb. 87b) und *multiplex* (Abb. 87c) zu, wobei am Blütenstiel der letzteren Mutante, dicht unterhalb der Blüte unregelmäßige wulstförmige Verdickungen auftreten. Bei den Mutanten *jointless* (Butler, 1952b), *jointless-2* (Joubert, 1961) und *jointless-2*^{incomplete} (Joubert, 1962) unterbleibt die sonst in einem Fruchtstielknoten erfolgende Bildung des Trennungsgewebes. Das Gen *bushy* bewirkt eine Verlagerung des Trennungsgewebes, das sonst in der Mitte zwischen Stielbasis und Kelch ausgebildet wird, in die unmittelbare Nähe des Kelches (Butler, 1952b).

Bei einer Reihe weiterer Mutanten treten mehr oder weniger stark ausgeprägte Blütenreduktionen auf. So verkümmert ein erheblicher Teil der von der Mutante *sterilis* hervorgebrachten Blüten vor der Anthese. Die Blütenreduktion ist bei der Mutante *semisterilis* noch weiter fortgeschritten. Obwohl bei den

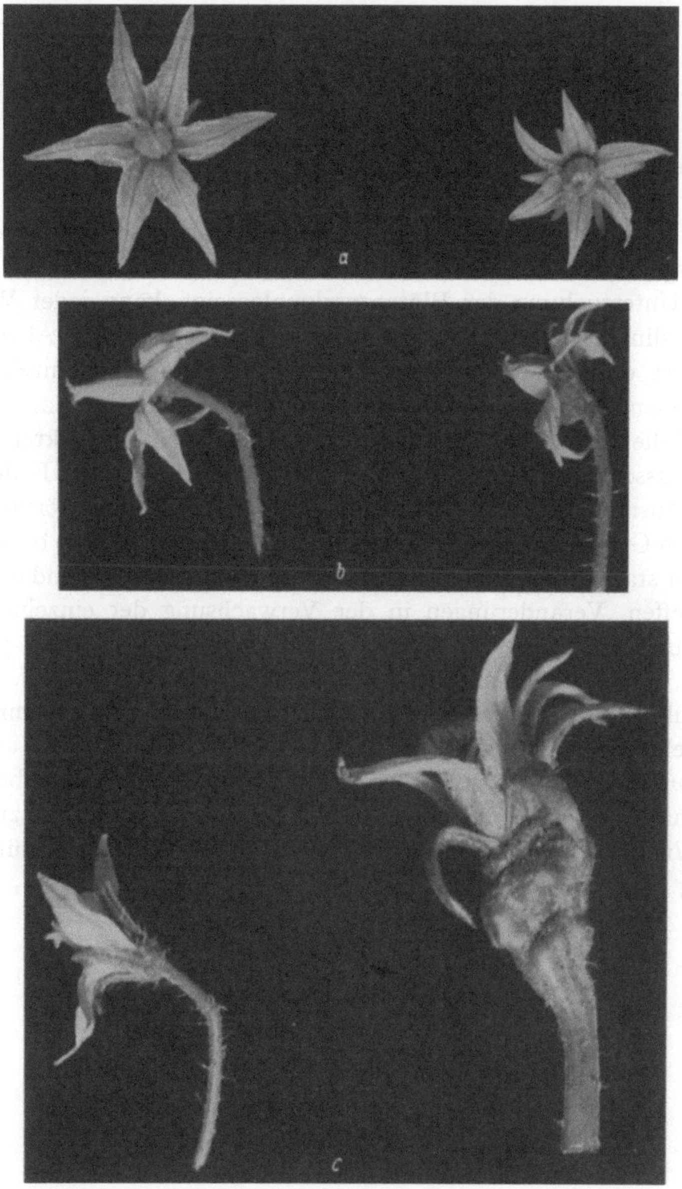

Abb. 87. a – Blüten der Sorte 'Rheinlands Ruhm' (links) und der Mut. *dwarf*-2 (rechts), b – Blüten der Sorte 'Rheinlands Ruhm' (links) und der Mut. *composita* (rechts) ($1\frac{1}{2}$ nat. Gr.), c – Blüten der Sorte 'Condine Red' (links) und der Mut. *multiplex* (rechts) ($1\frac{1}{2}$ nat. Gr.)

Blüten dieser Mutanten sämtliche Blattkreise angelegt sind, gelangt kaum eine Blüte zur Anthese. Ebenso können die Blüten der Mutante *variable male-sterile* in verschiedenen Entwicklungsstadien abortieren (Rick and Boynton, 1965). Sehr stark reduzierte Blüten besitzt die Mutante *mortalis*, deren Blütenknospen nur ein bis wenige Millimeter groß werden, um dann zu verkümmern. Ebenso entwickelt die Mutante *rosette* nur rudimentäre Blütenknospen (Butler, 1954e). Die Mutante *extreme miniature* blüht nur nach Pfropfung auf die Normalform (Persson, 1960).

Die extremsten Reduktionserscheinungen hinsichtlich der Blütenbildung können bei den Mutanten *anantha* und *falsiflora* beobachtet werden. Trotz der großen Blütenstände, die diese Mutanten hervorbringen, werden niemals Blütenanlagen ausgebildet.

Wie die Untersuchung der Blütenmerkmale zeigt, kann jeder Wirtel eine mutationsbedingte Veränderung erfahren. Relativ geringe Abweichungen werden meist durch die Vergrößerung bzw. Verkleinerung einzelner Kreise oder der Gesamtblüte sowie die veränderten Proportionen einzelner Blütenglieder und die veränderte Färbung der verschiedenen Blütenkreise bewirkt, was nicht ausschließt, daß die Größenunterschiede in einigen Fällen ein bedeutendes Ausmaß erreichen. Mutationsbedingte Funktionsstörungen treten vor allem am Gynäzeum und Andrözeum auf, können aber z. B. bei einer mehr oder weniger stark ausgeprägten Kleistogamie auch den Kelch und die Blumenkrone betreffen. Veränderungen in der Verwachsung der einzelnen Blütenglieder können in jedem Blütenkreis beobachtet werden, fallen jodoch am Gynäzeum durch die häufig bewirkte Apokarpie verstärkt auf. Bei einer Mutante führt die fehlende Verwachsung der Karpelle zur Gymnospermie. Eine Vermehrung der Wirtelglieder zeichnet die sog. Königsblüten aus; bei der Mutante *torosa* kommt es zur Ausbildung eines weiteren Kelchblattkreises. Sehr verschiedenartige Reduktionen führen bei der Tomatenblüte zum Ausfall einzelner Wirtelglieder und Wirtel. Bei einigen Mutanten wird die Blütenbildung vollständig unterdrückt.

VI. Fruchtmerkmale der Tomatenmutanten

Eines der hervorstechendsten Fruchtmerkmale ist die Farbe. Diese wird in der Hauptsache von den zwei Allelpaaren *yellow flesh (r)/Yellow flesh (R)* und *tangerine (t)/Tangerine (T)* bestimmt (Butler, 1952b). Beide Genpaare kontrollieren die Umwandlung des Zeta–Karotins in Lycopin (Lincoln and Porter, 1950). Die unterschiedliche Kombination dieser Gene führt zu verschiedenen Fruchtfleischfärbungen. Danach ergeben sich folgende Kombinationen von Genotyp und Fruchtfarbe (Butler, 1952b; Jenkins and Mackinney, 1952):

rot: *RRTT, RrTT, RRTt, RrTt*
gelb: *rrTT, rrTt*
dunkel orange: *RRtt, Rrtt*
hell orange: *rrtt.*

Thompson (1955) fand zwei weitere, die Pigmentsynthese beeinflussende Gene. Aus dem Zusammenwirken der beiden Gene *high pigment* und *high pigment*-2 resultiert eine verstärkte Pigmentbildung. In geringem Maße wird die Fruchtfarbe von dem Allelpaar *y/Y* beeinflußt, von dem die Färbung der Fruchtepidermis abhängt (Butler, 1952b). Die Anwesenheit des Allels *Y* bedingt gelb pigmentierte Epidermiszellen, während die Fruchtepidermis des Genotyps *y/y* durchsichtig ist, woraus bei roten Früchten ein anderer Farbton resultiert. Zwei weitere Gene vermögen die gelbe Fruchtfärbung zu modifizieren. Das Gen *reddish yellow* bedingt eine rötlichgelbe Fruchtfarbe (Young, P. A., 1956b), während das Gen *apricot (at)* eine rosa Tönung des Fruchtfleisches hervorruft (Jenkins and Mackinney, 1952). Dabei hat *at* eine ähnliche, die Lycopin-Synthese behindernde Wirkung wie *r*, wodurch bei gelben Früchten der Hemmungseffekt von *r/r* durch *at* gesteigert werden kann (Jenkins and Mackinney, 1955).

Eine weitere von einem einzelnen Gen abhängige Stoffumwandlung ist die Umbildung des Lycopins zu Beta-Karotin durch das Gen *B* (Lincoln and Porter, 1950). Daß dieser von Lincoln und Porter postulierte Bildungsweg des Beta-Karotins nicht der einzige sein kann, zeigen die Arbeiten von Tomes und Kargl (1955), bei denen grüne Tomatenfrüchte einer die Lycopin-Synthese blockierenden Temperatur ausgesetzt wurden, dennoch wurde ein Teil des Beta-Karotins gebildet. Weiterhin wurde das Gen *modifier of B* gefunden, das die Wirkungsweise des Gens *B* zu modifizieren vermag (Tomes and McQuistan, 1954). Tomes (1963) fand, daß die durch die Gene *Beta-carotene (B)* und *Delta (D)* kontrollierte Karotinsynthese durch eine Temperatur von 32 °C blockiert werden kann, während die Anwesenheit des Faktors *high pigment* die Karotinsynthese auch bei dieser Temperatur möglich macht.

Andere die Fruchtfarbe bestimmende Faktoren sind die Gene *Crimson* und *crimson-2*, die eine karmesinrote Fruchtfarbe bedingen (Butler, 1962). Die Früchte der Mutante *lutescent*[2] bleiben lange Zeit gelb und färben sich erst in der letzten Reifeperiode rot, während sie bei der Mutante *yellow fruit flesh*[2] auch im reifen Stadium ihre gelbe Fruchtfarbe beibehalten.

Bei einer Reihe von Mutanten bleibt die durch den hohen Chlorophyllgehalt der unreifen Frucht bedingte grüne Farbe auch bei der reifen Frucht mehr oder weniger stark erhalten. So wird das Fruchtchlorophyll der Mutante *green flesh* nicht abgebaut, so daß bei dem gleichzeitigen Vorhandensein von Lycopin eine schmutzig rotbraune Fruchtfarbe resultiert (Kerr, 1956a). Eine grüne, bei der Reife gelb werdende Streifung der Fruchthaut wird durch das Gen *green stripe* bestimmt (Larson and Pollack, 1951). Die Früchte der Mutante *green ripe* behalten auch während der Reife ihre grüne Farbe bei; nur das Innere der Frucht ist rot gefärbt (Kerr, 1958). Die Reifefärbung der zur normalen Zeit reifenden Früchte entwickelt sich bei der Mutante *Never ripe* nur langsam; dabei wird nur eine schmutzig orange äußere und eine gelblichrote innere Färbung der Frucht erreicht (Rick, 1956c).

Andere Gene kontrollieren die Art der Grünfärbung bei unreifen Früchten. Gewöhnlich tritt bei der unreifen Tomatenfrucht, in der Nähe des Stielansatzes eine besonders intensive Grünfärbung, die sogenannte Flammung auf. Bei der Mutante *uniform ripening* fehlt im Gegensatz zu den Ausgangssorten diese Flammung (Butler, 1952b). Die unreifen Früchte der Mutante *uniform fruit stripe* besitzen eine den Karpellen entsprechende Zahl grüner Streifen (Clayberg, 1962).

Durch eine klebrige Fruchtepidermis zeichnen sich die Mutanten *glutinosa* und *sticky fruit epidermis*[2] aus. Bei den Mutanten *cr*, *rl* und *bg* wird ein witterungsbedingtes Platzen der Fruchtepidermis verhindert (Young, H. W., 1958).

Eine Anzahl Mutanten ist durch Veränderungen in der Fruchtform charakterisiert. Die Frucht der Tomate ist eine Beere mit zentralwinkelständiger Plazentation. Bei der Wildart *Lycopersicon pimpinellifolium* ist diese nur von sehr geringer Größe und besteht aus zwei Fruchtblättern. Die wesentlich vergrößerten Früchte der Kulturtomaten zeichnen sich dagegen meist durch eine größere Zahl von Karpellen aus. Fruchtform und Fruchtbau sind Merkmale, die – verglichen mit der Blatt- und Wuchsform – in dem vorliegenden Mutantensortiment relativ selten variiert sind. Einige der vorhandenen Unterschiede sind durch die verschiedenen Ausgangssorten bedingt. So weisen die meisten der aus den Sorten 'Lukullus' und 'Rheinlands Ruhm' entstandenen

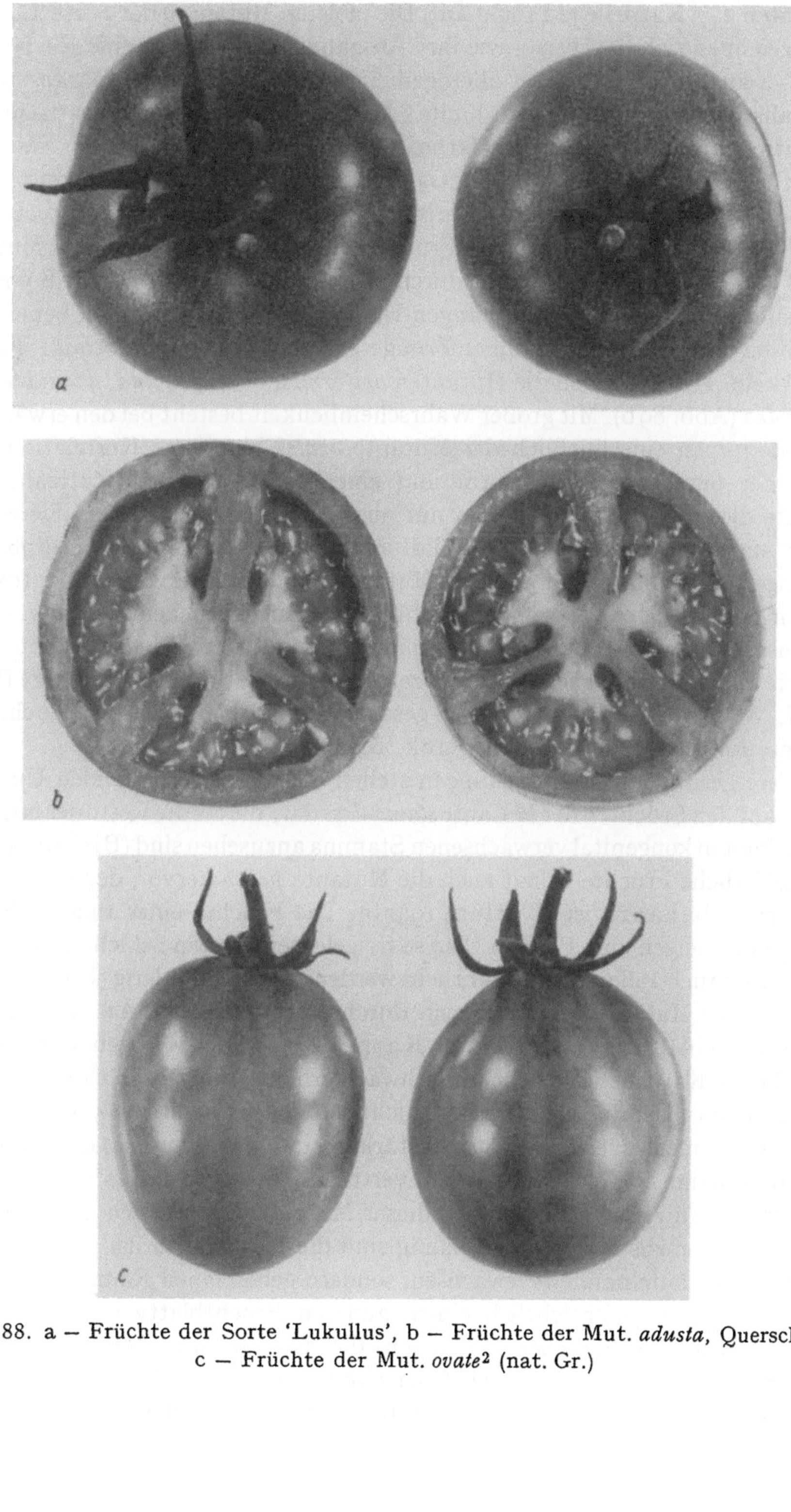

Abb. 88. a – Früchte der Sorte 'Lukullus', b – Früchte der Mut. *adusta*, Querschnitt, c – Früchte der Mut. *ovate*[2] (nat. Gr.)

Mutanten 2–3 Karpelle je Frucht auf. Die meisten Mutanten der Sorte 'Condine Red' zeichnen sich dagegen – wie ihre Ausgangssorte – durch eine Karpellzahl von 3–4 aus (Abb. 88b). Fast allen gemeinsam ist die bei den Ausgangssorten ebenfalls vorkommende relativ breite (Abb. 88a), kugelförmige bis flachrunde Fruchtform und die rote Fruchtfarbe.

Nur sehr wenige Mutanten des Gaterslebener Sortimentes sind durch eine veränderte Fruchtform charakterisiert. So bilden die Mutanten *cochlearis*, *dwarf*^{immuna} und *cana* hochrunde Früchte aus. Die Fruchtform der Mutante *ovate*^{2} (Abb. 88c und 89a) weicht durch ihren breit-elliptischen Umriß von der Normalform ab. Noch größere Längen-Breiten-Unterschiede treten bei einigen Mutanten auf, die eine pflaumenförmige bis schwach birnenförmige Frucht entwickeln. Hierzu zählen die Mutanten *oviformis*, *melongenoida*, *attenuata* und *prunoidea* (Abb. 89b). Mit großer Wahrscheinlichkeit besteht bei den erwähnten Mutantentypen einschließlich der Mutante *ovate*^{2} eine enge Korrelation zwischen der länglichen Fruchtform und einer geringen Fruchtblattzahl. Die Früchte dieser Mutanten bestehen nur aus je zwei Fruchtblättern. Sie zeigen damit starke Anklänge an die Wildtomate, *Lycopersicon pimpinellifolium*. Verlängerte Früchte bringt auch die Mutante *jointless-2* hervor (Rick, 1956a).

Mehr oder weniger flachrunde Früchte mit einer deutlichen Hervorwölbung der Ansatzstelle des Griffels sind besonders für die Mutante *beaked*^{3} (Abb. 89c) typisch. Ein ganz ähnliches Verhalten zeigt die Mutante *nippled* (Young, P. A., and J. W. Macarthur, 1947). Der gesamte Griffel bleibt an der Frucht der Mutante *persistent style* erhalten (Rick, 1966b).

Andere geringfügige Abweichungen stellen die radial verlaufenden Unebenheiten auf den Früchten der Mutante *stamenless* dar, die als die Reste der mit dem Fruchtknoten kongenital verwachsenen Stamina anzusehen sind (Bishop, 1954). Ungewöhnliche Früchte bringt auch die Mutante *peach* hervor, deren Fruchtepidermis behaart ist (Butler, 1952b). Die Früchte einer anderen Form, *corky fruit*, neigen zum Platzen. Die so freigelegten inneren Schichten des Perikarps, aber auch äußere Teile der Frucht werden braun und lederig (Lyall, 1965).

Eine Reihe Mutanten zeichnet sich durch eine veränderte Anzahl der an der Fruchtbildung beteiligten Karpelle aus. Bei wenigen Formen ist die Zahl der Karpelle je Frucht nur schwach erhöht. Hierzu zählt die Mutante *elegans*, deren Früchte sich oft aus 5, nicht selten aber auch aus 4 oder 6 Karpellen zusammensetzen. Wesentlich stärker sind dagegen im Gaterslebener Mutantensortiment solche Mutanten vertreten, die eine bedeutend erhöhte Karpellzahl aufweisen. Die Früchte dieser Mutanten setzen sich aus 6–8 und mehr Karpellen zusammen. Sehr häufig sind die Karpelle an der Spitze dieser Früchte nicht miteinander verwachsen, sondern geben einen Raum für weitere Karpelle frei, die offensichtlich einem anderen Fruchtblattwirtel angehören (Abb. 90). Diese zusätzlichen Bildungen, die den zentralen Raum der Beere einnehmen, sind kleiner und – wie Querschnitte zeigen – höher an der Blütenachse inseriert als die mehr peripher auftretenden Fruchtblätter.

Abb. 89. a – Früchte der Mut. *ovate*[2], Querschnitt, b – Früchte der Mut. *prunoidea*, c – Früchte der Mut. *beaked*[3] (nat. Gr.)

Unter den Mutanten mit zahlreichen Karpellen je Frucht sind solche zu finden, deren Früchte ungegliedert bis wenig gerieft sind, so daß sich die einzelnen Fruchtblätter nach außen nicht gegeneinander abgrenzen. Hierzu zählen die Mutanten *applanata, clausa* (Abb. 91 a und b), *fertilis, grandifructa, penetrabile, praecox, procera* und *torosa.* Daneben gibt es Formen, deren einzelne Karpelle durch eine stärkere Furchung auf der Außenseite der Frucht gegeneinander abgesetzt sind. Dieses trifft für die Mutanten *jugata, jugata*[2], *multiplicata* und *polylopha* zu (Abb. 92a und b). Zu den Genen, die eine Fruchtriefung bedingen, zählt auch das Gen *grooved* (Zielinski, 1948).

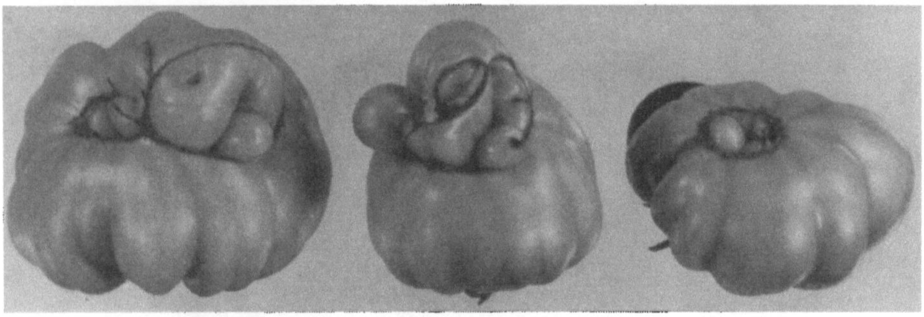

Abb. 90. Früchte der Mut. *multiplicata* (nat. Gr.)

Weitere Formen mit aus einer Vielzahl von Karpellen zusammengesetzten Früchten stellen die Mutanten *fasciated fruit* (Butler, 1952 b) und *control locule number* (Zielinski, 1948) dar. Nicht selten ist diese Erscheinung mit einer mehr oder weniger starken Tendenz zur Apokarpie gekoppelt. Dieses kommt nur schwach bei der Mutante *exserted carpels* zum Ausdruck, bei der zuweilen ein einzelnes Karpell mit Ausnahme der Basis frei entwickelt ist (Young, P. A., 1956 a). Extrem apokarpe Früchte bringt dagegen neben anderen die Mutante *apocarpous* hervor (Guard, 1945).

Eine ganze Reihe, die Karpellanzahl kontrollierender Gene bewirkt eine geringe Zahl von Karpellen je Frucht. Zu diesen zählen neben den bereits oben erwähnten zweikarpelligen Formen weiterhin die Mutanten *Locule reduction* (Young, P. A., and J. W. Macarthur, 1947) und *locule number reduced* (Young, H. W., 1958). Eine Extremform stellt in dieser Hinsicht die Mutante *cabbage* dar, die neben zweikarpelligen Früchten nicht selten einkarpellige hervorbringt (Lesley, J. W., and M. M. Lesley, 1952).,

Wie bereits im Hinblick auf die Wuchsformmerkmale festgestellt werden konnte, treten bei der Wildart *Lycopersicon pimpinellifolium* auch hinsichtlich des Fruchtbaues Mutanten auf, die morphologisch zu den Früchten von *Lycopersicon esculentum* vermitteln. Eine solche Form stellt die Mutante *polylopha-2* dar, deren Früchte aus zahlreichen Karpellen zusammengesetzt sind. Auch die Früchte dieser Mutante bilden zuweilen einen zusätzlichen Fruchtblattkreis aus, der auch äußerlich sichtbar sein kann.

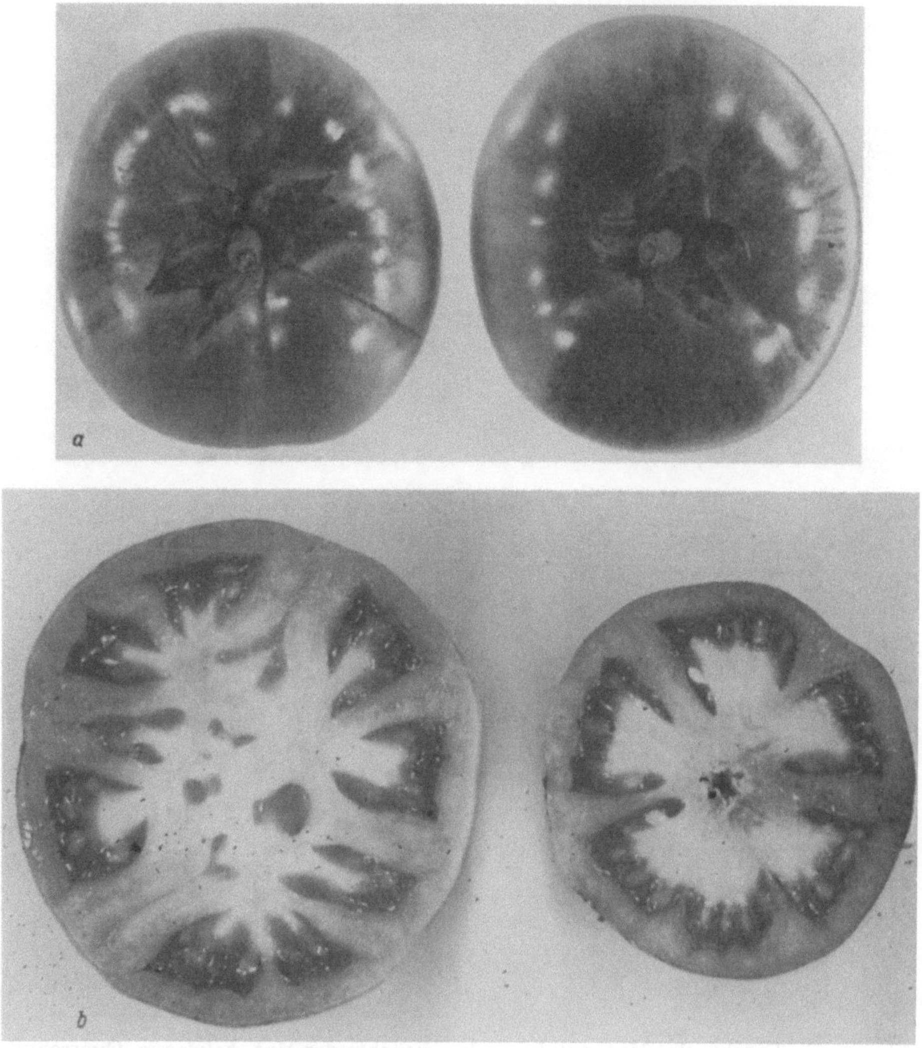

Abb. 91. a – Früchte der Mut. *clausa*, b – Früchte der Mut. *clausa*, Querschnitt (nat. Gr.)

Darüber hinaus ist bei den Mutanten von *Lycopersicon esculentum* eine Vielzahl von Unterschieden in der Fruchtgröße ausgeprägt, die wahrscheinlich zum Teil mit der geringeren Wuchsstärke verschiedener Mutanten in Zusammenhang stehen oder als Störungen in der Fruchtbildung aufzufassen sind. Da zur Erfassung der Fruchtgrößenunterschiede umfangreiche statistische Untersuchungen notwendig würden, muß auf die Analyse dieses Merkmalskomplexes verzichtet werden.

Betrachtet man die durch Mutation veränderten Fruchtmerkmale, so lassen sich zwei Merkmalsgruppen unterscheiden. In einem Falle handelt es sich um rein chemische, die Inhaltsstoffe betreffenden Merkmale, von denen insbe-

Abb. 92. a – Früchte der Mut. *polylopha*, b – Früchte der Mut. *polylopha*, Querschnitt (nat. Gr.)

sondere vielfältige mutationsbedingte Änderungen der Fruchtfarbe bekannt wurden. Eine zweite Merkmalsgruppe umfaßt die Mutanten mit Veränderungen der morphologischen Fruchteigenschaften. Relativ selten konnten hier Unterschiede in der Fruchtstielform und der Fruchtbehaarung festgestellt werden. Dagegen sind eine ganze Reihe von Mutanten bekannt, die die äußere Fruchtform, die Zahl der Karpelle je Frucht und den Verwachsungsgrad der Karpelle betreffen. Die Fruchtform ist dabei in starkem Maße von der Karpellanzahl abhängig, so daß beide Merkmale eng miteinander korreliert sind.

VII. Weitere durch Genmutation veränderte Merkmalsgruppen

Auf eine Reihe weiterer Merkmalsänderungen, die entweder nur von wenigen Mutanten bekannt sind oder sich häufig auf mehrere Organe beziehen, soll hier näher eingegangen werden.

Ein relativ selten mutiertes Merkmal ist das Indument der Blätter und Sproßachsen. Seithe (1962) analysierte die Haararten der mit *Lycopersicon* eng verwandten Gattung *Solanum*. Von den hier gefundenen Haartypen treten bei den Ausgangsformen des Mutantensortimentes insbesondere die „Fingerhaare", die „Einzelldrüsenhaare", die „Mehrzelldrüsenhaare" und die „Stacheln" auf. Im wesentlichen lassen sich bei *Lycopersicon esculentum* vier Haarformen unterscheiden:

1. lange Haare mit einzelliger Basis („Fingerhaare")
2. lange Haare, deren Basis eine Emergenz ist („Dornen")
3. kurze Haare mit einzelliger Basis („Fingerhaare")
4. Drüsenhaare. Diese sind ebenfalls relativ kurz, besitzen eine einzellige Basis und enden in einem meist vierzelligen („Mehrzelldrüsenhaare"), seltener einzelligen Drüsenkopf („Einzeldrüsenhaare").

Innerhalb des Gaterslebener Mutantensortimentes fällt besonders die Mutante *hairless* auf, deren Indument kürzer und dichter ist. Durch eine geringere Haargröße ist auch die Mutante *singed* unterschieden, deren Haare aber außerdem gekrümmt und verdreht sind (Lesley, J. W., and M. M. Lesley, 1961). Weitere Veränderungen dieses Merkmals treten bei der Mutante *Hairs absent* auf. Die Sproßachsen dieser Mutante sind kahl (Butler, 1952b). Eine Zunahme der Dichte der langen Haare ist bei der Mutante *Hirtum* ausgeprägt (Rick, 1962c). Verlängerte Haare auf der Blattoberfläche wurden bei der Mutante *Hirsute* beobachtet (Rick and Khush, 1965). Bei der Mutante *villous* ist die gesamte Pflanze zottig behaart (Butler, 1952a). Eine Reduktion der Haaranzahl mit Ausnahme der Drüsenhaare ist bei der Mutante *Lapageria* ausgeprägt (Rick, 1964). Eine extreme Behaarung zeichnet die Mutante *Woolly* aus und bedingt eine grau- bis weißfilzige Oberfläche der Sproßachsen und Blätter. Lange Haare mit einzelliger Basis werden hier kaum ausgebildet. Die zahlreichen kurzen Haare dieser Mutante sind häufig verzweigt. Dieses Merkmal kann gewöhnlich nur an den Heterozygoten beobachtet werden, da die Homozygoten letal sind (Butler, 1955).

Relativ selten – wenn man von den Tomatenfrüchten absieht – sind Unterschiede hinsichtlich der Inhaltsstoffe untersucht worden. Zu den wenigen Beispielen zählt die Mutante *thiaminless*, deren Thiaminbildung durch die gehemmte Pyrimidinsynthese gestört ist (Langridge and Brock, 1961a). Die auch morphologisch stark veränderten Pflanzen konnten von den erwähnten Autoren durch Thiamingabe völlig normalisiert werden. Ein niedriger Säuregehalt der Früchte ist durch das Gen *low acid* bedingt (Walkof and Hyde, 1963b). Unterschiede im Askorbinsäuregehalt der Früchte fand Baudisch (1963, 1967) bei den Mutanten des Gaterslebener Sortimentes. Bei einem Teil der Gaterslebener Mutanten wurden qualitative und quantitative Unterschiede im Alkaloidgehalt festgestellt (Schreiber et al., 1961; Schreiber 1963). Auch die Mutante *Odorless*, der der typische Tomatengeruch teilweise oder vollständig fehlt, ist dieser Merkmalsgruppe zuzurechnen (Rick and Dempsey, 1960).

Ein relativ auffälliger Inhaltsstoff der Tomate ist das in der Sproßachse und dem Blatt vorkommende Anthozyan. Einigen Mutanten, bei denen die Anthozyansynthese offenbar beeinträchtigt ist, fehlt dieser Farbstoff. Einige Formen, bei denen der Anthozyanverlust besonders für die Sproßachse des jungen Sämlings beschrieben wurde, sind die Mutanten *entirely anthocyaninless* und *anthocyanin omitted* (Burdick, 1959). Nur eine Spur Anthozyan, die sich aber bald verliert, wurde in dem Hypokotyl der Mutante *incomplete anthocyanin* beobachtet (Burdick, 1959). Bei der Mutante *anthocyanin loser* geht die zunächst rötliche Färbung des Hypokotyls erst nach 10 bis 21 Tagen zurück (Butler, 1952b). Die Sproßachsen der Mutante *anthocyanin gainer* bleiben auch bei Wassermangel grün, bei dem sonst die Unterseiten der Kotyledonen und Laubblätter eine rote Färbung annehmen (Butler, 1954a). Anthozyanfrei sind weiterhin die Mutanten *Hofman's anthocyaninless* (Rick, 1958a), *anthocyanin-free* (Burdick, 1958), *anthocyanin-minus*, *without anthocyanin* (Burdick, 1960) und *anthocyaninless* (Butler, 1952b). Im Gegensatz hierzu ist der Anthozyangehalt – verglichen mit der Ausgangsform – bei der Mutante *atroviolaceum* bedeutend erhöht (Rick, 1963b).

Ein bei zahlreichen Mutanten veränderter Merkmalskomplex ist die Blattfärbung. Da es nicht möglich ist, in diesem Rahmen auf sämtliche bekannten Veränderungen dieser Art einzugehen, sollen nur einige charakteristische Beispiele behandelt werden.

Nur in seltenen Fällen ist das normale Grün der Laubblätter noch weiter gesteigert, so bei den tief dunkelgrünen Blättern der Mutante *dwarf*^{crispata}. Meist bestehen dagegen die Veränderungen der Blattfarbe von Tomatenmutanten in einer Aufhellung der normal grünen Laubblattfarbe. Boynton (1966 a und b) fand bei den Mutanten *sparsa*, *tenuis* und *thiaminless*, daß hier die Aufhellung der Blätter mit der Bildung und Umwandlung von Thiamin in Zusammenhang steht. Dabei wurde festgestellt, daß bei den Mutanten *sparsa* und *thiaminless* die Biosynthese der Pyrimidinvorstufe blockiert ist, während bei der Mutante *tenuis* die Umwandlung von Thiamin in Thiaminpyrophosphat eine Störung erleidet. Elektronenmikroskopische Untersuchungen an verschiedenen chlorophylldefekten Mutanten ergaben, daß die Entwicklung der Mutanten-Chloroplasten auf unterschiedlichen Entwicklungsstufen gehemmt oder verändert sein kann (Döbel, 1959, 1964; Laudi, 1965). Diese Veränderungen bedingen in einigen Fällen die völlige Farblosigkeit der Blätter. Nicht selten beschränken sich die Verfärbungen nur auf ein bestimmtes Entwicklungsstadium der Pflanze. Ein großer Teil der Mutanten des Gaterslebener Sortimentes weist in der Grünfärbung schwache Veränderungen auf. Diese wurden bereits in einem anderen Kapitel erwähnt, so daß hier auf eine nochmalige Aufzählung verzichtet werden kann. Stärkere Aufhellungen der Blattfarbe zeigen z. B. die Mutanten *light green* (Butler, 1954c), *yellow-green-5* (Burdick, 1958), *gilva* (Gröber, 1959), *xantha* bis *xantha-5* (Gröber, 1963b), *Xanthophyllic-3* (Gröber, 1963a) und *sulfurea*^{pura} (Hagemann, 1958a), die sich sämtlich durch gelbgrüne Blattorgane auszeichnen. Nicht immer ist die Verfärbung am ganzen Blatt einheitlich. Dieses zeigt sich auch an der Mutante *reticulate virescent*, bei der die Nervatur dunkler, die Interkostalfelder dagegen hellgrün gefärbt sind (Robinson and Rick, 1953). Ebenso beschränkt sich bei der Mutante *netted* die Grünfärbung auf die unmittelbare Umgebung der Blattadern (Burdick, 1958). Auch gleichartige Blatteile können unterschiedlich gefärbt sein. Dieses Verhalten führt z. B. bei der Mutante *sulfurea*^{variegata} zu einer Grün-Gelbscheckung der Laubblätter (Hagemann, 1958 b). Bei einer Reihe von Chlorophyllmutanten ist die Färbung abhängig vom Entwicklungszustand des Blattes. So sind bei den Mutanten *impedita*^{distincta} und *impedita*^{exigua} nur die jungen Blätter hellgrün gefärbt. Auch die Mutante *yellow tip* entwickelt die stärksten Farbabweichungen an den Sproßspitzen (Rick and Dempsey, 1965). Einige weitere Mutanten zeigen ebenfalls an den jungen Blattorganen chlorotische Erscheinungen. Die späteren Entwicklungsstadien sind dagegen durch eine mehr oder weniger starke Abschwächung der Chlorose gekennzeichnet. Zu diesen Formen zählen die Mutanten *virescent tangerine* (Lesley, J. W., and M. M. Lesley, 1956 b), *white virescent* (Rick, 1960 b), *yellow virescent*, *dwarf virescent* (Robinson and Rick, 1953) und *virescent-2* (Kerr, 1962). Nur der Basalteil der im Jugendstadium befindlichen Laubblätter ist bei der Mutante *sonny* gelb gefärbt (Burdick, 1959).

Ein weiterer Chlorophyllverlust führt zu weißen Formen, wie sie die Mutanten *albina* bis *albina-3* darstellen (Gröber, 1963 b).

Ein großer Teil der chlorophylldefekten Mutanten ist letal bzw. subletal und kann oft nur durch Pfropfung auf eine grüne Normalform am Leben erhalten werden. Dabei behält die Pflanze gewöhnlich ihre mutantentypische Färbung bei, wie das bei der Mutante *sulfurea*^{pura} der Fall ist (Hagemann, 1958 a). Seltener, wie bei der Mutante *chloronerva*, ist dagegen eine phänotypische Normalisierung zu beobachten (Böhme and Scholz, 1961). Im Falle der

Mutante *xantha*-5 genügt es bereits, die Mutante optimalen Wuchsbedingungen auszusetzen (Machold and Gröber, 1964), um sie am Leben zu erhalten.

Anderer Art ist die veränderte Blattfärbung der Mutanten *rava* bis *rava*[3], die sich durch eine graue Blattfarbe auszeichnen. Ein ähnliches Aussehen haben die Mutanten *wilty dwarf* (Rick, 1952) und *palegreen* (Burdick, 1959).

Weitere Farbabweichungen kommen an den blaugrün gefärbten Blättern der Mutante *blue-green* (Lesley, J. W., and Turrell, 1958) und an den Mutanten *olivacea* und *Crispa*, deren Blätter olivgrün gefärbt sind, zur Ausbildung.

Ein weiteres, bei einer größeren Zahl von Mutanten auftretendes Merkmal ist die Nekrose. In der Mehrzahl der Fälle tritt sie an der Blattspreite in Erscheinung, aber auch die Blattrhachis oder die Sproßachse können davon betroffen sein. Dem Absterben der nekrotischen Gewebeteile geht gewöhnlich eine bräunliche Verfärbung voraus. Die toten Gewebeteile können zerfallen, so daß nekrotische Blätter häufig durchlöchert erscheinen. Auf nekrotische Erscheinungen bei einer Reihe von Mutanten des Gaterslebener Sortimentes wurde bereits in einem der vorausgegangenen Kapitel hingewiesen. Einige weitere Formen, deren Blätter nekrotische Erscheinungen aufweisen, sind die Mutanten *necrosis* (Butler, 1952 b) und *Necrotic* (Martin, 1961). Eine Temperaturabhängigkeit der Nekrose und anderer Symptome fanden Schroeder et al. (1964) bei der Mutante *necrodeformis*.

Ein hinsichtlich seiner Vererbung relativ gut erforschter Merkmalskomplex ist die Resistenz gegenüber einer Reihe von Krankheiten. So sind zwei dominant vererbende Gene bekannt, die bei der Tomate die Resistenz gegenüber Tabakmosaikvirus bedingen (Phillip et al., 1965; Soost, 1958; Holmes, 1954). Resistenz gegenüber der *Verticillium*-Welke bedingen die Gene *Verticillium resistance* (Schaible et al., 1951) und *Virescent*-3 (Lesley, J. W., and M. M. Lesley, 1965). Empfänglichkeit gegenüber der Rasse T_1 von *Phytophtora infestans*, aber Resistenz gegenüber anderen Rassen der Krautfäule kennzeichnet die Mutante *Phytophtora infestans (race* T_1*) susceptibility* (Gallegly and Marvel, 1955).

Die Resistenz gegenüber dem eine Blattfleckung und -rollung bewirkenden „*tomato spotted wilt*"-Virus kann durch verschiedene Gene bewirkt werden. Bisher sind ein dominant vererbendes und drei rezessiv vererbende *spotted wilt resistance*-Gene bekannt geworden (Finlay, 1953). Als weitere Resistenzformen sind die Mutanten *Immunity to Fusarium lycopersici* (Young, P. A., and J. W. Macarthur, 1947) und *Stemphylium resistance* (Hendrix and Frazier, 1949) zu erwähnen. Die Mutante *Alternaria resistance* zeichnet sich durch Resistenz gegenüber der Dürrfleckenkrankheit aus, und die Mutante *Septoria resistance* ist gegenüber der *Septoria*-Blattfleckenkrankheit immun (Young, P. A. and J. W., Macarthur, 1947). Das Gen *Meloidogyne incognita resistance* ist die Ursache für die Resistenz gegenüber Wurzelälchen (Gilbert and McGuire, 1955, 1956).

Durch vier verschiedene dominante Gene wird die Resistenz gegenüber *Cladosporium fulvum*, der Braunfleckigkeit, bestimmt (Butler, 1952 b; Kerr and Bailey, 1964). Von besonderem Interesse erscheint das unterschiedliche Wirkungsspektrum der einzelnen Gene gegenüber den 10 bisher bekannten Rassen von *Cladosporium fulvum* (Butler, 1952 b; Bailey and Kerr, 1964).

Die Untersuchungen zeigen, daß von nahezu sämtlichen Merkmalsbereichen der Tomatenpflanze Mutationen bekannt sind und es offenbar nur eine Frage der Untersuchungsmethodik ist, ob Mutationen eines bestimmten Merkmals aufgefunden werden.

VIII. Merkmalsvergleich bei Allelmutanten

Das untersuchte Sortiment enthält eine Reihe von Mutanten, die hinsichtlich ihres mutierten Gens miteinander übereinstimmen. Diese Allelmutanten – soweit sie aus der gleichen Ausgangssorte hervorgegangen sind – gestatten einen Vergleich der durch Allelie bedingten Merkmalsunterschiede.

Bei einem Vergleich der beiden aus der Sorte 'Condine Red' hervorgegangenen Mutanten *beaked*^{2} und *beaked*^{3} ergibt sich eine schwache aber deutliche Förderung des Verzweigungssystems von *beaked*^{2} gegenüber der allelen Mutante. Hinsichtlich der Blattform treten ebenfalls nur geringfügige Unterschiede auf.

Sehr starke Wuchsformunterschiede zeigen dagegen die ebenfalls aus der Sorte 'Condine Red' hervorgegangenen Mutanten *dwarf*^{immuna} und *dwarf*^{crispata}. Die Mutante *dwarf*^{crispata}, die bedeutend kleiner ist als die Allelform, ist gegenüber *dwarf*^{immuna} außerdem durch eine stark verringerte Anzahl von Seitentrieben 1. Ordnung charakterisiert. Ebenso deutlich ausgeprägte Unterschiede weisen die Laubblätter der beiden Mutanten auf. Während das Laubblatt der Mutante *dwarf*^{immuna} hinsichtlich seiner Grobgliederung weitgehend der Ausgangssorte gleicht, fehlen dem Laubblatt der Mutante *dwarf*^{crispata} die Fiedern des 4. Fiederjochs und die kleinen Zwischenfiedern zwischen dem 1. und 2. sowie dem 2. und 3. Fiederjoch. Die großen Zwischenfiedern zwischen dem 2. und 3. Fiederjoch können hier ebenfalls in Wegfall geraten. Neben diesen größeren Abweichungen sind auch noch Unterschiede in der Fiederform vorhanden. Weiterhin sind die Infloreszenzen gegenüber der Vergleichsform verkürzt und die Blüten deutlich kleiner.

Von den beiden aus der Sorte 'Rheinlands Ruhm' hervorgegangenen Mutanten *detrimentosa* und *detrimentosa*^{2} zeichnet sich die erstere durch einen nur etwas schwächeren Wuchs und eine etwas verstärkte Bildung von Seitentrieben 2. Ordnung aus. Die Blätter der beiden Allelformen sind annähernd gleich.

Deutlicher unterscheiden sich die aus der Sorte 'Condine Red' hervorgegangenen Mutanten *impedita*^{distincta} und *impeaita*^{exigua} in ihrer Größe. Die Mutante *impedita*^{exigua} ist dabei auffällig größer als die allele Form. Die Laubblätter der Mutante *impedita*^{exigua} weisen gegenüber der Allelmutante eine schwache relative Rhachisverkürzung und eine bedeutendere Größe auf.

Ebenfalls aus der Sorte 'Condine Red' sind die Mutanten *varia*^{virgata} und *varia*^{decolorata} hervorgegangen. Auch hier sind deutliche Größenunterschiede in der Wuchsform ausgeprägt, wobei sich die Mutante *varia*^{decolorata} durch kürzere Seitentriebe 1. Ordnung auszeichnet. In der Form der Laubblätter entsprechen sich beide Mutanten weitgehend. Deutliche, ebenfalls die Wuchsgröße betreffende Unterschiede, finden sich bei den zur Sorte 'Condine Red' gehörenden Mutanten *velutina* und *velutina*². Die Mutante *velutina*² ist von schwächerem Wuchs als die Vergleichsform. Ebenso sind ihre Laubblätter durch eine Fieder- und Rhachisverkürzung kleiner.

Diesen Allelmutanten steht eine andere Gruppe gegenüber, deren Mutanten aus verschiedenen Ausgangssorten hervorgegangen sind. Hier läßt sich eine eindeutige Entscheidung darüber, welche Merkmalsunterschiede durch die unterschiedliche Ausgangssorte oder durch allele Mutation bedingt sind, nicht mit Sicherheit treffen.

Dagegen zeigt sich recht deutlich, daß die Merkmale der Ausgangssorte auch bei den Mutanten in mehr oder weniger starkem Maße ausgeprägt sind. Diese Tatsache ist wenig überraschend, da bei sämtlichen vorliegenden Mutanten – wie durch das Kreuzungsexperiment nachgewiesen wurde (Stubbe, 1957, 1958, 1959 a, 1963 und 1964) – von der Vielzahl der vorhandenen Gene nur jeweils ein Gen mutierte. Der starke Einfluß der Ausgangssorte auf die Form der aus ihr hervorgegangenen Mutante zeigt sich bereits bei einem groben Vergleich der Mutanten der Sorte 'Condine Red' mit denen der Sorten 'Rheinlands Ruhm' und 'Lukullus'. Hierbei zeichnen sich die Mutanten der Sorte 'Condine Red' – wie ihre Ausgangssorte – im allgemeinen durch bedeutend kleinere Blätter und kleinere Sproßachsen aus als die übrigen Mutanten und ihre Ausgangssorten. Relativ gut werden diese Verhältnisse bei Allelmutanten verschiedener Ausgangssorten sichtbar.

Dem Vergleich dieser Allelmutanten soll nochmals eine kurze Charakteristik der wichtigsten Sortenunterschiede vorangestellt werden.

Besonders deutliche Merkmalsunterschiede treten bei den Wuchsformen der Ausgangssorten auf. Die kleinste der Ausgangssorten ist die Sorte 'Condine Red', deren schwache Wuchsformvariante sich durch eine Seitentrieblänge von etwa 70 cm auszeichnet (Abb. 46), während die Seitentriebe 1. Ordnung bei der stärkeren Wuchsformvariante etwa 1,50 m messen (Abb. 45). Im Gegensatz zu der kräftigen Wuchsformvariante, bei der die Seitenachsen 1. Ordnung aller drei Sorten zu stärkerer Verzweigung neigen, ist diese Erscheinung im Falle der schwachen Wuchsformvariante bei der Sorte 'Condine Red' besonders hervorzuheben. Eine weitere bemerkenswerte Eigenschaft der schwachen Wuchsformvariante dieser Sorte stellt die geringe relative Größe der Seitentriebe 2. Ordnung dar.

Durch eine mittlere Größe ist die Sorte 'Rheinlands Ruhm' charakterisiert, deren Seitenachsen 1. Ordnung bei der schwachen Wuchsformvariante 1,00 m (Abb. 64), bei der kräftigen Wuchsformvariante dagegen eine Länge von 1,50 m erreichen (Tafel 8). Die basalen Sympodialglieder der Seitenachsen 1. Ordnung neigen hier bei der schwachen Wuchsformvariante weniger stark zum Austrieb als bei der Sorte 'Condine Red'. Die Seitentriebe 2. Ordnung sind in ihrer

Längenentwicklung gegenüber ihren Mutterachsen, vor allem bei der kräftigen Ausprägungsform, stärker gefördert als bei 'Condine Red'. Trotz der unterschiedlichen Größe weisen die Sorten 'Condine Red' und 'Rheinlands Ruhm' hinsichtlich der Anzahl von Sympodialgliedern keine nennenswerten Unterschiede auf.

Die Cultivar mit der stärksten vegetativen Entwicklung ist die Sorte 'Lukullus'. Die bei der schwachen Ausprägungsform zu beobachtende durchschnittliche Seitentrieblänge von 1,30 m (Abb. 65) vergrößert sich bei der kräftigen Wuchsformvariante auf 1,50–2,00 m (Tafel 10). Trotz der anderen Größendimensionen ist auch bei dieser Sorte die Zahl der Sympodialglieder kaum verändert. Die Seitenachsen 2. Ordnung sind in noch stärkerem Maße als bei der Sorte 'Rheinlands Ruhm' relativ zu ihren Mutterachsen verlängert. Vergleicht man die basalen Sympodialglieder der schwachen Wuchsformvariante, so zeigt sich bei der Sorte 'Lukullus', ähnlich wie bei 'Rheinlands Ruhm', eine deutlich verringerte Verzweigungsintensität der Seitenachsen 1. Ordnung gegenüber der Sorte 'Condine Red'.

Ein im Jahre 1966 nochmals durchgeführter Wuchsformenvergleich der Ausgangssorten ergab gegenüber den beiden vorausgegangenen Jahren eine mittlere Wuchsstärke. Die relativen Größenunterschiede der drei Ausgangssorten zeigten keine Veränderung.

Eine ähnliche Größenabstufung wie bei den Wuchsformen findet sich auch bei den Laubblättern der drei Ausgangssorten. Auch hier entwickelt die Sorte 'Condine Red' (Abb. 9a) das kleinste Laubblatt. Die Blätter der Sorte 'Rheinlands Ruhm' sind in ihrer Größe etwas gesteigert (Abb. 17), während die Sorte 'Lukullus' die größten Laubblätter dieser Reihe entwickelt. In der Blattgliederung der drei Sorten sind nur geringe Unterschiede vorhanden. Durch relativ schmale und spitze Fiedern 2. Ordnung sind die Sorten ‚Condine Red' und 'Rheinlands Ruhm' gegenüber der Sorte 'Lukullus' ausgezeichnet. Die entsprechenden Fiedern der letzteren Sorte sind relativ breit und stumpf. Dagegen unterscheiden sich die Sorten 'Lukullus' und 'Rheinlands Ruhm' gegenüber 'Condine Red' durch eine deutlich stärker ausgeprägte Tendenz zur Reduktion der Fiedern des 4. Fiederjochs und der kleinen Zwischenfiedern zwischen dem 2. und 3. Fiederjoch. Hinsichtlich des Blütenbaues zeichnet sich die Sorte 'Lukullus' gegenüber den beiden anderen Formen durch eine verbreiterte Basis der freien Teile der Petalen aus, während die Sepalen der Sorte 'Rheinlands Ruhm' häufig gruppenweise miteinander verwachsen.

Wesentliche Unterschiede sind in bezug auf den Fruchtbau vorhanden. Den Sorten 'Lukullus' und 'Rheinlands Ruhm', deren Früchte sich aus 2–3 Karpellen zusammensetzen, steht die Sorte 'Condine Red' mit einer Anzahl von 3–4 Karpellen je Frucht gegenüber.

Betrachtet man die bei den Mutanten *deformis*² ('Condine Red') und *deformis* ('Rheinlands Ruhm') auftretenden Wuchsstärken, so ergeben sich nur unbedeutende Unterschiede. In der Blattgröße bleiben die bei den Ausgangssorten auftretenden Relationen gewahrt. Ebenso zeigen sich in der Anzahl der Karpelle keine Unterschiede zu der jeweiligen Ausgangssorte.

Ein anderes Wuchsverhalten ist bei den Mutanten *fruticosa*^{hemiglobosa} ('Condine Red') und *fruticosa*^{abbreviata} ('Rheinlands Ruhm') ausgeprägt. Die Mutante *fruticosa*^{hemiglobosa} ist hier deutlich kleiner als die allele Mutante, so daß die relativen Größenunterschiede denen der Ausgangssorten entsprechen. Die Blätter der Mutante *fruticosa*^{abbreviata} sind ebenfalls größer als bei der allelen Vergleichsform und relativ zu der Größe ihrer Seitenfiedern verlängert. Die Zahl der Karpelle entspricht denen der jeweiligen Ausgangssorte. Die Infloreszenzen beider Mutanten haben eine starke Verkürzung erfahren.

Bei den Mutanten *fulgens* ('Condine Red') und *fulgens*^{2} ('Rheinlands Ruhm') ist ebenfalls der Wuchs der letzteren Mutante gegenüber der allelen Form gefördert. Die Laubblätter der beiden Mutanten entsprechen auch hinsichtlich ihrer Blattgröße der jeweiligen Ausgangssorte. Die Anzahl der Karpelle unterscheidet sich ebenfalls nicht von denen der zugehörigen Ausgangsform.

Keine Unterschiede hinsichtlich der Wuchsstärke konnten bei den Mutanten *marmorata* ('Condine Red') und *marmorata*^{2} ('Rheinlands Ruhm') beobachtet werden. Ebenso unterscheiden sich die Laubblattformen nur schwach durch die bereits zwischen den Ausgangssorten auftretenden Größenunterschiede. Die Zahl der Karpelle ist gegenüber der zugehörigen Ausgangssorte unverändert.

Die Mutanten *pulvinata*^{2} ('Condine Red') und *pulvinata* ('Rheinlands Ruhm') zeichnen sich durch eine entsprechend den Ausgangssorten unterschiedliche Wuchsstärke aus. Die Blätter der Mutante *pulvinata*^{2} ('Condine Red') sind wie bei der Ausgangssorte kleiner als die der Allelmutante. Außerdem sind die als Fiederzähne erscheinenden getarnten Fiedern 2. Ordnung bei der Mutante *pulvinata*^{2} relativ verkürzt. Die Zahl der Karpelle bei den Mutanten entspricht denen der Ausgangssorten.

Vergleicht man die Mutanten *trifoliate*^{2} ('Condine Red') und *trifoliate*^{3} ('Rheinlands Ruhm') hinsichtlich ihres Wuchsverhaltens, so findet man bei der aus der Sorte 'Rheinlands Ruhm' hervorgegangenen Mutante zwar eine erhöhte Zahl von Seitentrieben 2. Ordnung, im Hinblick auf die Länge der Seitentriebe 1. Ordnung ist jedoch die Mutante trifoliate^{2} ('Condine Red') eindeutig gefördert. Die Blätter beider Mutanten sind von annähernd gleicher Größe. Die hinsichtlich der Fiederung stark reduzierten Laubblätter der Mutante *trifoliate*^{3} neigen etwas stärker zur Ausbildung einzelner Fiedern des 2. Fiederjochs als die der allelen Form. Auch bei diesen Mutanten treten die charakteristischen Karpellzahlen der Ausgangssorten auf.

Die Mutanten *globosa* ('Condine Red') und *globosa*^{2} ('Lukullus') unterscheiden sich kaum in der Wuchsstärke. Die relativ zu ihrer Fiederlänge verkürzten Laubblätter der Mutante *globosa* ('Condine Red') sind kleiner als die Blätter der Vergleichsform. Die Zahl der Fruchtblätter entspricht den Ausgangssorten.

Bei einem Wuchsformvergleich der Mutanten *jugata* ('Condine Red') und *jugata*^{2} ('Lukullus') zeigt sich eine schwache aber deutliche Wuchsförderung der Mutante *jugata*². Die Laubblätter der Mutante *jugata*² unterscheiden sich von der Vergleichsform durch relativ stumpfe Zwischenfiedern und Seitenfiedern 1. und 2. Ordnung. Die Zahl der Karpelle beider Mutanten ist gegenüber den Ausgangssorten bedeutend erhöht, und Königsblüten treten gehäuft auf.

Die Mutanten *rigidula* ('Condine Red') und *rigidula*² ('Lukullus') zeigen in ihrer Wuchsstärke schwache, den Ausgangssorten entsprechende Unterschiede. Die Mutante *rigidula* unterscheidet sich außer durch ihre geringere Blattgröße durch die relativ verkürzte Blattrhachis von der allelen Form. Die aus der Sorte 'Lukullus' hervorgegangene Mutante *rigidula*² ist dagegen durch die Verschmälerung der Zwischenfiedern und der Seitenfiedern 1. und 2. Ordnung gekennzeichnet. Die Anzahl der Karpelle ist bei beiden Mutanten nicht deutlich verschieden.

Ein Vergleich der Wuchsformen der Mutanten *torosa* ('Condine Red') und *torosa*² ('Lukullus') ist schwierig, da bei beiden von Pflanze zu Pflanze sehr unterschiedlich wirkende Wuchsstörungen auftreten. Vergleicht man die bei beiden Mutanten am stärksten ausgetriebenen Pflanzen, so ergibt sich eine annähernd gleiche Wuchsstärke. Die aus der Sorte 'Condine Red' hervorgegangene Mutante *torosa* unterscheidet sich von der Allelform hauptsächlich durch die Fähigkeit, an der Blattrhachis Sprosse auszubilden. Die Laubblätter der Mutante *torosa*² zeichnen sich dagegen durch relativ verschmälerte Fiedern 1. und 2. Ordnung aus. Die Früchte beider Mutanten setzen sich aus zahlreichen Karpellen zusammen. Weiterhin zeichnen sich beide Formen durch verarmte Blütenstände und ein gehäuftes Vorkommen von Königsblüten aus. Unterschiedlich bei beiden Mutanten sind die am 1. Blütenstand oftmals auftretenden abnormen Blütenbildungen. Bei der Mutante *torosa*² sind dabei Blüten entwickelt, deren Sepalen stark vergrößert, laubblattartig sind, während die Mutante *torosa* an der 1. Infloreszenz vereinzelt Blüten hervorbringt, die oberhalb des Gynäzeums nochmals Blätter in der Form von Kelchblättern ausbilden.

Die Mutanten *olivacea* ('Rheinlands Ruhm') und *olivacea*² ('Lukullus') zeigen bedeutende Unterschiede in der Wuchsgröße. Sowohl die schwächere als auch die kräftige Ausprägungsform sind bei der aus der Sorte 'Lukullus' hervorgegangenen Mutante *olivacea*² gegenüber der allelen Form bedeutend gefördert. Ebenso zeichnet sich die Mutante *olivacea*² durch ein etwas größeres Laubblatt raus. Die Anzahl der Karpelle entspricht den Ausgangssorten.

Ein den Ausgangssorten ähnliches Wuchsverhalten findet sich auch bei den Mutanten *suffulta*² ('Rheinlands Ruhm') und *suffulta* ('Lukullus'). Hierbei ist die Mutante *suffulta* in der Wuchsstärke gegenüber der Vergleichsform schwach, aber deutlich gefördert. Das Laubblatt von *suffulta* ist vor allem durch stumpfere Fiedern 2. Ordnung charakterisiert. Die Anzahl der Fruchtblätter ist – verglichen mit den Ausgangssorten – unverändert.

Den Abschluß soll ein Vergleich von drei allelen Mutanten bilden, deren jede einer der drei Ausgangssorten entstammt. Hier erweist sich die aus der Sorte

'Condine Red' hervorgegangene Mutante *rava* in ihrem Wuchs gegenüber den Mutanten *rava*[2] ('Rheinlands Ruhm') und *rava*[3] ('Lukullus') als schwach gehemmt. Die Mutanten *rava*[2] und *rava*[3] weisen eine annähernd gleiche Wuchsintensität auf. Die Laubblattgröße aller drei Mutanten ist annähernd gleich. Die verschmälerten Fiedern 1. Ordnung und der häufige Ausfall der kleinen Zwischenfiedern zwischen dem 2. und 3. Fiederjoch und der Fiedern des 4. Fiederjochs sind für sämtliche drei Allelformen typisch. Die Fiedern 2. Ordnung und Zwischenfiedern sind an der Spitze auffallend stumpf. Die Anzahl der Karpelle ist gegenüber der jeweiligen Ausgangssorte weitgehend unverändert.

Betrachtet man diese wenigen Beispiele, so zeigt sich einmal, daß allele Mutanten der gleichen Ausgangssorte einen hohen Grad an Unterschiedlichkeit erreichen können. Andererseits wird bei dem Vergleich der allelen Mutanten verschiedener Ausgangssorten deutlich, daß die Ausgangssorte die Ausprägung der mutierten Merkmale in starkem Maße mitbestimmen kann.

IX. Beeinflußbarkeit der Ausprägung von Mutantenmerkmalen

a) Merkmal und Umwelt

Eine der typischsten Eigenschaften der überwiegenden Zahl von Mutantenmerkmalen ergibt sich aus ihrer Veränderlichkeit, d. h. der starken Abhängigkeit von Umweltfaktoren hinsichtlich der Merkmalsausprägung. Auch Seyffert (1966) weist auf die starke Umweltabhängigkeit, vor allem metrischer Merkmale, hin. Da die Frage der Merkmalskonstanz für eine Systembildung im Mutantenbereich von besonderer Wichtigkeit ist, soll hierauf ausführlicher eingegangen werden.

Wenn bei den zahlreichen untersuchten Mutanten auch eine nicht geringe Zahl qualitativer Merkmale von den Witterungsunterschieden der einzelnen Anbaujahre nicht oder kaum berührt werden, so ist z. B. ein für die Unterscheidung der Mutanten so wichtiger Merkmalskomplex, wie ihn die Wuchsformen darstellen, hinsichtlich seiner Ausprägung in starkem Maße umweltabhängig. Ähnlich, wenn auch meist weniger stark beeinflußbar, sind z. B. Form, Farbe und Größe der Blätter.

Daneben werden auch bei anderen Tomatenmutanten vielfältige, stark umweltabhängige Merkmalsausprägungen beobachtet. So kann die gelblichgrüne Farbe der Mutante *Jaundiced* nur im Frühjahr, niemals dagegen im Sommer beobachtet werden (Rick, 1963a). Bei der Mutante *dwarf virescent* werden die stärksten Farbveränderungen durch hohe Temperaturen, starke Lichtintensität und hohe Stickstoffgaben bestimmt (Robinson and Rick, 1954). Unter Gewächshausbedingungen ist die Mutante *reticulate virescent* leicht von der Ausgangssorte zu unterscheiden. Unter Freilandbedingungen unterscheiden sich beide Formen dagegen nur wenig (Robinson and Rick, 1954). Eine der untersuchten Chlorophyllmutanten bildet unter Hungerbedingungen grüne Blätter (Sagromsky, 1961). In anderen Fällen bewirkt abgeschwächtes Licht (Sagromsky, 1956a) oder Kalimangel in Verbindung mit hohen Stickstoffgaben die Ergrünung (Sagromsky, 1956b). Döbel (1959) stellte bei verschiedenen Chlorophyllmutanten eine starke Abhängigkeit der Chloroplastendegeneration von den Umweltbedingungen fest. Die sich unter winterlichen Gewächshausbedingungen durch junge aufgehellte Blätter auszeichnende Mutante *virescent-2* ist unter sommerlichen Feldbedingungen nicht von der Normalform zu unterscheiden (Kerr, 1962). Anders verhält sich die gelbgrüne Mutante *field yellow*, die unter Gewächshausbedingungen keine Unterschiede zu den grünen Normalformen aufweist (Rick, 1966b).

Ein Einfluß der Umweltfaktoren auf die Anthozyanbildung wurde bei der Mutante *Punctate* gefunden. Die Anthozyanfärbung in den Basalzellen der langen Trichome tritt nur bei sehr niedrigen Temperaturen in Erscheinung (Rick, 1966b). Ebenfalls stark temperaturabhängig ist die Ausprägung der mutantentypischen Merkmale bei der Mutante *necrodeformis* (Schroeder et al., 1964). Die Ausbildung von chlorotischen Flecken ist bei der Mutante *mottled-2* temperaturabhängig (Burdick, 1958). Temperaturabhängigkeit der Korollenausbildung wird bei der Mutante *variable malesterile* beobachtet (Rick and Boynton, 1965).

Eine extreme Hemmung des Internodienwachstums bewirkt eine hohe Lichtintensität bei der Mutante *sun dwarf* (Rick, 1956c). Der für die Mutante *brittle* unter Feldbedingungen charakteristische Wachstumsstillstand sowie Blüten- und Blattabfall tritt nicht bei niederen Temperaturen auf. Hier kommt es zur Ausbildung normaler Triebe (Wall and Andrus, 1959). Auch die unter sommerlichen Wuchsbedingungen subletale Mutante *brittle stem* ist unter winterlichen Gewächshausbedingungen der Normalform stärker angenähert (Wall and Andrus, 1962). Die erwähnten Autoren fanden einen geringeren Borgehalt in den Blättern der Mutante als bei den Normalformen. Daraus leiten sie die Annahme ab, daß die günstigeren Wuchsbedingungen zur schnelleren Erschöpfung der geringeren Borvorräte und in der Folge zur Ausbildung der mutantentypischen Merkmale führen.

Eine außerordentlich starke Umweltabhängigkeit zeigt das Gen *Subsistens* im heterozygoten Zustand. Die durch Umwelteinflüsse ausgelöste Verschiebung des Dominanzgrades ermöglicht eine sehr unterschiedliche Beeinflussung des Verzweigungssystems, die von extremer Eintriebigkeit bis zu fast normalem Wuchs reichen kann (Endlich 1959a).

b) Merkmal und Genmilieu

Ein weiterer bedeutender, die Mutantenmerkmale beeinflussender Faktor ist das Genmilieu. Bereits in einem anderen Zusammenhang konnte darauf hingewiesen werden, in welchem Umfang die Gene der Ausgangssorte die Merkmale der Mutante mitbestimmen. Darby (1965) beobachtete einen starken Einfluß des Genmilieus auf die Merkmalsausprägung des Gens *baby lea syndrome.* Ähnliche Beobachtungen machte auch Williams (1960) bei dem Gen *lateral suppressor.* Sehr aufschlußreich sind in diesem Zusammenhang Untersuchungen von Stettler und Imber (1966). Die Autoren führten verschiedene mutierte Gene in unterschiedlicher Kombination in ein jeweils gleiches Genmilieu (Sorte 'Marglobe') ein. Diese Versuche bestätigten, daß sich aus der Kenntnis der Genwirkung zweier Einzelgene nicht in jedem Falle Schlüsse hinsichtlich ihres Zusammenwirkens ziehen lassen. So können zwei Gene, deren jedes für sich allein die Ausbildung von Fiederblättern bedingt, in ihrer kombinierten Wirkung zur Ausbildung von ungeteilten Blättern führen. Es läßt sich leicht vorstellen, welchen Einfluß unterschiedliche Ausgangssorten haben können, bei denen man annehmen kann, daß sie sich zumeist in mehreren Genen voneinander unterscheiden, ihr Einfluß auf ein mutiertes Gen also noch vielfältiger ist. Andererseits verdeutlichen diese Versuche, daß sehr unterschiedliche Genkombinationen auch gleiche Formen hervorzubringen vermögen. Auch diese Tatsache zeigt, wie wichtig die Berücksichtigung der Ausgangssorte für die Beurteilung einer Form ist. Ähnliche Versuche wurden auch von P. A. Young (1962) und Jenkins (1963) durchgeführt. Eine unvermutete Erhöhung der Blütenzahl fand Williams (1958a) durch den Einfluß zwei verschiedener Gene auf das Gen *lateral suppressor*.

c) Merkmal und Ploidiegrad

Welchen Einfluß der Ploidiegrad auf die Ausbildung eines Mutationsmerkmals haben kann, zeigen Untersuchungen über den Dosiseffekt des *Lanceolate* Gens (Stettler, 1963). Hierbei wurden in tri- und tetraploide Pflanzen eine steigende Zahl von *Lanceolate*-Genen eingeführt. Mit ansteigendem *Lanceolate*-Genanteil konnten zunehmende Veränderungen im vegetativen und reproduktiven Bereich der Pflanzen festgestellt werden. Arbeiten von Mathan und Cole (1964) zeigen, daß das *Lanceolate*-Gen einen Aktivitätsanstieg einiger oxydativer Enzyme bewirkt. Die Autoren vermuten, daß diese Enzyme über eine Eiweißinaktivierung einen Einfluß auf die Mutantenmerkmale ausüben.

Alle diese Erörterungen weisen darauf hin, daß der überwiegende Teil der differenzierenden Mutantenmerkmale eine außerordentlich hohe, mit den Differenzierungsmerkmalen der meisten systematischen Kategorien nicht vergleichbare Umweltabhängigkeit besitzt. Man kann sagen, daß für die Mehrzahl der Mutantenmerkmale und damit auch der die einzelnen Mutanten voneinander unterscheidenden Differenzierungsmerkmale ein hoher Grad von Umweltabhängigkeit geradezu charakteristisch ist. Sowohl die edaphischen und klimatischen Faktoren als auch das Genmilieu können in beachtlichem Maße die Ausprägung der Differenzierungsmerkmale beeinflussen.

X. Merkmalsähnlichkeit und Verwandtschaft

Wie die Merkmalsanalyse zeigt, ist die Mehrzahl der untersuchten Mutanten als Hemmungsformen anzusehen. Eine wesentlich geringere Zahl von Mutanten zeichnet sich dagegen durch progressive Merkmale aus. Die meisten – sowohl progressiven als auch regressiven – Merkmalsunterschiede tragen quantitativen Charakter. Einige Formen zeigen im Hinblick auf die Gattung *Lycopersicon* jedoch qualitativ völlig neuartige Merkmale. Hier sei insbesondere auf die Gegenfiederbildung der Mutante *clausa*, die beblätterten Infloreszenzen verschiedener Mutanten, die ungeteilten Blätter der Mutante *Lanceolate*, die Blütenlosigkeit einiger Mutanten, auf die Einblütigkeit der 1. Infloreszenz von *torosa*^{2}, die Apokarpie der Mutante *apocarpous* und eine Reihe weiterer Mutanteneigenschaften hingewiesen.

Aus den vorliegenden Untersuchungen ergeben sich einige Schlußfolgerungen für die taxonomische Beurteilung phylogenetischer Zusammenhänge bei infraspezifischen Sippen. Es liegt nahe, bei der Einschätzung von Verwandtschaftsbeziehungen morphologischen Merkmalen eine wesentliche Bedeutung beizumessen. Es konnte nachgewiesen werden, daß zahlreiche verschiedene Gene ähnliche Merkmalsänderungen bedingen, was bedeutet, daß eine Bevorzugung morphologischer Eigenschaften zu Fehldeutungen des Verwandtschaftsgrades führen kann. Diese Tatsache verdient vor allem dort Berücksichtigung, wo Merkmale von der Qualität der Mutantenmerkmale für die Bestimmung des Verwandtschaftsgrades unterschiedlicher Sippen herangezogen werden. Hieraus folgt, daß die Morphologie bei der Untersuchung bestimmter Abstammungsprobleme dringend der Ergänzung durch die genetische Analyse bedarf. Diese Feststellung bezieht sich in der Hauptsache auf die niederen systematischen Einheiten, da sich die Sippen höherer Ordnung durch derart große Merkmalsabweichungen unterscheiden, daß deren Wiederholung relativ unwahrscheinlich ist.

Ein Vergleich der vorliegenden Mutanten macht weiterhin deutlich, daß die Merkmalsänderungen an homologen Organen bei den Mutanten von sehr unterschiedlichem Ausmaß, d. h. von sehr unterschiedlicher Intensität sein können. Damit ist die Voraussetzung für die Bildung morphologischer Reihen gegeben. Eine derartige, durch unterschiedlich starke Veränderungen bedingte Abstufung homologer Merkmale läßt sich in allen gut untersuchten Merkmalsbereichen der Tomatenmutanten beobachten. Hieraus ergibt sich die Notwendigkeit sehr vorsichtiger Schlußfolgerungen bei der Wertung von Merkmalsreihen im Hinblick auf den Verwandtschaftsgrad niederer Sippen.

XI. Gruppenbildung bei Mutanten

a) Wertigkeit der Mutantenmerkmale

Betrachtet man die – im Hinblick auf das von der Mutation betroffene Organ, die Art und Intensität der Veränderung – sehr unterschiedlich ausfallenden Mutantenmerkmale, so ergibt sich ein ähnlich vielfältiges Bild, wie es bei Sippen einer beliebigen Rangstufe des Pflanzensystems beobachtet werden kann. Dennoch unterscheiden sich die meisten Mutanten durch Merkmale eigenen Charakters. Zahlreiche Mutanten entwickeln so geringe, nur quantitative Unterschiede, daß, würden sich diese Formen nicht durch das Kreuzungsexperiment als genetisch unterschiedlich erweisen, sie häufig nur als Modifikationen ein und desselben Typs angesehen würden. Die Mutantenmerkmale weichen in dieser Hinsicht in starkem Maße von den Differenzierungsmerkmalen der meisten systematischen Kategorien höherer Ordnung ab. Die größte Ähnlichkeit findet sich noch bei den niedersten Kategorien, den Varietäten und Formen. Bei Betrachtung einer Mutantenvielfalt drängt sich die Vermutung auf, daß die Merkmalsdifferenzen zahlreicher Varietäten und Formen gegenüber der Ausgangssippe durch einen einzigen Mutationsschritt bedingt sind, wie das auch von Ritter (1966) für die Form diskutiert wird.

Die Besonderheiten der überwiegenden Zahl von Mutantenmerkmalen bestehen vor allem in ihren relativ geringen, die einzelnen Mutanten gegeneinander abgrenzenden Formunterschieden, die mit Art-, Gattungs- oder Differenzierungsmerkmalen höherer Kategorien kaum verglichen werden können. Dieses schließt nicht aus, daß ein einziger Mutationsschritt in verschiedenen Fällen erhebliche Veränderungen hervorrufen kann, denen man den Wert von Gattungsmerkmalen beimessen könnte und die z. T. auch als Gattungs- oder Artcharakteristika angesehen werden (Stubbe, 1952; Gaul, 1963; Schwanitz, 1960; Gottschalk, 1964).

b) Möglichkeiten der Systembildung bei Mutanten

Es erhebt sich nun die Frage nach der Möglichkeit einer Systembildung bei Sippen mit derartigen Merkmalseigenschaften, wie sie bei Mutanten allgemein beobachtet werden können.

Je nach dem Grad der adäquaten Widerspieglung der natürlichen Verwandtschaftsverhältnisse einer Organismengruppe wird ein biologisches System als natürlich oder künstlich bezeichnet. Sämtliche systematischen Kategorien erlauben die Zusammenfassung zu künstlichen und natürlichen Gruppen. In beiden Fällen bedingen die Gruppierungen eine bessere Überschaubarkeit der Formenvielfalt. Andere Verhältnisse liegen bei den Mutanten vor. Die Darstellung der natürlichen Verwandtschaftsverhältnisse einer Mutantenvielfalt besteht im Falle der Tomatenmutanten in der gleichwertigen Unterordnung sämtlicher Mutanten unter eine als Ausgangsform bekannte Cultivar. Die aus einer Sorte hervorgegangenen Mutanten haben sich sämtlich durch einen einzigen Mutationsschritt von der gemeinsamen Ausgangsform entfernt, so daß alle zueinander im gleichen Verwandtschaftsverhältnis stehen, was eine natürliche Gruppenbildung ausschließt. Daraus geht hervor, daß jedes der besseren Übersicht einer Mutantenschar dienende System nur künstlichen Charakter tragen kann.

Zwei Eigenschaften der Genwirkungen erlauben die Bildung von künstlichen Systemen im Bereich der Mutanten. In einem Fall ist es die Eigenschaft verschiedener Gene, Formmerkmale zu bedingen, die einander ähnlich sind. Die zweite Voraussetzung ist in der pleiotropen Wirkung der Gene zu sehen, die eine weitere Untergliederung der sich durch ähnliche Genwirkung ergebenden Gruppen erlaubt. Beide Geneigenschaften sind – wie die Merkmalsanalyse zeigt – bei den meisten Mutanten ausgeprägt. Die Pleiotropie der Genwirkung kann ihren Einfluß sowohl auf verschiedene Merkmale eines Organs ausüben als auch, wie es meist geschieht, ihre merkmalsändernde Wirkung an verschiedenen Organen entfalten. Viel seltener beschränken sich die mutationsbedingten Veränderungen auf ein einziges Merkmal. Auf diese vielfältige Wirkungsweise der Gene weist auch Stebbins (1957 S. 85/86) hin, indem er feststellt: „...., we can classify mutations according to the number of the different parts of the organism they affect and also according to the extent and nature of their effect on individual organs. We can find in the different mutations now known all possible combinations of extent and intensity of effect, from those which profoundly affect all parts of the organism to those which have a hardly detectable effect on a single character."

Trotz der pleiotropen Genwirkung wiederholen sich die bei den Einzelmutanten gefundenen Merkmalskorrelationen relativ selten, was auf sehr unterschiedliche Merkmalsspektren schließen läßt. Häufiger zu beobachtende, gleichartige Korrelationen von verschiedenen Merkmalen eines Organs bestehen u. a. zwischen der länglichen Fruchtform und dem Auftreten von nur zwei Karpellen je Frucht. Diese Feststellung stimmt auch mit den Untersuchungsergebnissen von Dennett und Larson (1953) überein. Ebenso besteht eine deutliche Korrelation zwischen dem Entstehungsort der Fieder an der Rhachis und ihrer weiteren Differenzierung, worauf bereits in einem anderen Zusammenhang eingegangen wurde. Korrelationen zwischen Merkmalen verschiedener Organe ergeben sich aus dem gleichzeitigen Auftreten von Unfruchtbarkeit und stark gesteigertem vegetativen Wachstum (Rick, 1945a, 1960d, 1962b). Honma, Wittwer und Phatak (1963) fanden, daß die Anzahl der Internodien unterhalb der 1. Infloreszenz und die Zahl der Tage von der Aussaat bis zum Blühbeginn miteinander korreliert sind. Die häufig zu beobachtende Korrelation von Pigmentverlust und verringerter Stoffproduktion ist offenbar nicht durchgängig (Sagromsky, 1963). Häufiger zu beobachten sind dagegen sog. Merkmalsvernetzungen, die hier aber nicht durch die unterschiedliche Kombination mehrerer Gene, sondern durch das unterschiedliche Merkmalsspektrum von Einzelgenen bedingt sind.

Es ergeben sich bei der Gliederung der Mutantenvielfalt einige Schwierigkeiten, die mit den Besonderheiten der Mutantenmerkmale in engem Zusammenhang stehen. Relativ leicht überbrückbar sind dabei die oft nur geringen, nicht selten quantitativen Merkmalsunterschiede, die eine Merkmalsanalyse sehr erschweren. Eine wesentlich größere Schwierigkeit stellt dagegen die starke Umweltabhängigkeit der Mutantenmerkmale dar. Dieses gilt gleichermaßen für das Genmilieu. Bleibt das Genmilieu unberücksichtigt, so ist zu erwarten, daß einerseits durch verschiedene Genkombinationen weitere Entstehungswege für gleiche, nun aber nicht mehr durch ein identisches Gen bedingte Merkmale möglich werden, oder daß andererseits gleiche Mutationen, durch einen verschiedenen Genhintergrund unterschiedlich modifiziert, zu völlig verschiedenen Formen führen. Beide Fälle wären einem eindeutigen System abträglich. Außerdem ist es wünschenswert, daß sämtliche in einem System verglichenen Mutanten im diploiden und für das vererbende Merkmal homozygoten Zustand vorliegen, um durch unterschiedliche Gendosen bewirkte Unterschiede ausschließen zu können. Eine weitere für die Bildung eines Mutantensystems wichtige Voraussetzung ist die Konstanz der auf die Pflanze einwirkenden Umweltfaktoren. Diese ist infolge der starken Umweltabhängigkeit der meisten Mutantenmerkmale besonders bedeutsam, da sowohl ein natürliches als auch ein künstliches System die weitgehende Konstanz der für die Gliederung bedeutsamen Merkmale voraussetzt. Ist die Bedingung erfüllt, so erscheint die Bildung eines praktisch verwendbaren Systems, in dem jeder Mutante nur ein einziger und fester Platz zugewiesen werden kann, möglich.

Bestrebungen, phänotypisch ähnliche Formen zusammenzufassen, lassen sich bereits aus der bei Tomatenmutanten anzutreffenden gleichartigen Namensbezeichnung morphologisch ähnlicher Mutanten erkennen. Wenn dadurch auch größere Formengruppen, wie die male-sterile-, asynaptic-, stamenless- und yellow-green-Mutanten gekennzeichnet werden, so kann man diese Gruppierungen doch nur als Ansätze zu einer Systembildung betrachten, da sie nur einen geringen Bruchteil der bekannten Mutanten umfassen.

Nicht selten ist es unternommen worden, die Übersichtlichkeit einer Mutantenvielfalt durch Zusammenfassung von Mutanten, bei denen das gleiche Organ oder bestimmte Merkmale eines Organs verändert wurden, zu erhöhen, wie es auch bei der Gattung *Lupinus* von Hackbarth (1957) geschieht. Diese Art der Einteilung scheint am gebräuchlichsten. Da die Genwirkung aber sehr häufig pleiotroper Natur ist, was eine gleichzeitige Veränderung mehrerer Merkmale bedingt, führt diese Art der Einteilung zu erheblichen Schwierigkeiten. Diese Auffassung vertreten auch Hoffmann und Zoschke (1955), die ein größeres Sortiment von Mutanten der Gattung *Linum* nach sog. Hauptmerkmalen gliederten. Die Gliederung nach Hauptmerkmalen beruht auf der Auswahl eines Merkmals aus dem durch pleiotrope Wirkung eines Einzelgens bedingten Merkmalsspektrum. Ähnliche Gliederungen nach Hauptmerkmalen wurden auch für die Gattung *Hordeum* (Freisleben und Lein, 1944; Nybom, 1954; Scholz und Lehmann, 1958, 1959 und 1961) und *Glycine* (Zacharias und Lehmann, 1962 und 1963) erarbeitet.

In den erwähnten Gliederungen von *Hordeum* (Scholz und Lehmann) und *Glycine* (Zacharias und Lehmann) wurden oftmals Merkmalskombinationen als Hauptmerkmale verwendet. Das bedeutet eine erhebliche Erweiterung der Gliederungsmöglichkeiten dieser Systeme, schließt aber, da die Hauptmerkmale oft sehr unterschiedlichen Merkmalsbereichen angehören, die Gefahr von Gruppenüberschneidungen nicht aus.

Eine spezielle Art von Gliederungen auf der Grundlage von Hauptmerkmalen stellen solche Systeme dar, die nur Mutanten eines bestimmten Merkmalsbereiches umfassen. Ein solches System wurde z. B. von Gustafsson (1940) für die Gliederung von Chlorophyllmutanten aufgestellt. In gleicher Weise ist die Einteilung verschiedener Fruchtfarben der Tomate in Grade zu werten (Cooper, 1958). Derartige Gliederungen können für bestimmte Mutantentypen von großem Nutzen sein. Jedoch ergeben sich im Falle der Existenz mehrerer derartige verschiedene Merkmalsbereiche umfassender Systeme die gleichen durch pleiotrope Genwirkung bedingten Schwierigkeiten einer eindeutigen Einordnung.

Aus den dargelegten Gründen ergibt sich die Notwendigkeit, eine Form der Gliederung zu finden, bei der die häufig zu beobachtende Pleiotropie nicht zu Überschneidungen führt. Einen guten Ansatzpunkt für dieses Anliegen bilden jene Merkmalsbereiche, die besonders häufig eine mutationsbedingte Änderung erfahren. Die Voraussetzung hierfür bieten gewöhnlich sehr differenzierte Merkmalsstrukturen, die durch ihre Kompliziertheit zahlreiche verschiedenartige Abwandlungen möglich machen. Diese Merkmalsbereiche können für jede Art andere sein und gewiß hängt es auch von der Untersuchungsmethodik ab, welche Mutanten am ehesten gefunden und welche Merkmale pleiotroper Genwirkung erkannt werden, so daß sich das Bild von dem am häufigsten mutierten Merkmalsbereichen einer Art ändern kann, was evtl. zu der Konsequenz einer Systemänderung führen könnte. Dennoch scheint die Annahme berechtigt, daß ein durch Mutation sehr häufig und vielfältig differenzierter Merkmalsbereich kaum durch die Erschließung komplizierter Strukturen im Hinblick auf das Gesamtsortiment bedeutungslos werden kann.

c) Möglichkeiten der Systembildung bei Mutanten der Kulturtomate

Die stärksten Differenzierungen sind bei der Tomate am Achsensystem und an den Blattorganen zu beobachten. Diese Teile sind es auch, die bei dem untersuchten Mutantensortiment die häufigsten Merkmalsänderungen erkennen lassen, d. h. in dem untersuchten Mutantensortiment wurden kaum Mutanten angetroffen, die nicht irgendeine genetisch bedingte Veränderung hinsichtlich ihrer Wuchsform- oder Blattmerkmale erfahren haben. Bedeutend seltener sind dagegen Infloreszenz-, Blüten- oder andere Merkmale mutiert.

Hieraus ergibt sich die Möglichkeit sämtliche Mutanten eines Sortimentes nach den vielfältigen morphologischen Abwandlungen eines einzelnen Merkmalsbereichs, z. B. den Wuchsformmerkmalen, in zahlreiche Gruppen aufzuspalten. Diese Gruppen lassen sich mit Hilfe eines weiteren sehr häufig variierten Merkmals in weitere Gruppen aufgliedern. Die übrigen Merkmalsbereiche erlauben eine Fortführung der Untergliederung.

Auch diese Art von System erfordert – wie die Auswahl von Hauptmerkmalen – naturgemäß eine Merkmalswertung, die hier weitgehend von der relativen Mutationshäufigkeit eines Merkmalsbereiches abhängt. Jedoch wird hier eine durch Pleiotropie verursachte Gruppenüberschneidung ausgeschlossen; auf jeder Stufe des Systems werden die Mutanten nach den Veränderungen eines einheitlichen Merkmalsbereichs geprüft und geordnet. Diese Gliederungsmethode liegt auch einem System von Verkerk (1959) zugrunde. Er gliederte ein kleineres Sortiment von Tomatenmutanten zunächst in 4 Gruppen und jede dieser Gruppen in 4 Klassen. Auch hier wurden sämtliche Mutanten auf jeder Gliederungsstufe nach den Merkmalsqualitäten eines gemeinsamen Merkmalsbereiches geordnet. Schwierigkeiten hinsichtlich seiner Verwendbarkeit bereitet dieses System jedoch bei größeren Mutantensortimenten, da die verwendeten Merkmalsbereiche (Fruchtbarkeit und das die Mutantenmerkmale zuerst anzeigende Entwicklungsstadium) eine Unterscheidung von nur wenigen Qualitätsstufen erlauben und durch die zusätzliche Zweistufigkeit des Systems keine hinreichende Untergliederung möglich ist.

Es wird deshalb ein System vorgeschlagen, in dem die Wuchsformmerkmale allen anderen Merkmalen übergeordnet werden. Die weitere Unterteilung kann mit Hilfe der Blattmerkmale erfolgen. Eine erforderliche, weiterführende Aufspaltung der Mutantengruppen ist durch zahlreiche andere Merkmale möglich. Die Aufspaltung der Mutantenvielfalt in relativ kleine Gruppen wird hier bereits mit einem Teil der erfaßten Merkmale erreicht, so daß das System zum Zwecke einer weiteren Untergliederung ohne Schwierigkeiten erweitert werden kann. Die weitgehenden Untergliederungsmöglichkeiten dieses Systems ergeben sich einmal aus der Berücksichtigung der verschiedenen Merkmalsbereiche, weiterhin aber infolge der Tatsache, daß die einzelnen Merkmalsbereiche, wie Wuchsform, Blattorgan, Infloreszenz usw., selbst jeweils mehrere Einzelmerkmale umfassen, die wiederum eine unterschiedliche qualitative Ausprägung erfahren können.

Das hier vorgelegte System erlaubt eine hinreichende und klare Gliederung einer größeren Mutantenvielfalt. Es hat jedoch insofern nur beschränkten praktischen Wert, als die eingangs geforderten reproduzierbaren Anbaubedingungen nicht gegeben sind. Es ist vielmehr als ein Modell zu betrachten, nach dem ein unter zweckmäßigen, definierten und reproduzierbaren Umweltbedingungen geltendes System erarbeitet werden kann, das erlaubt, sämtliche Mutanten einer Art eindeutig zu erfassen und zu bestimmen. In der eingeschränkten Benutzbarkeit dieses Systems ist auch der Grund zu suchen, weshalb auf eine Benennung der einzelnen ausgeschiedenen Gruppen verzichtet wurde.

XII. Systematische Übersicht der Gaterslebener Mutanten von *Lycopersicon esculentum* Miller

Die Gliederung des Mutantensortimentes erfolgt in erster Linie nach den Wuchsformmerkmalen. Hierbei wird die Wuchsgröße der Verzweigungsintensität übergeordnet. In einigen Fällen macht sich eine Unterscheidung zwischen einer bedeutend erhöhten und einer extrem verstärkten Bildung von Seitentrieben 2. Ordnung notwendig. Unter „bedeutend erhöht" soll der nahezu vollständige oder vollständige Austrieb der Seitenachsen 1. Ordnung verstanden werden, während sich der vollständige Austrieb bei den extrem verzweigten Formen zusätzlich auf einige der benachbarten Sympodialglieder erstreckt.

Zur weiteren Untergliederung werden die Blattmerkmale, besonders die Merkmalsbereiche Blattgröße, Gliederung des Gesamtblattes und Fiederform herangezogen. Von diesen findet jeweils der Merkmalsunterschied Berücksichtigung, der in der angegebenen Reihenfolge als erster von der Ausgangssorte abweicht, so daß z. B. bei Nichterwähnung der Blattgröße eine der Ausgangssorte entsprechende Blattgröße vorausgesetzt werden muß. Der Hinweis „Blatt klein" bezeichnet eine Blattgröße von höchstens 10 cm, die Anmerkung „Blatt kleiner" bezieht sich dagegen auf geringfügigere Größenunterschiede gegenüber der Ausgangssorte.

A) Mutanten der Sorte 'Condine Red'

I. Wuchsgröße entspricht der Ausgangssorte

1. Anzahl der Seitentriebe 2. Ordnung normal oder nur schwach erhöht
   - a) Blattform entspricht der Ausgangssorte: *fucatifolia, pallescens, maculata, sparsa, sufflava, discolor, multinervis, fulgens, pallida, picta.*
   - b) Blatt größer: *jugata*
   - c) Blatt kleiner: *alutacea, glauca, procumbens, repens*
   - d) Fiedern 1. Ordnung vergrößert: *lutea*
   - e) Fiedern 1. Ordnung schwach verbreitert: *convalescens*
   - f) 4. Fiederjoch fehlend: *integerrima*
2. Anzahl der Seitentriebe 2. Ordnung bedeutend erhöht
   - a) Blattform entspricht der Ausgangssorte: *anantha*
   - b) Blatt kleiner: *aegrota, diluta, deformis*[2], *plana*
   - c) Fiedern 1. Ordnung stumpf: *beaked*[3]

d) 4. Fiederjoch fehlend: *corrotundata*
e) Fiedern 1. Ordnung verschmälert: *extenuata*
f) Fiedern 2. Ordnung relativ spitz: *marmorata*
g) Fiedern 1. Ordnung verbreitert: *opaca*

3. Extrem verstärkte Bildung von Seitentrieben 2. Ordnung
a) Blatt kleiner: *viridis, elegans, pulvinata*[2]
b) Blatt klein: *multivalens-2*

4. Anzahl der Seitentriebe 2. Ordnung verringert
a) Blatt größer: *torosa*
b) Fiedern 1. Ordnung verschmälert: *multiflora*

5. Anzahl der Seitentriebe 1. Ordnung verringert
2.–4. Fiederjoch fehlend: *trifoliate*[2]

II. Achsensystem übertrifft die Ausgangssorte hinsichtlich seiner Größe

1. Anzahl der Seitentriebe 2. Ordnung normal
a) Blatt kleiner: *adpressa*
b) Fiedern 1. Ordnung verbreitert: *beaked*[2]
c) Teil der bei der Ausgangsform auftretenden getarnten Fiedern 2. Ordnung ist frei entwickelt: *divaricata*

2. Anzahl der Seitentriebe 2. Ordnung erhöht
a) Blatt kleiner: *cochlearis*
b) 4. Fiederjoch meist fehlend: *procera*
c) distaler Teil der Fiedern 1. Ordnung mit stärker konvexem Blattrand: *microcarpa*

III. Achsensystem kleiner als das der Ausgangssorte (Seitentrieblänge 0,70–1,00 m)

1. Anzahl der Seitentriebe 2. Ordnung normal oder nur schwach erhöht
a) Blatt kleiner: *rigida, curvata*[2], *penetrabile, rigidula, incurva, squarrulosa, debilis, viridula, glaucescens, deprimata, tempestiva, acroxantha, imbecilla, adusta, yellow virescent*[3]
b) Blatt klein: *laeta, dilabens*
c) Teil der bei der Ausgangssorte getarnten Fiedern 2. Ordnung ist frei entwickelt: *longipes, bullata*
d) getarnte Fiedern 2. Ordnung spitzer: *yellow virescent*[4], *nitida*
e) 4. Fiederjoch fehlend: *heterogemma*

2. Anzahl der Seitentriebe 2. Ordnung bedeutend erhöht
a) Blattform entspricht der Ausgangssorte: *variabilis*
b) Blatt kleiner: *multifurcata, hilara, perlucida, lata, elegans*[2], *conversa, globosa, cincta, involuta, dilatata, pendens, hairless*[2]
c) Blatt klein: *fusiformis, divergens*
d) Fiedern 1. Ordnung verbreitert: *rotundata*

3. Anzahl der Seitentriebe 2. Ordnung verringert
   a) Blattform entspricht der Ausgangssorte: *varia^{virgata}*, *mediocris*, *galbina*, *varia^{decolorata}*
   b) Blatt kleiner: *lucida*, *irregularis*
   c) Fiedern 1. Ordnung verkürzt: *dwarf^{immuna}*
   d) Spreitenentwicklung stark gestört: *invalida*
4. Anzahl der Seitentriebe 1. Ordnung verringert
   a) Blatt kleiner: *carinata*
   b) Fiedern 1. Ordnung verbreitert: *multiplex*

IV. Achsensystem kleiner als das der Ausgangssorte (Seitentrieblänge 50–70 cm)

1. Anzahl der Seitentriebe 2. Ordnung normal
   a) Blatt kleiner: *fucata*, *excedens*, *truncata*, *firma*, *heteroidea*, *marcida*, *umbrosa*, *frugalis*, *bicolor*
   b) Blatt klein: *sphacelata*, *exilis*, *yellow virescent*[2]
   c) 4. Fiederjoch meist fehlend: *rava*
2. Anzahl der Seitentriebe 3. Ordnung erhöht
   a) Blatt kleiner: *impedita^{exigua}*, *sterilis*
   b) Blatt klein: *erecta*
   c) 4. Fiederjoch oft vergrößert: *fruticosa^{hemiglobosa}*
3. Anzahl der Seitentriebe 2. Ordnung verringert
   a) Blatt kleiner: *unicaulis*, *ignava*, *relaxata*, *tarda*
   b) Blatt klein: *eramosa*
4. Zahl der Seitentriebe 1. Ordnung verringert
   a) Blatt kleiner: *oligosperma*, *opacata*
   b) Blatt klein: *coriacea*

V. Achsensystem kleiner als das der Ausgangssorte (Seitentrieblänge geringer als 0,50 m)

1. Anzahl der aus den Seitensprossen 1. Ordnung hervorgehenden Seitentriebe 2. Ordnung normal
   Blatt klein: *parca*, *neglecta*, *infirma*
2. Anzahl der Seitentriebe 2. Ordnung erhöht
   a) Blatt kleiner: *impedita^{distincta}*, *sphaerica*
   b) Blatt klein: *globiformis*
3. Anzahl der Seitentriebe 2. Ordnung verringert
   a) Blatt kleiner: *tenuis*
   b) Blatt klein: *ruptilis*, *protea*, *succedanea*, *parva-2*, *semiglobosa*

4. Seitentriebe 2. Ordnung fehlend
   Blatt klein: *albovirens, fragilis, indiga, pumila, minuta, complicata, pauper*

5. Zahl der Seitentriebe 1. Ordnung verringert
   Blatt klein: *gracilis, purilla, nana, dwarf*^{crispata}, *monstrosa*

B) Mutanten der Sorte 'Rheinlands Ruhm'

I. Wuchsgröße entspricht der Ausgangssorte

1. Anzahl der Seitentriebe 1. Ordnung normal
   a) Blattform entspricht der Ausgangssorte: *composita, glutinosa*
   b) Blatt kleiner: *detrimentosa*[2]
   c) Teil der bei der Ausgangssorte auftretenden getarnten Fiedern 2. Ordnung ist frei entwickelt: *polyphylla*
   d) Fiedern 2. Ordnung relativ spitz: *marmorata*[2], *inquinata, ochroleuca*
   e) Fiedern 1. Ordnung verbreitert: *indehiscens*

2. Anzahl der Seitentriebe 2. Ordnung erhöht
   a) Blattform entspricht der Ausgangsorte: *sticky fruit epidermis*[2]
   b) Blatt kleiner: *deliquescens*
   c) 4. Fiederjoch meist fehlend: *multiplicata*
   d) Teil der bei der Ausgangssorte auftretenden getarnten Fiedern 2. Ordnung frei entwickelt: *multifolia, decomposita*

II. Achsensystem übertrifft die Ausgangssorte hinsichtlich seiner Größe

1. Anzahl der Seitentriebe 2. Ordnung normal
   a) Blattform entspricht der Ausgangssorte: *reptans*
   b) 4. Fiederjoch fehlend: *falsiflora*

2. Anzahl der Seitentriebe 2. Ordnung schwach erhöht
   a) Blattform entspricht der Ausgangssorte: *praematura*
   b) Blatt kleiner: *splendida*

III. Achsensystem kleiner als das der Ausgangssorte
(Seitentrieblänge etwa 1 m)

1. Anzahl der Seitentriebe 2. Ordnung normal oder nur schwach erhöht
   a) Blattform entspricht der Ausgangssorte: *mutabilis, suffulta*[2], *fulgens*[2], *convoluta*
   b) Blatt verlängert: *fruticosa*^{abbreviata}
   c) Blatt kleiner: *lurida, sinuata, glaucophylla, rava*[2], *flacca, afertilis*
   d) Fiedern 2. Ordnung relativ spitz: *curvifolia*
   e) 4. Fiederjoch fehlt meist: *dwarf-2, deformis*

2. Anzahl der Seitentriebe 2. Ordnung bedeutend erhöht
   a) Blatt kleiner: *detrimentosa*
   b) 2.–4. Fiederjoch fehlend: *trifoliate*[3]
3. Anzahl der Seitentriebe 2. Ordnung verringert
   Blattform entspricht der Ausgangssorte: *fulgida, suffusa*

IV. Achsensystem kleiner als das der Ausgangssorte
(Seitentrieblänge geringer als 1 m)

1. Anzahl der Seitentriebe 2. Ordnung normal
   a) Blatt kleiner: *inquieta, restricta*
   b) Blatt klein: *sitiens*
2. Anzahl der Seitentriebe 2. Ordnung erhöht
   a) Blatt kleiner: *attenuata, pulvinata, contaminata, gamosepala, lamprochlora*
   b) 4. Fiederjoch fehlt meist: *mutata*
   c) Fiedern 1. Ordnung relativ stumpf: *rotundifolia*
3. Anzahl der Seitentriebe 2. Ordnung verringert
   Blattform entspricht der Ausgangssorte: *inconstans, obscura*

V. Achsensystem kleiner als das der Ausgangssorte
(Seitentrieblänge 0,50–0,70 m)

1. Anzahl der Seitentriebe 2. Ordnung normal
   a) Blatt kleiner: *olivacea, declinata*
   b) Blatt klein: *lembiformis, gracillama*
2. Anzahl der Seitentriebe 2. Ordnung erhöht
   Blatt kleiner: *inclinata, laesa*
3. Anzahl der Seitentriebe 2. Ordnung verringert
   Blatt kleiner: *perviridis, arrecta, emortua, virgulta, impatiens*
4. Anzahl der Seitentriebe 1. Ordnung verringert
   Blatt klein: *flavida*

VI. Achsensystem kleiner als das der Ausgangssorte
(Seitentrieblänge 0,30–0,50 m)

1. Anzahl der Seitentriebe 2. Ordnung meist verringert
   Blatt klein: *depauperata, morata, leprosa, sufflaminata*
2. Seitentriebe 2. Ordnung fehlend
   a) Blatt kleiner: *cana, flaccida*
   b) Blatt klein: *tabescens, gracilenta*

VII. Achsensystem kleiner als das der Ausgangssorte
(Seitentrieblänge geringer als 0,30 m)

1. Seitentriebe 2. Ordnung fehlend
Blatt klein: *punctata*

2. Wuchsform zeichnet sich durch basitone Triebförderung aus
Blatt klein: *mortalis*

C) Mutanten der Sorte 'Lukullus'

I. Wuchsgröße entspricht der Ausgangssorte

Anzahl der Seitentriebe 2. Ordnung normal

a) Blattform entspricht der Ausgangssorte: *anthocyanin gainer*[2], *luteola, diminuta, grandifructa*
b) Teil der bei der Ausgangsform auftretenden getarnten Fiedern 2. Ordnung ist frei entwickelt: *bipinnata*
c) Blattrhachis schwach verlängert: *inflexa*
d) Fiedern 1. Ordnung verbreitert: *stricta, yellow color fruit flesh*[2]

II. Achsensystem übertrifft die Ausgangssorte hinsichtlich seiner Größe
Anzahl der Seitentriebe 2. Ordnung normal

a) Rhachis des Blattes verlängert: *prunoidea*
b) Fiedern 2. Ordnung relativ spitz: *oviformis*

III. Achsensystem kleiner als das der Ausgangssorte
(Seitentrieblänge etwa 1,50 m)

1. Anzahl der Seitentriebe 2. Ordnung normal

a) Blatt kleiner: *rigida*[2], *polylopha*
b) Fiedern 2. Ordnung relativ stumpf: *jugata*[2]
c) Fiedern 1. Ordnung verschmälert: *terminata*
d) Teil der bei der Ausgangssorte auftretenden getarnten Fiedern 2. Ordnung ist frei entwickelt: *clausa*

2. Anzahl der Seitentriebe 2. Ordnung erhöht

a) Blattform entspricht der Ausgangssorte: *eluta*
b) Blatt kleiner: *olivacea*[2]
c) Fiedern 1. Ordnung verschmälert: *ovate*[2], *melongenoida*
d) Fiedern 2. Ordnung relativ spitz: *lutescent*[2]
e) Teil der bei der Ausgangsform auftretenden getarnten Fiedern 2. Ordnung ist frei entwickelt: *plicata*

IV. Achsensystem kleiner als das der Ausgangssorte
(Seitentrieblänge 1,00–1,50 m)

1. Anzahl der Seitentriebe 2. Ordnung normal

a) Blattform entspricht der Ausgangssorte: *violacea, splendens, fertilis*
b) Blatt kleiner: *versiformis, rava*[3]

c) Rhachis des Blattes verlängert: *applanata*
d) Fiedern 1. Ordnung verschmälert: *decumbens*

2. Anzahl der Seitentriebe 2. Ordnung erhöht
a) Blattform entspricht der Ausgangssorte: *colorless fruit epidermis*[2]
b) Blatt kleiner: *suffulta*
c) Fiedern 1. Ordnung verbreitert: *rustica*

3. Anzahl der Seitentriebe 2. Ordnung verringert
a) Blatt größer: *torosa*[2]
b) Blatt kleiner: *notabilis*
c) Fiedern 1. Ordnung verschmälert: *macrocarpa*

V. Achsensystem kleiner als das der Ausgangssorte (Seitentrieblänge etwa 1,00 m)

1. Anzahl der Seitentriebe 2. Ordnung normal
a) Blattform entspricht der Ausgangssorte: *clara, flavescens*
b) Blatt kleiner: *squarrosa, marcescens, venosa*
c) Fiedern 1. Ordnung verschmälert: *praecox*

2. Anzahl der Seitentriebe 2. Ordnung erhöht
Blatt kleiner: *congesta, globosa*[2], *rigidula*[2], *curvata*

VI. Achsensystem kleiner als das der Ausgangssorte (Seitentrieblänge 0,30–0,50 m)

1. Anzahl der Seitentriebe 2. Ordnung erhöht
Blatt klein: *subtilis, corrupta, conferta*

2. Anzahl der Seitentriebe 1. Ordnung verringert
a) Blatt größer: *torosa*[2]
b) Blatt kleiner: *semisterilis*

XIII. Zusammenfassung

Es wurden 250 Mutanten von *Lycopersicon esculentum* im Hinblick auf ihre morphologischen Merkmale untersucht.

Die Untersuchungen beinhalten eine ausführliche Analyse und die vergleichende Darstellung der Mutantenmerkmale. Sie umfassen die Wuchsformen, die Blattorgane, die Blüten, die Früchte und die Infloreszenzen. Durch die Aufstellung morphologischer Reihen wird eine Übersicht über die Mutantenvielfalt gegeben.

Nach den vorliegenden Ergebnissen sind die meisten der geprüften Mutanten als Hemmungsformen anzusehen. Eine wesentlich geringere Zahl von Mutanten zeichnet sich durch progressive Merkmale aus. Im allgemeinen tragen sowohl die progressiven als auch die regressiven Merkmalsunterschiede quantitativen Charakter. Einige Formen zeigen im Hinblick auf die Gattung *Lycopersicon* qualitativ völlig neuartige Merkmale.

Die häufigsten Abweichungen wurden im Bereich der Wuchsform und der Blätter beobachtet. Die Mannigfaltigkeit der Wuchsformen wird in der Hauptsache durch die Variation der Wuchsgröße, der Verzweigungsintensität und des Verzweigungsgrades bestimmt. Nur in einem Fall konnte eine grundlegende Veränderung des Wuchstyps beobachtet werden.

Die Vielfalt der Blattformen ergibt sich aus Veränderungen der Blattgröße, der relativen Blattlänge, der Fiederform, des Fiedergrades und der verschiedenen Anzahl von Fiedern 1. Ordnung und Zwischenfiedern.

Im Infloreszenzbereich wurden außer den zu erwartenden Reduktionstypen extrem verzweigte Blütenstände beobachtet, die sich teilweise durch Beblätterung und Blütenlosigkeit auszeichnen. Die Blüten- und Fruchtmerkmale des untersuchten Sortiments sind nur relativ selten mutativ verändert.

Zum besseren Verständnis der Reduktionserscheinungen und der stark abweichenden oder schwer deutbaren Merkmalsstrukturen wurde die Entwicklungsgeschichte verschiedener Organe analysiert. Andere Untersuchungen dienten dem morphologischen Vergleich der Kulturtomate mit einigen Wildsippen der Gattung *Lycopersicon*.

Die Ausprägung der Mutantenmerkmale unterliegt zahlreichen Einflüssen, einige werden hinsichtlich ihrer Auswirkung auf die Tomatenmutanten erörtert.

Die Möglichkeiten, die sich für die Gliederung einer umfangreicheren Mutantenmannigfaltigkeit bieten, werden an Hand von vorliegenden Übersichten diskutiert.

Für die untersuchten 250 Tomatenmutanten wird eine Gliederung erarbeitet. Ihre praktische Anwendung ist jedoch infolge der schwer zu reproduzierenden Anbaubedingungen beschränkt. Dieses Tomatenmutantensystem gliedert sich auf jeder Stufe nach den vielfältigen Abwandlungen innerhalb eines einzelnen Merkmalbereichs. Damit werden die bei anderen Gliederungen möglichen Überschneidungen der Gruppen vermieden. Übergeordnet wurden die Wuchsformmerkmale. Die Unterteilung innerhalb dieser Wuchsformgruppen beruht auf Blattmerkmalen. Eine weiterführende Gliederung ist dann mit Hilfe anderer Merkmale möglich.

Diese Arbeit wurde in der Abteilung Systematik und Sortiment des Instituts für Kulturpflanzenforschung Gatersleben der Deutschen Akademie der Wissenschaften zu Berlin angefertigt. Herrn Prof. Dr. Dr. h. c. mult. H. Stubbe danke ich für die Anregung zu diesem Thema und die Überlassung des Materials.

Herrn Prof. Dr. S. Danert bin ich für die stete Förderung durch zahlreiche Diskussionen und Hinweise zu Dank verpflichtet. Die vorbildliche Betreuung des umfangreichen Mutantensortimentes durch die technischen Assistentinnen Frl. I. Neumann und Frl. D. Noack und ihre umfassende Sachkenntnis erleichterten die Untersuchungen wesentlich. Für die exakten und mit viel Verständnis für die Objekte angefertigten Zeichnungen danke ich der wissenschaftlichen Zeichnerin Frl. R. Kilian. Bei der Erfassung der Wuchsformen wurde ich durch die technische Assistentin Frl. O. Lemke unterstützt. Die zeichnerische Ausführung der Wuchsformenschemata erfolgte durch die technische Zeichnerin Frl. J. Roloff. Die fotografischen Aufnahmen wurden von Frau G. Terpe und Frau I. Kuntze ausgeführt. Allen, die weiterhin zur Fertigstellung er Arbeit beitrugen, möchte ich ebenfalls herzlich danken.

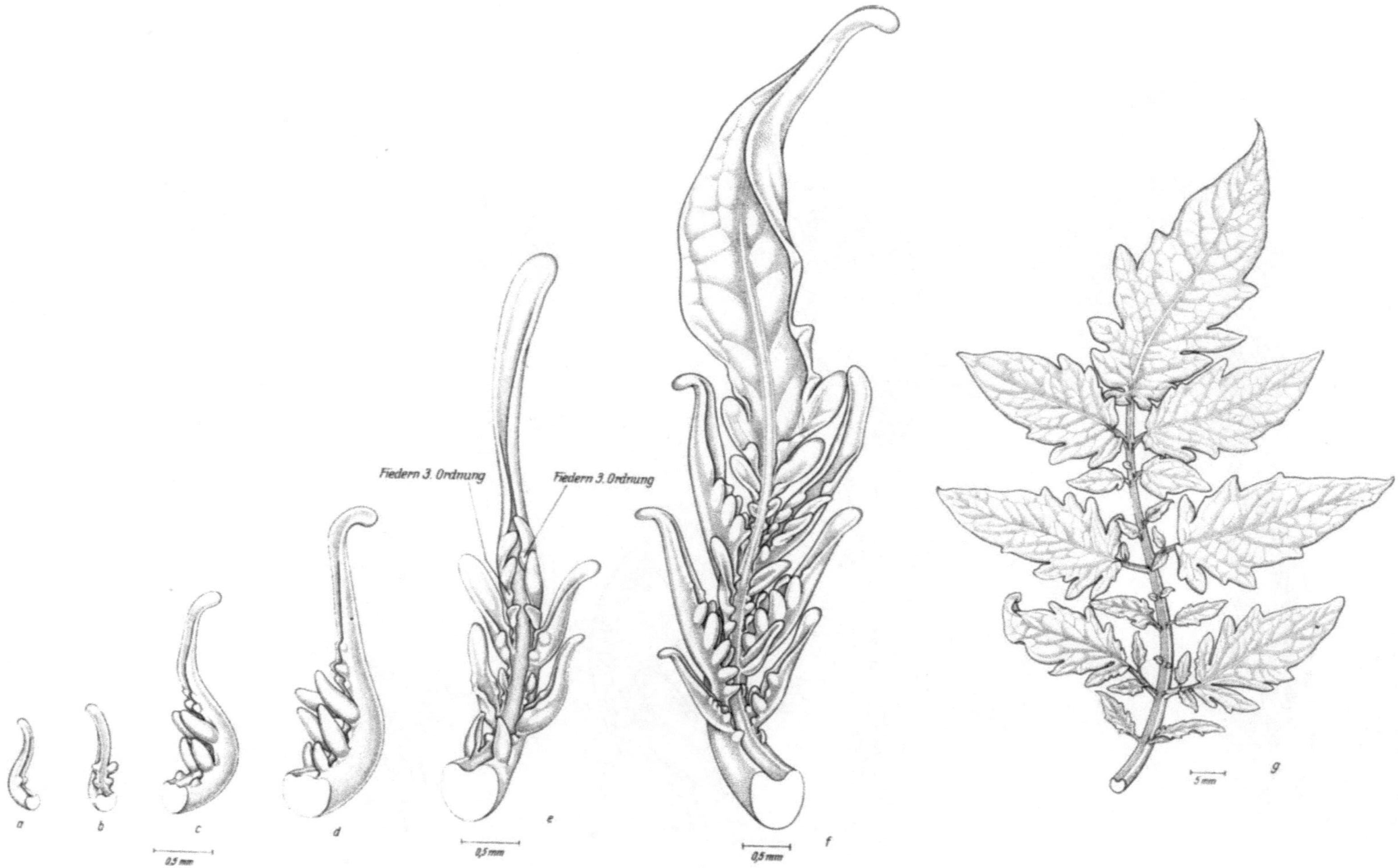

Laubblattentwicklung der Sorte 'Rheinlands Ruhm'

TAFEL 2

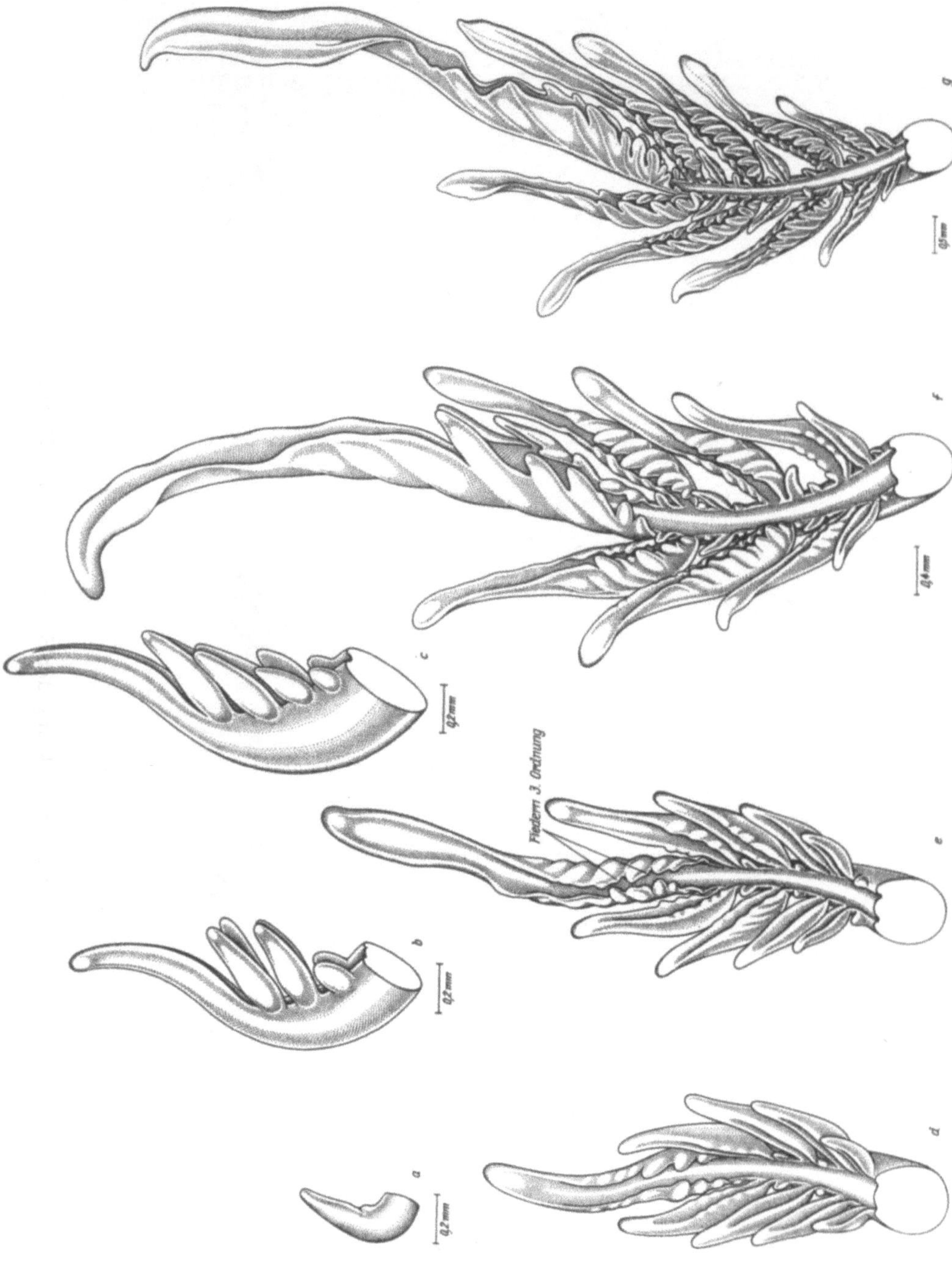

Laubblattentwicklung von *Lycopersicon hirsutum*

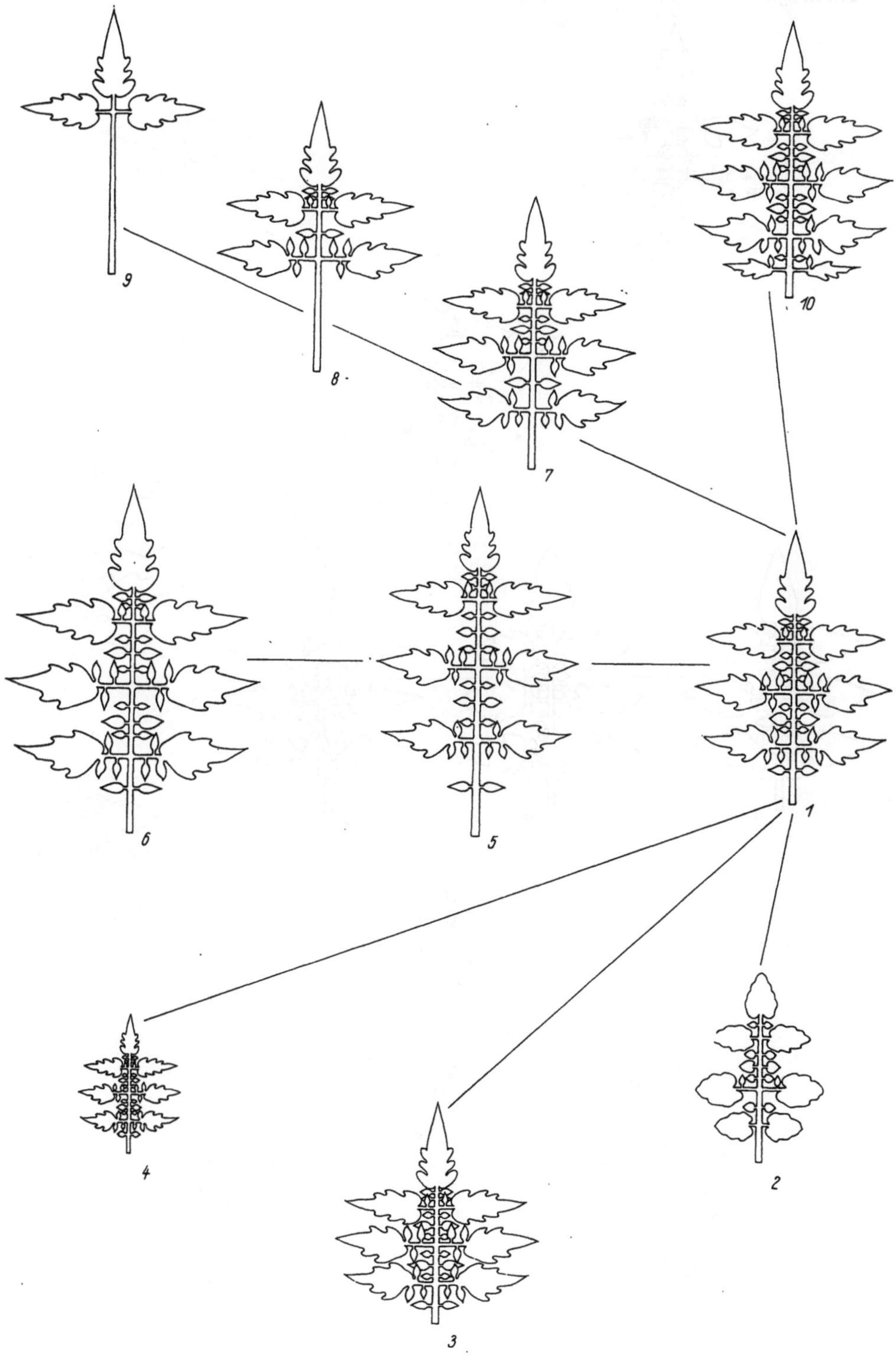

Übersichtsschema der Mutantenblattformen

Fig. 1. *Lycopersicon esculentum*, Ausgangsform, Fig. 2. *Lycopersicon pimpinellifolium*, Fig. 3. Rhachis verkürzt, Fig. 4. Blatt kleiner, Fig. 5. Rhachis verlängert, Fig. 6. Blatt größer, Fig. 7. Das 4. Fiederjoch und die kleinen Zwischenfiedern zwischen dem 2. und 3. Fiederjoch sind nicht entwickelt, Fig. 8. Das 3. und 4. Fiederjoch sowie die kleinen Zwischenfiedern zwischen dem 1. und 2. Fiederjoch sind nicht entwickelt, Fig. 9. Es werden nur die Endfieder und das 1. Fiederjoch ausgebildet, Fig. 10. Das 4. Fiederjoch ist gefördert. Zwischen dem 3. und 4. Fiederjoch treten Zwischenfiedern auf

TAFEL 3b

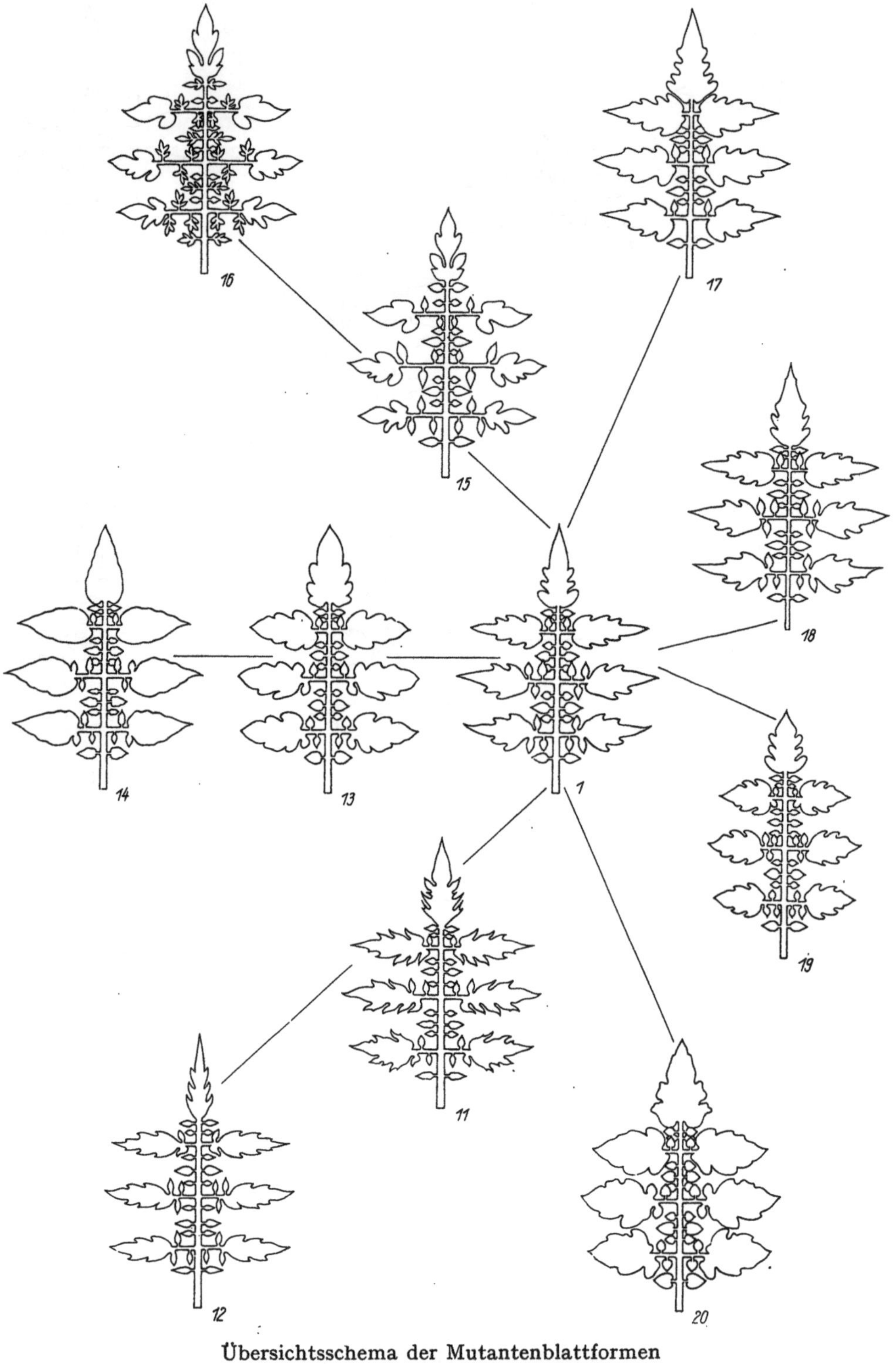

Übersichtsschema der Mutantenblattformen

Fig. 1. *Lycopersicon esculentum,* Ausgangsform, Fig. 11. Fiedern 2. Ordnung verschmälert, Fig. 12. Fiedern 1. Ordnung verschmälert, Fig. 13. Fiedern 2. Ordnung stumpf, Fig. 14. Getarnte Fiedern 2. Ordnung sehr undeutlich, Fig. 15. Fiedern 1. Ordnung stärker gegliedert, Fig. 16. Fiedern 2. Ordnung stärker gegliedert, Fig. 17. Fiedern 1. Ordnung schwächer gegliedert Fig. 18. Rhachis verschmälert, Fig. 19. Fiedern 1. Ordnung verkürzt, Fig. 20. Fiedern 1. Ordnung verbreitert

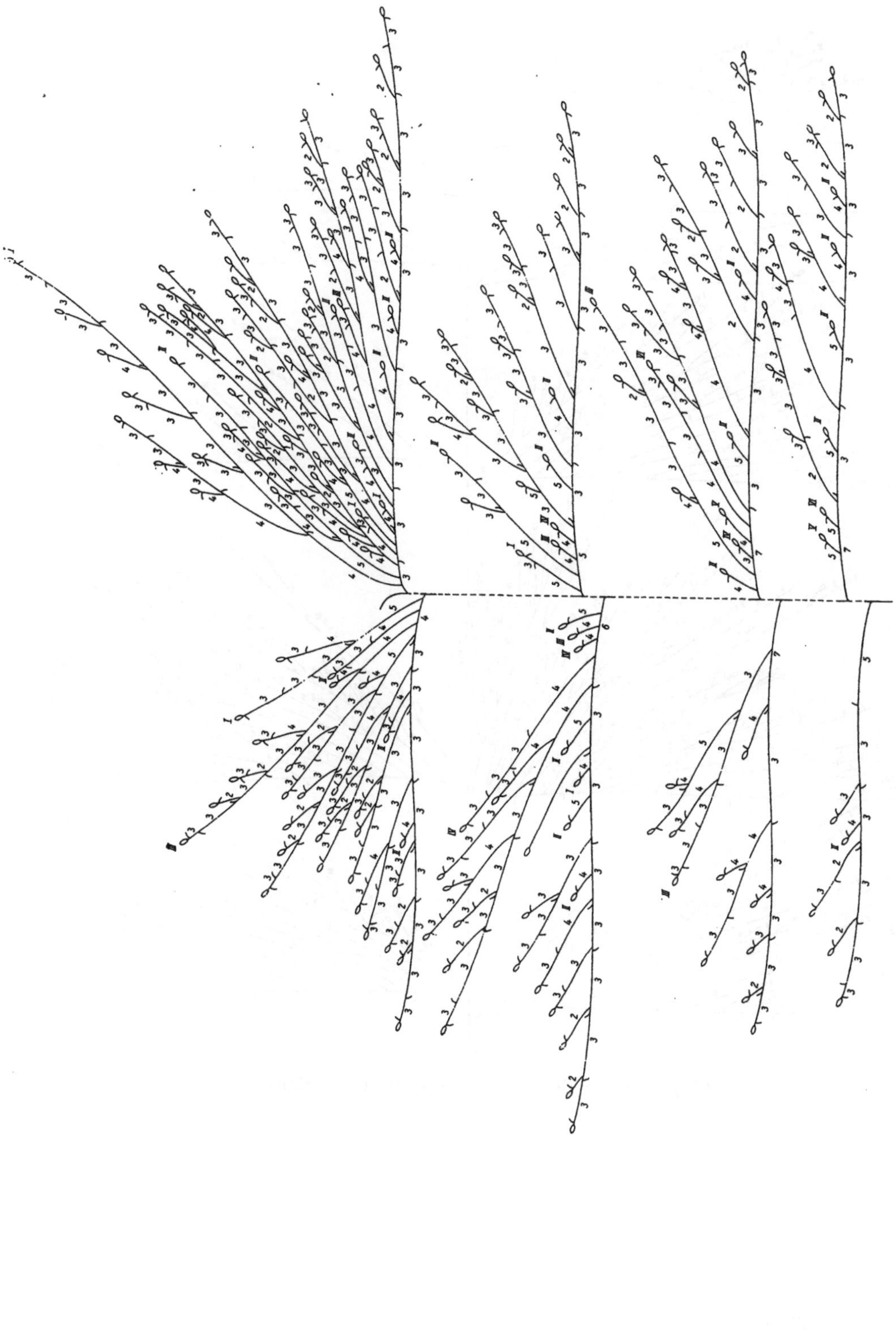

Wuchsform von *Lycopersicon pimpinellifolium* (schwachwüchsige Variante)

TAFEL 5

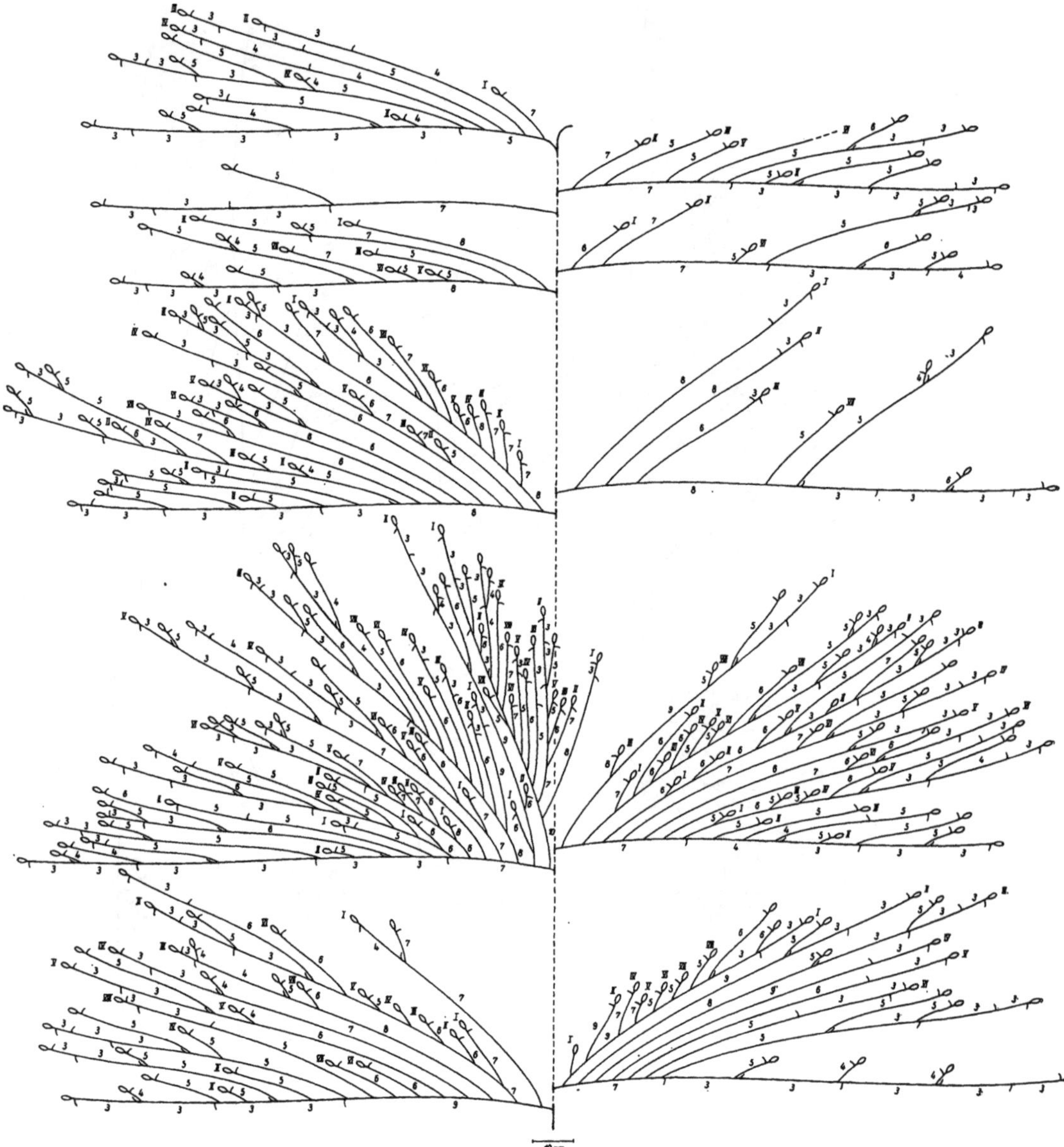

Mut. *pulvinata*[2] ('C. R.'), starkwüchsige Variante

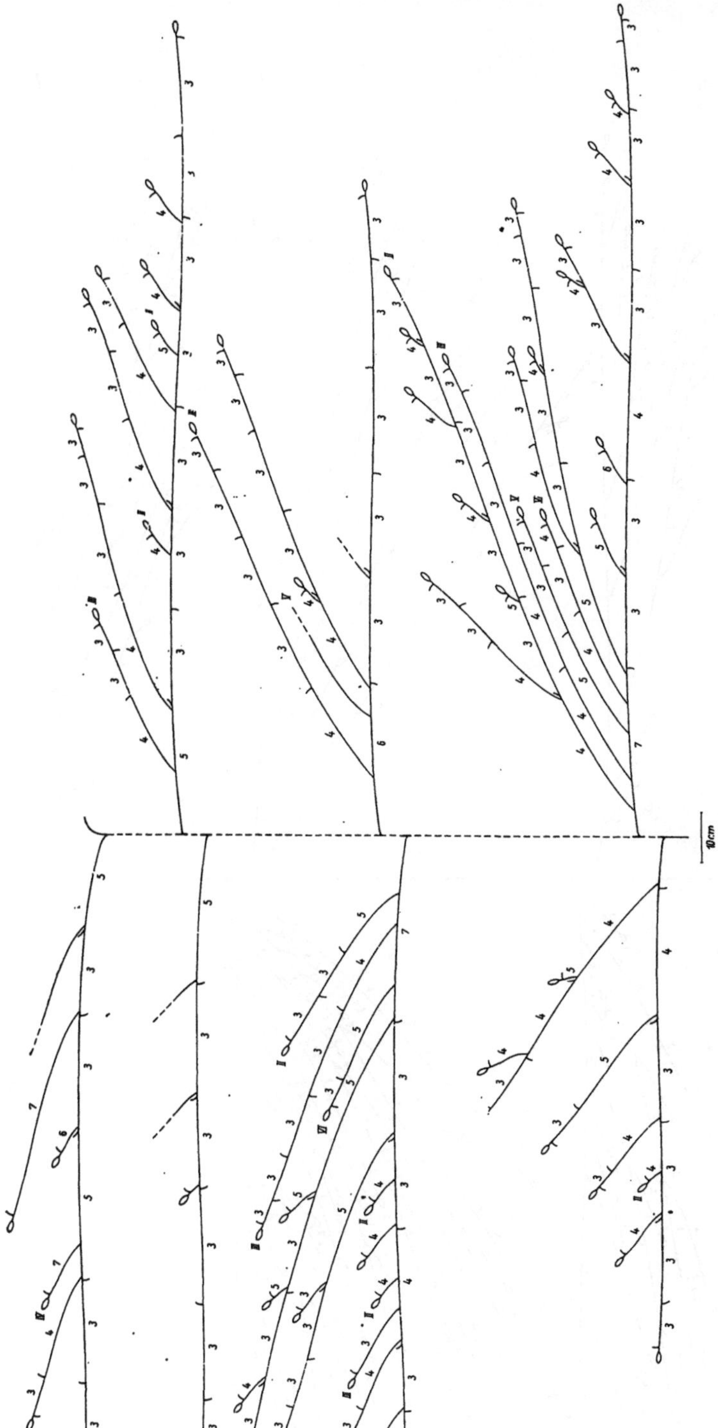

Mut. *beaked*2 ('C. R.'), starkwüchsige Variante

TAFEL 7

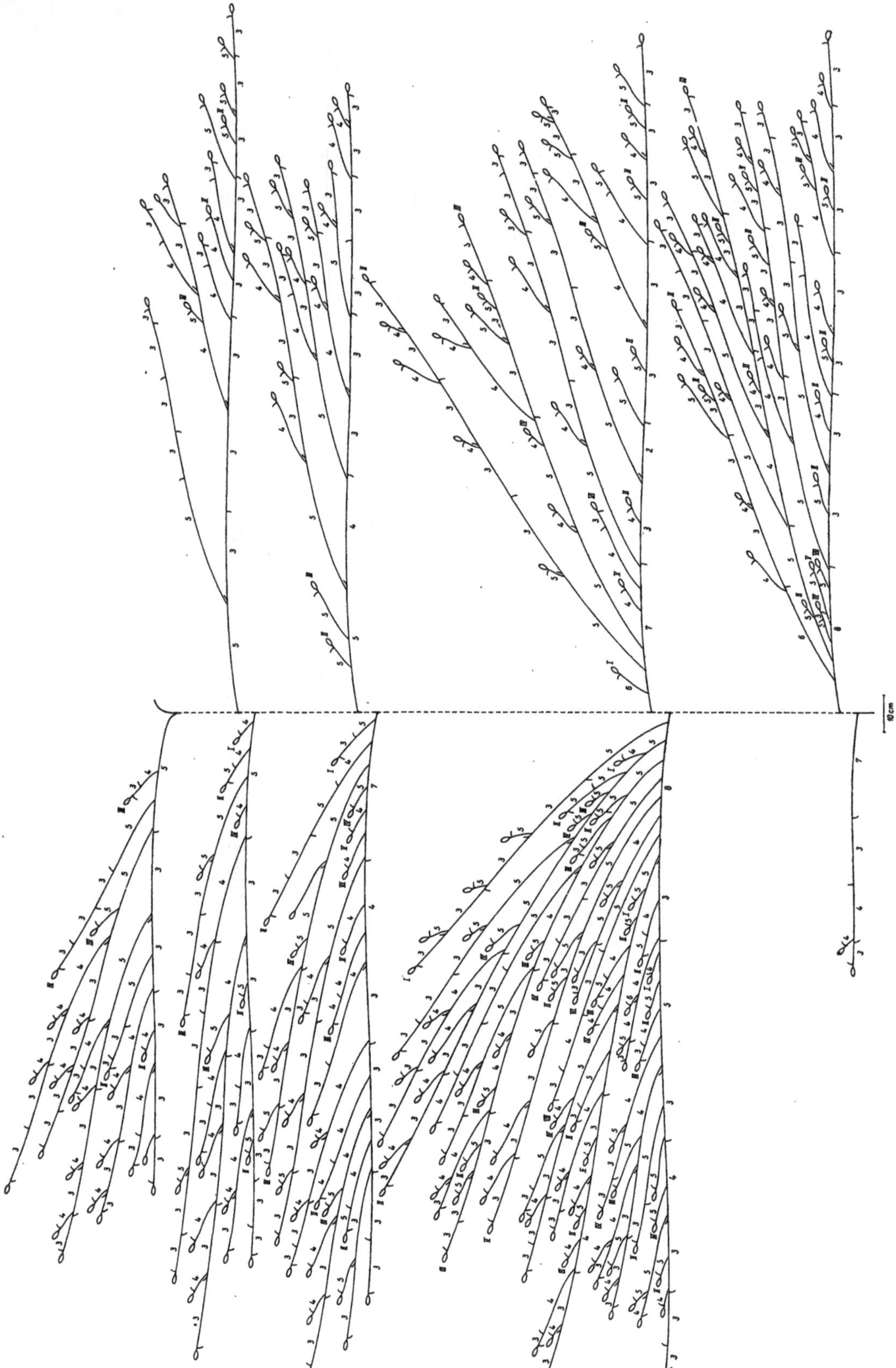

Mut. *microcarpa* ('C. R.'), starkwüchsige Variante

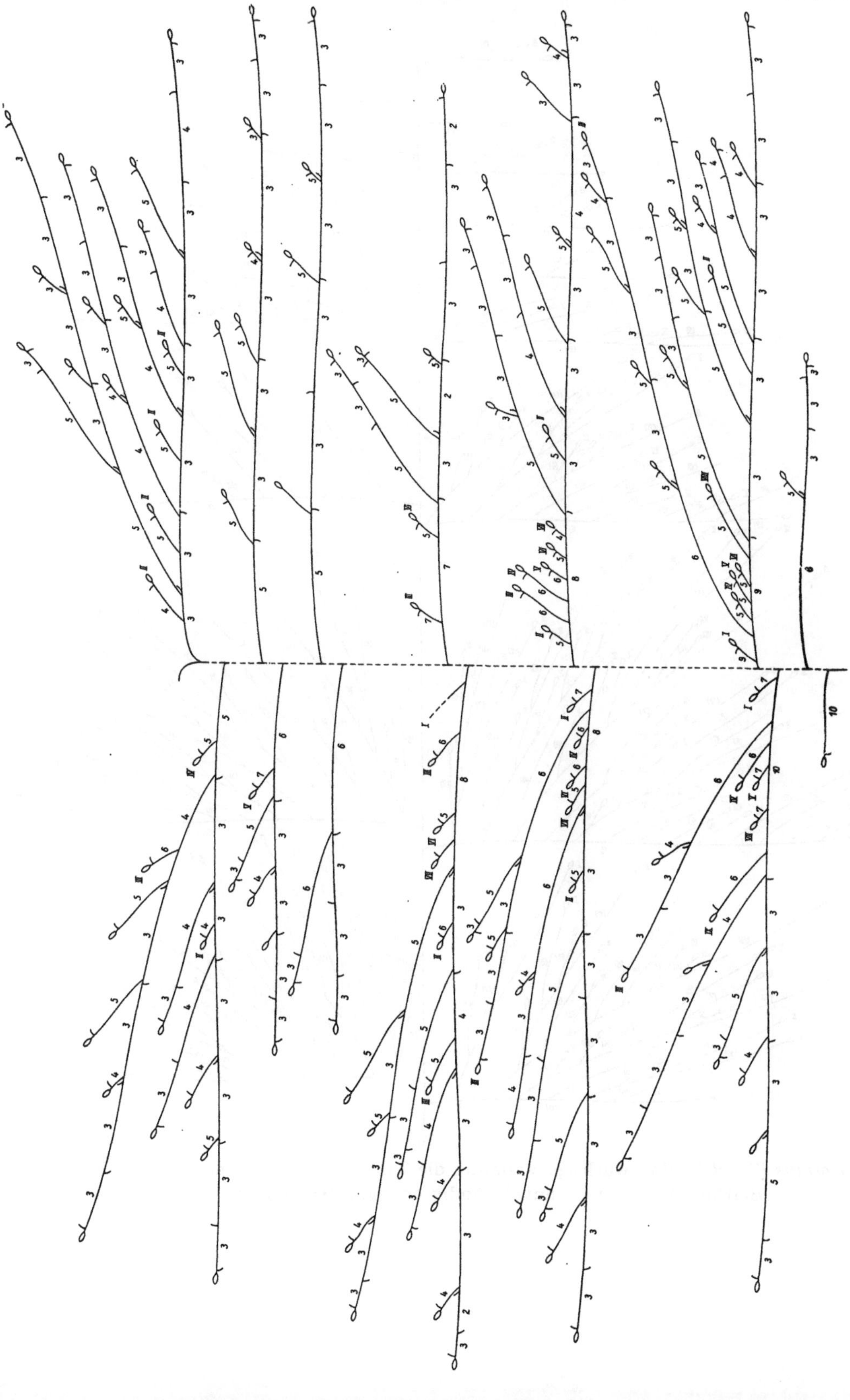

Wuchsform der Sorte 'Rheinlands Ruhm' (starkwüchsige Variante)

TAFEL 9

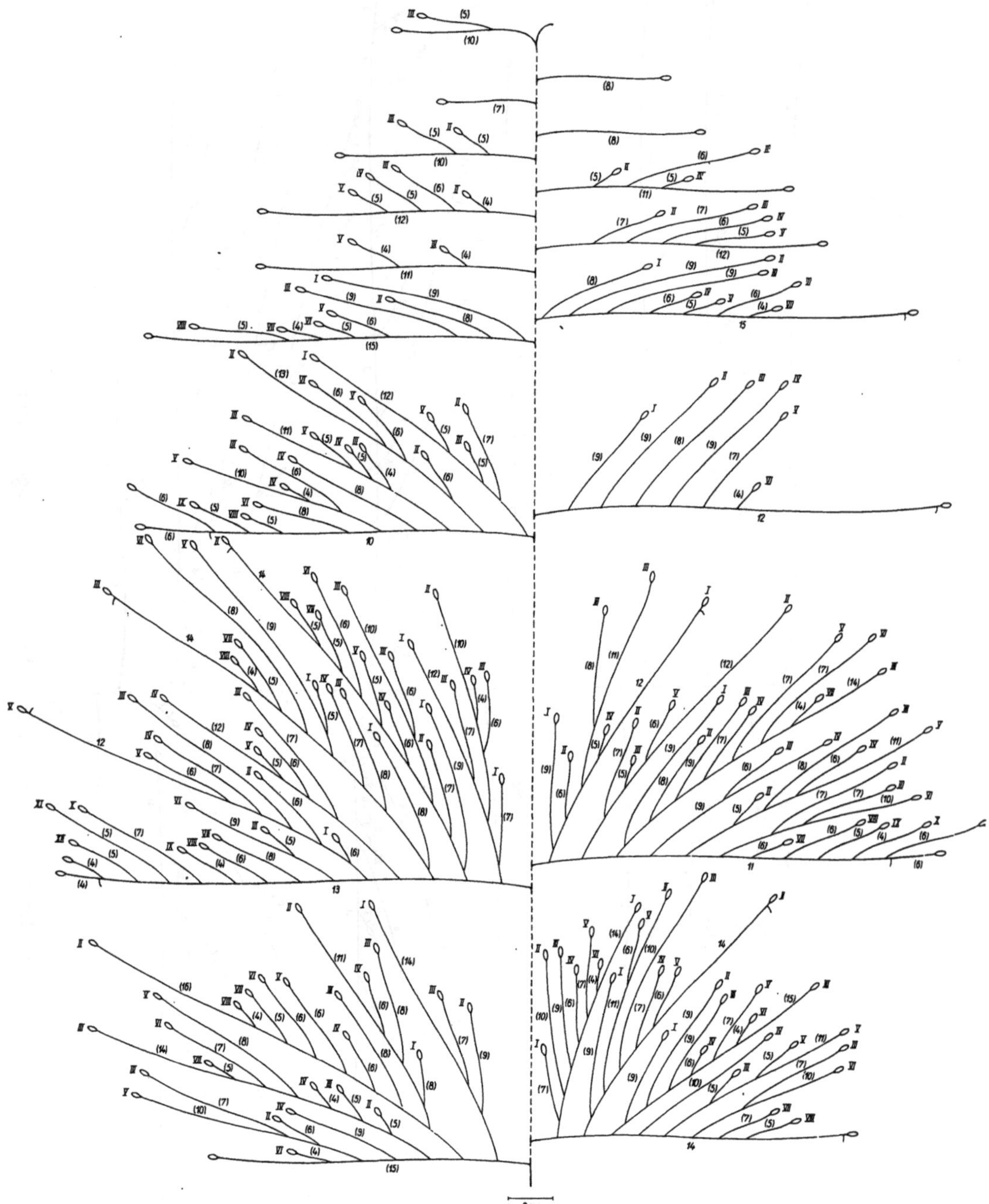

Mut. *mortalis* ('R. R.'), starkwüchsige Variante; die Zahlen in der Klammer kennzeichnen die Blattanzahl der noch unvollständig entwickelten Sympodialglieder

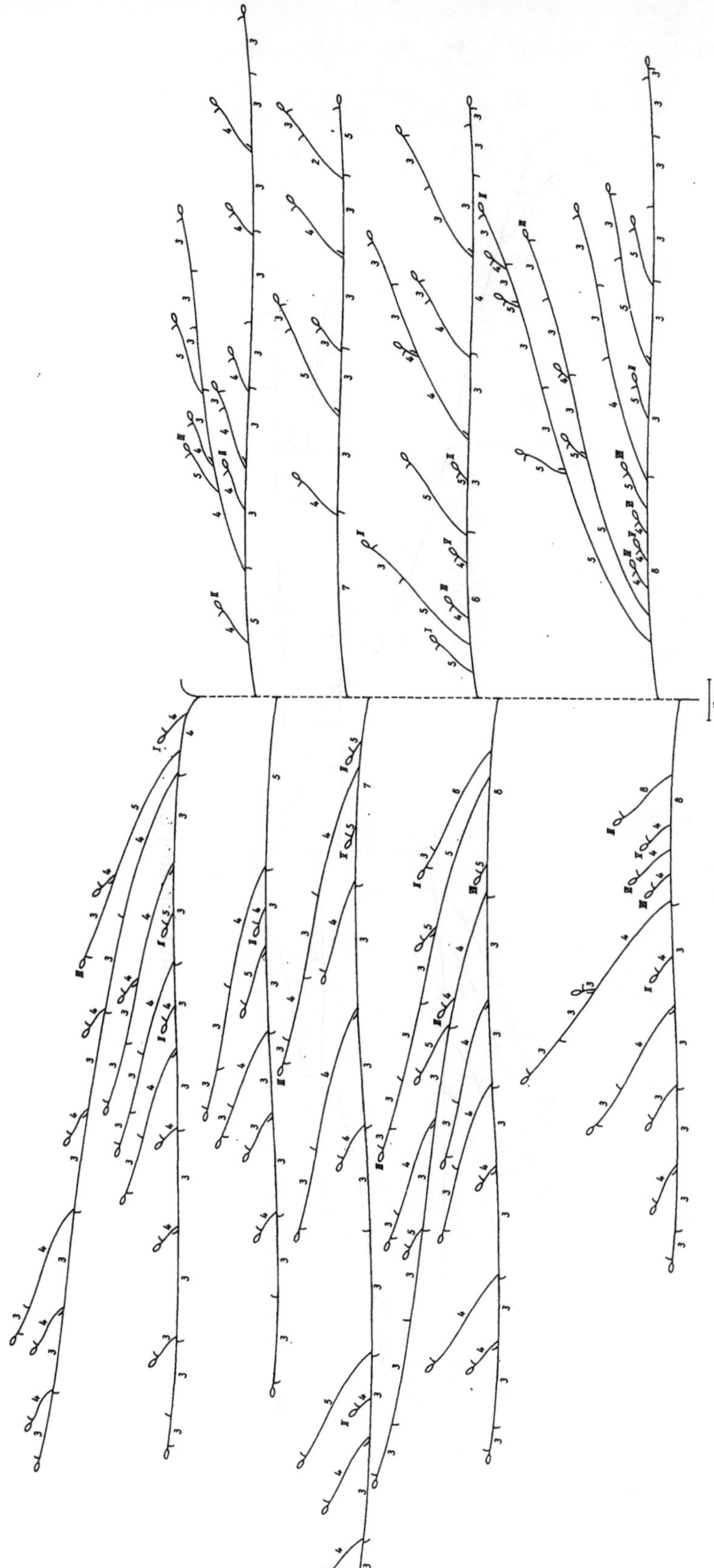

Wuchsform der Sorte 'Lukullus' (starkwüchsige Variante)

Tafel 11

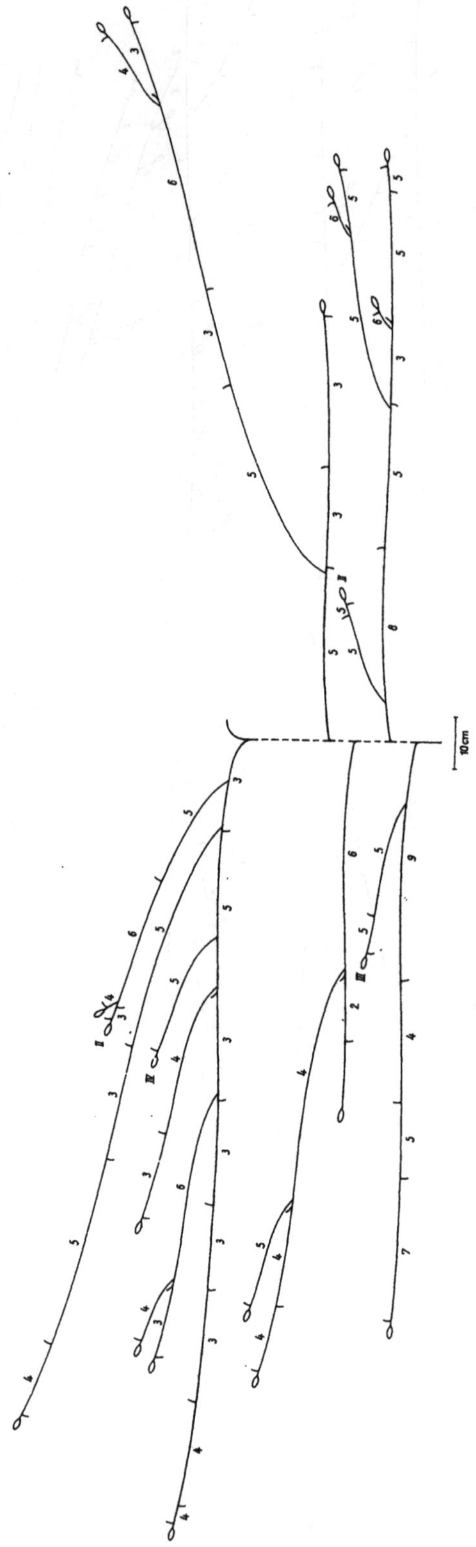

Mut. *torosa*² ('L.')

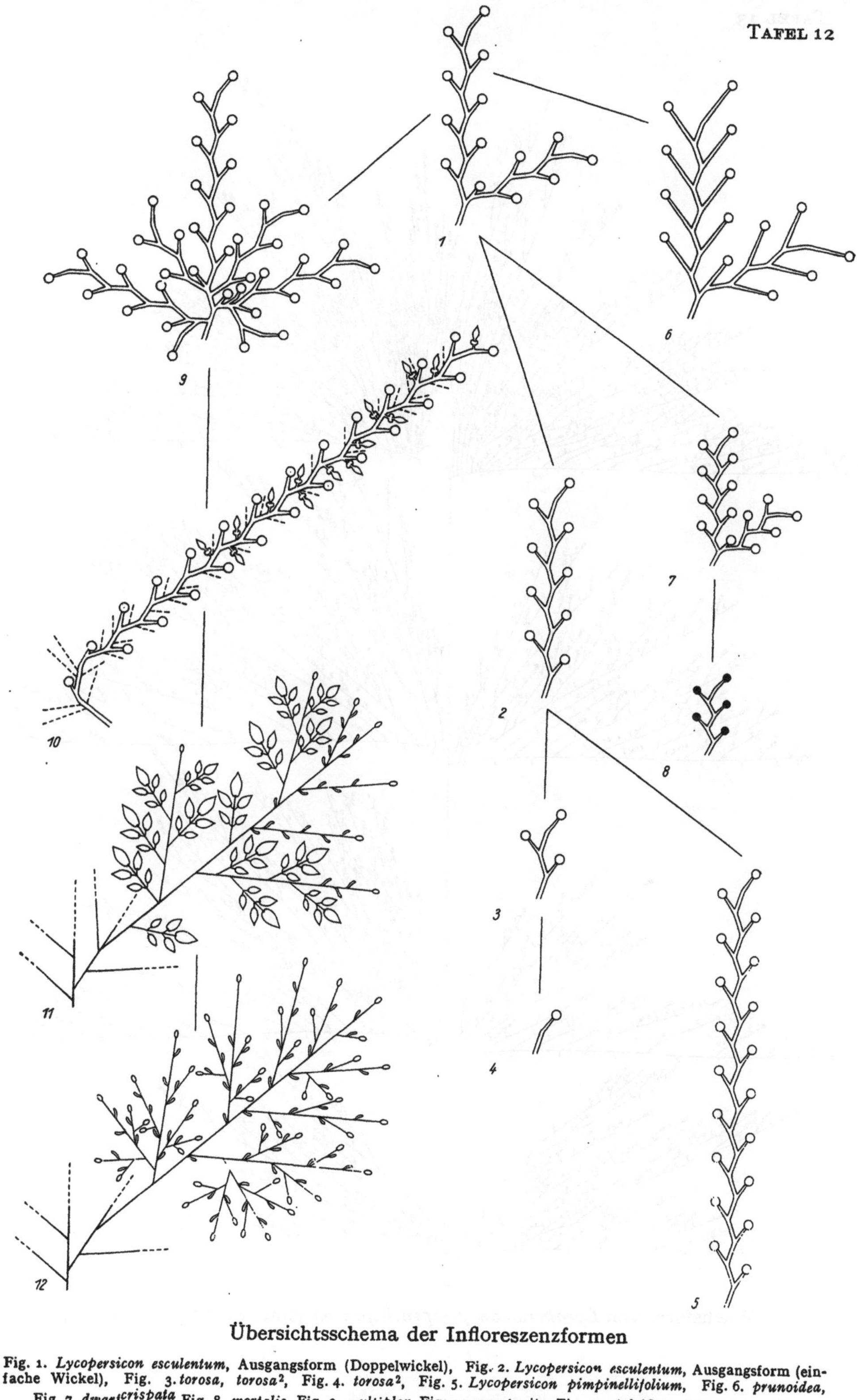

Übersichtsschema der Infloreszenzformen

Fig. 1. *Lycopersicon esculentum*, Ausgangsform (Doppelwickel), Fig. 2. *Lycopersicon esculentum*, Ausgangsform (einfache Wickel), Fig. 3. *torosa*, *torosa*², Fig. 4. *torosa*², Fig. 5. *Lycopersicon pimpinellifolium*, Fig. 6. *prunoidea*, Fig. 7. *dwarf*^{crispata}, Fig. 8. *mortalis*, Fig. 9. *multiplex*, Fig. 10. *composita*, Fig. 11. *falsiflora*, Fig. 12. *anantha*

TAFEL 13

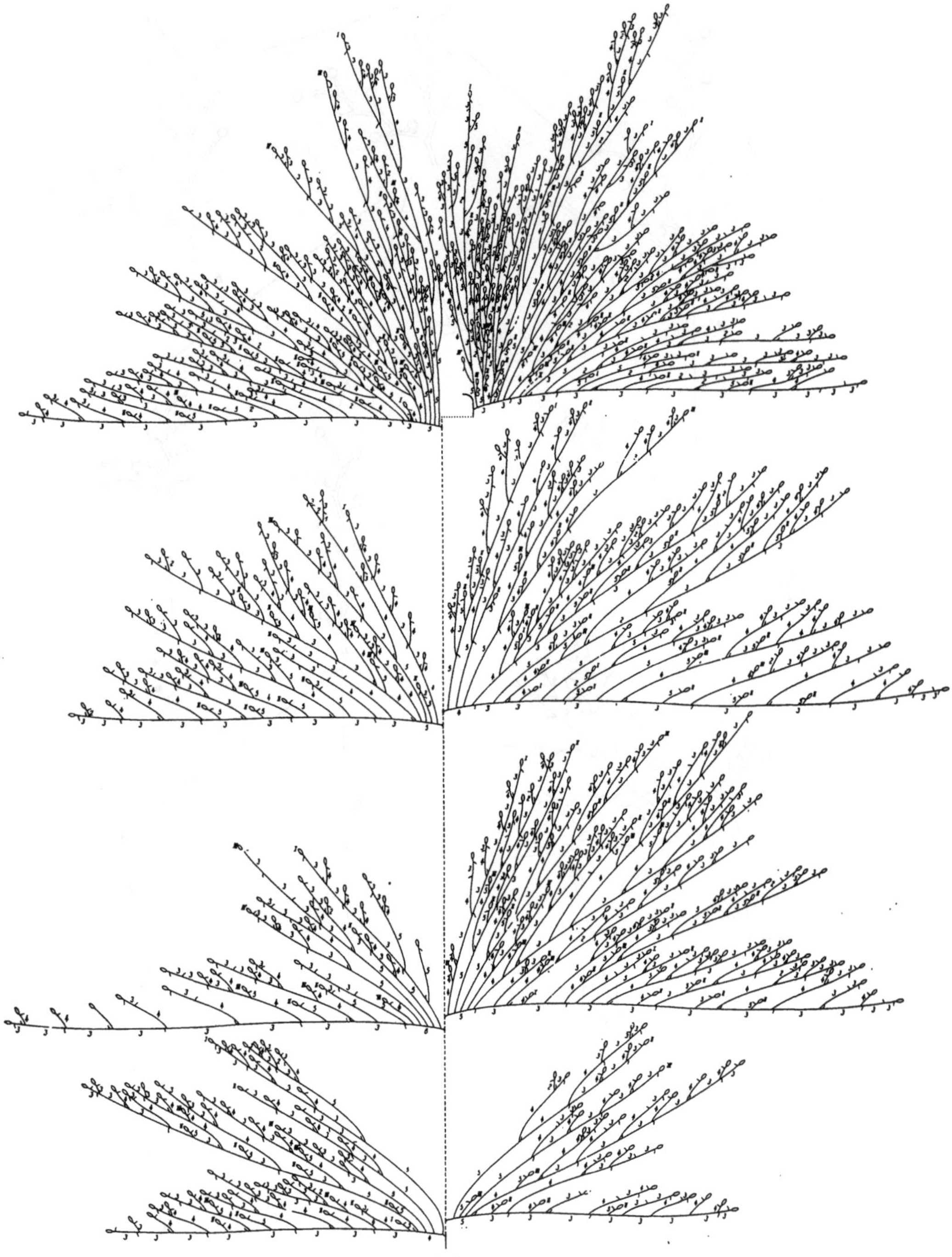

Wuchsform von *Lycopersicon pimpinellifolium* (starkwüchsige Variante)

XIV. Literaturverzeichnis

Bailey, D. L., and E. A. Kerr, 1964: *Cladosporium fulvum* race 10 and resistance to it in tomato. – Canad. J. Bot. *42*, 1555–1558.

Barton, D. W., L. Butler, J. A. Jenkins, C. M. Rick and P. A. Young, 1955: Rules for nomenclature in tomato genetics. – J. Hered. *46*, 22–26.

Baudisch, W., 1963: Askorbinsäuregehalt von Tomaten. – Kulturpflanze *11*, 244–249.

– 1967: Askorbinsäuregehalt von Mutanten der Kulturtomate, *Lycopersicon esculentum* Mill. – Kulturpflanze *15*, 105–114.

Beard, B. H., and V. E. Comstock, 1965: Flax genetics and gene symbolism. – Crop Sci. *5*, 151–155.

Bishop, C. J., 1953: A fertile, stamenless male-sterile mutant. – Rep. Tomato Genet. Cooper. *3*, 6.

– 1954: A stamenless male-sterile tomato. – Amer. J. Bot. *41*, 540–542.

Böhme, H., und G. Scholz, 1960: Versuche zur Normalisierung des Phänotyps der Mutante *chloronerva* von *Lycopersicon esculentum* Mill. – Kulturpflanze *8*, 93–109.

– 1961: Phenotypical normalization of the *chloronerva* mutant. – Rep. Tomato Genet. Cooper. *11*, 5.

Boynton, J. E., 1966a: Chlorophyll-deficient mutants in tomato requiring vitamin B_1. I. Genetics and physiology. – Hereditas *56*, 171–199.

– 1966:b Chlorophyll-deficient mutants in tomato requiring vitamin B_1. II. Abnormalities in chloroplast ultrastructure. – Hereditas *56*, 238–254.

Breil, D. A., and E. L. Davis, 1964: Morphogenetic effect of amino triazole on the developing leaves of *Lycopersicon esculentum* Mill., var. Bonny Best. – Phyton (Vicente López) *21* (2), 197–201.

Bünning, E., 1965: Wie weit ist die Botanik? – Nova Acta Leop. N.F. *30* (173), 143–156.

Burdick, A. B., 1958: New mutants. – Rep. Tomato Genet. Cooper. *8*, 9–11.

– 1959: New mutants. – Rep. Tomato Genet. Cooper. *9*, 21–25.

– 1960: New gene symbols. – Rep. Tomato Genet. Cooper. *10*, 8–9.

Butler, L., 1952a: *Sticky peel* (*pe*), a new character in the seventh linkage group. – Rep. Tomato Genet. Cooper. *2*, 2.

– 1952b: The linkage map of the tomato. – J. Hered. *43*, 25–35.

– 1954a: *Andrus' Green stem, ag.* – Rep. Tomato Genet. Cooper. *4*, 9.

– 1954b: *Rosette, ro.* – Rep. Tomato Genet. Cooper. *4*, 9.

– 1954c: *Light green foliage, lg.* – Rep. Tomato Genet. Cooper. *4*, 9.

– 1954d: *Propeller.* – Rep. Tomato Genet. Cooper. *4*, 9.

– 1954e: Two new mutants in the tomato, *propeller* and *rosette.* – J. Hered. *45*, 25–27.

– 1955: A recessive lethal closely linked with *woolly* in the tomato. – Genetics *40*, 565.

– 1961: Changes in the monogenic ratios of the tomato gene *rosette* (*ro*). – Genetics *46*, 856.

– 1962: *Crimson*, a new fruit color. – Rep. Tomato Genet. Cooper. *12*, 17–18.

Butler, L., 1963: Five genes located on chromosome 4 of the tomato. – Canad. J. Bot. *41* (8), 1159–1164.

Butler, L., D. W. Barton, P. A. Young and C. M. Rick, 1954: List of genes as of January 1954. – Rep. Tomato Genet. Cooper. *4*, 4–8.

Clayberg, C. D., 1958a: A highly asynaptic mutant. – Rep. Tomato Genet. Cooper. *8*, 14.

– 1958b: Genetically determined precocious centromere division in *Lycopersicon esculentum* Mill. – Proc. X. Intern. Congr. Genet. Montreal *2*, 53.

– 1962: Inheritance and linkage of *fruit stripe, Fs.* – Rep. Tomato Genet. Cooper. *12*, 22–23.

Clayberg, C. D., L. Butler, E. A. Kerr, C. M. Rick and R. W. Robinson, 1966: Third list of known genes in the tomato. – J. Hered. *57* (5), 189–196.

Clayberg, C. D., L. Butler, C. M. Rick and R. W. Robinson, 1965: List of tomato genes as of January 1965. – Rep. Tomato Genet. Cooper. *15*, 7–21.

Clayberg, C. D., L. Butler, C. M. Rick and P. A. Young, 1959: List of tomato genes as of January 1959. – Rep. Tomato Genet. Cooper. *9*, 6–18.

– 1960: Second list of known genes in tomato including supplementary rules for nomenclature. – J. Hered. *51*, 167–174.

Clayberg, C. D., L. Butler, P. A. Young, R. W. Robinson, C. M. Rick and D. G. Hunt, 1962: List of tomato as of January 1962. – Rep. Tomato Genet. Cooper. *12*, 3–14.

Cooper, A. J., 1958: The definition and classification of abnormalities of fruit pigmentation in the tomato variety 'Potentate'. – Ann. Appl. Biol. *46*, 669–674.

Danert, S., 1958: Die Verzweigung der Solanaceen im reproduktiven Bereich. – Abh. Dtsch. Akad. Wiss. Berl. *6*, 1–183.

Darby, L. A., 1965: The 'Baby Lea' syndrome. – Rep. Tomato Genet. Cooper. *15*, 30–31.

Davis, E. L., and P. J. Holmes, 1962: Morphogenetic effect of gibberellic acid on the xylem of *Lycopersicon esculentum* L. – Phyton (Vicente López) *19* (1), 31–34.

Dennet, R. K., and R. E. Larson, 1953: Inheritance of fruit shape, locule number and stem color in derivatives of a hybrid of *Lycopersicon esculentum* and *Lycopersicon peruvianum*. – Penn. Agric. Exp. Stat. Bull. *563*, 1–30.

Dobshansky, T., 1953: Genetics and the origin of species. New York.

Döbel, P., 1959: Untersuchungen zur Morphologie der Chloroplasten von Tomatenmutanten. – Kulturpflanze *7*, 168–183.

– 1964: Die Plastiden einer nach Pfropfung schwach ergrünungsfähigen *albina*-Mutante der Tomate. – Kulturpflanze *12*, 153–161.

Edwardson, J. R., and M. K. Corbett, 1962: A virus-like syndrome in tomato caused by a mutation. – Amer. J. Bot. *49*, 571–575.

Endlich, J., 1959a: Genetische und cytologische Analyse einer dominant wirkenden, im Dominanzgrad verschiebbaren Mutation bei *Lycopersicon esculentum* Miller. – Kulturpflanze *7*, 131–160.

– 1959b: Analyse einer dominant wirkenden, im Dominanzgrad verschiebbaren Mutation von *Lycopersicon esculentum*. – Rep. Tomato Genet. Cooper. *9*, 29–30.

Finlay, K. W., 1953: Inheritance of spotted wilt resistance in the tomato. II. Five genes controlling spotted wilt resistance in four tomato types. – Austr. J. Biol. Sci. *6*, 153–163.

Freisleben, R., und A. Lein, 1944: Röntgeninduzierte Mutationen bei Gerste. – Züchter *16*, 49–64.

Gallegly, M. E., and M. E. Marvel, 1955: Inheritance of resistance of tomato race O of *Phytophtora infestans*. – Phytopathology *45*, 103–109.

Gaul, H., 1963: Mutationen in der Pflanzenzüchtung. 1. und 2. Teil. – Z. Pflanzenz. *50*, 194–307.

Gilbert, J. C., and D. C. McGuire, 1955: One major gene for resistance to severe galling from *Meloidogyne incognita*. – Rep. Tomato Genet. Cooper. *5*, 15.

– 1956: Inheritance of resistance to severe root knot from *Meloidogyne incognita* in commercial type tomatoes. – Proc. Amer. Soc. Hort. Sci. *68*, 437–442.

Gottschalk, W., 1964: Die Wirkung mutierter Gene auf die Morphologie und Funktion pflanzlicher Organe. Dargestellt an strahleninduzierten Mutanten von *Pisum sativum*. – Bot. Stud., Jena, Heft 14.

Gröber, K., 1959: Eine anomal spaltende „*gilva*"-Mutante der Tomate. – Rep. Tomato Genet. Cooper. *9*, 37–38.

– 1963a: Genetical and physiological behaviour of a dominant chlorophyll mutant of the tomato. – Rep. Tomato Genet. Cooper. *13*, *48*.

– 1963b: Connections between sample size and goodness of fit in case of a 3 : 1 segregation ratio of 7 chlorophyll mutations of the tomato. – Rep. Tomato Genet. Cooper. *13*, 50.

Guard, A. T., 1945: An abnormal fruit character in tomato. – Proc. Indian Acad. Sci. *55*, 46–47.

Gustafsson, Å., 1940: The mutation system of the chlorophyll apparatus. – Lunds Univ. Årsskr. N.F. Avd. 2, *36* (11), 1–40.

Haccius, B., und M. Garrecht, 1963: Durch Phenylborsäure induzierte „Lanzettblättrigkeit" bei *Solanum lycopersicum*. – Die Naturwissenschaften *50* (4), 133–134.

Hackbarth, J., 1957a: Die Gene der Lupinenarten. I. Gelbe Lupinen (*Lupinus luteus* L.). – Z. Pflanzenz. *37*, 1–26.

– 1957b: Die Gene der Lupinenarten. II. Schmalblättrige Lupine (*Lupinus angustifolius* L.). – Z. Pflanzenz. *37*, 81–95.

Hafen, L., and E. C. Stevenson, 1955: New *male-sterile* and *stamenless* mutants. – Rep. Tomato Genet. Cooper. *5*, 17.

– 1956a: Natural cross pollination in tomato using several *male-sterile* mutants. – Proc. Americ. Soc. Hort. Sci. *68*, 433–436.

– 1956b: A stamenless tomato mutant with abnormal corolla. – J. Hered. *47*, 297–298.

– 1958: Preliminary studies of five *stamenless* mutants. – Rep. Tomato Genet. Cooper. *8*, 17–18.

Hagemann, R., 1958a: The chlorophyll-deficient mutant *sulfurea* (an example of somatic gene conversion). – Rep. Tomato Genet. Cooper. *8*, 19–20.

– 1958b: Somatische Konversion bei *Lycopersicon esculentum* Mill. – Z. Vererbungsl. *89*, 587–613.

– 1962: Instability at the *yv* locus. – Rep. Tomato Genet. Cooper. *12*, 27–28.

Haskell, G., and A. Wills, 1963: Ideograms for exploring the taxonomy, evolution and genetics of plants. – Nature *198*, 1072–1074.

Helm, J., 1951: Vergleichende Betrachtungen über die Entwicklung der Infloreszenz bei *Lycopersicon esculentum* Mill. und bei einer Röntgenmutante. – Züchter *21*, 89–95.

Henderson, W. R., and W. N. Brown, 1958: *Blunt* (*bn*) a „stamenless" male-sterile mutant associated with a change in leaf shape. – Rep. Tomato Genet. Cooper. *8*, 20–21.

Hendrix, J. W., and W. A. Frazier, 1949: Studies on the inheritance of *Stemphylium resistance* in tomatoes. – Bull. Hawaii Agric. Exp. Sta. *8*, 1–24.

Heringa, R. J., 1964: Mutations research in peas. – Euphytica *13*, 330–336.

Hoffmann, W., und U. Zoschke, 1955: Röntgenmutationen bei Flachs (*Linum usitatissimum* L.). – Züchter *25*, 129–206.

Holmes, F. O., 1954: Inheritance of resistance to infection by tobacco-mosaic virus in tomato. – Phytopathology *44*, 640–642.

Honma, S., and M. J. Bukovac, 1966: Inheritance of gibberellin induced heterostyly in the tomato. – Euphytica *15*, 362–364.

Honma, S., and S. C. Phatak, 1964: A *female sterile* mutant in the tomato. – J. Hered. 55 (3), 143–145.

Honma, S., S. H. Wittwer and S. C. Phatak, 1963: Flowering and earliness in the tomato: inheritance of associated characteristics. – J. Hered. *54*, 212–218.

Jenkins, J. A., 1963: Leaf-shape differences in the tomato. – Proc. XI. Intern. Congr. Genet. *1*, 233.

Jenkins, J. A., and G. Mackinney, 1952: Carotenoid pigments of *r*, *t* and the new mutant *at*. – Rep. Tomato Genet. Cooper. *2*, 6–7.

– 1955: Carotenoids of the *apricot* tomato and its hybrids with *yellow* and *tangerine*. – Genetics *40*, 715–720.

Joubert, T. G. la G., 1961: A new „*jointless*" mutant. – Rep. Tomato Genet. Cooper. *11*, 13.

– 1962: A new jointless gene, j_2^{in} . – Rep. Tomato Genet. Cooper. *12*, 29–30.

Kemp, G. A., 1966: *Yellow calyx* – a marker gene for fruit maturity studies. – Rep. Tomato Genet. Cooper. *16*, 13.

Kerr, E. A., 1956a: *Green flesh, gf*. – Rep. Tomato Genet. Cooper. *6*, 17.

– 1956b: *Lutescent-2*, l_2. – Rep. Tomato Genet. Cooper. *6*, 17.

– 1958: Mutation for chlorophyll retention in ripe fruit. – Rep. Tomato Genet. Cooper. *8*, 22.

– 1962: Another virescent gene. – Rep. Tomato Genet. Cooper. *12*, 30.

– 1964: *Veined cotyledon* (*vc*) a distinctive seedling mutant. – Rep. Tomato Genet. Cooper. *14*, 17.

Kerr, E. A., and D. L. Bailey, 1964: Resistance to *Cladosporium fulvum* Cke. obtained from wild species of tomato. – Canad. J. Bot. *42*, 1541–1554.

Langridge, J., and R. D. Brock, 1961a: A thiamine requiring mutant of the tomato. – Aust. J. Biol. Sci. *14*, 66–69.

– 1961b: A thiamin-requiring mutant. – Rep. Tomato Genet. Cooper. *11*, 14–15.

Larson, R. E., and S. Paur, 1948: The description and inheritance of a functionally sterile flower mutant in tomato and its probable value in hybrid seed production. – Proc. Amer. Soc. Hort. Sci. *52*, 355–364.

Larson, R. E., and B. L. Pollack, 1951: *Green stripe* (*gs*) – a new characteristic. – Rep. Tomato Genet. Cooper. *1*, 9.

Laudi, G., 1965: Studio dell'infrastruttura dei cloroplasti di un mutante clorofilliano di *Lycopersicum esculentum* cv. 'Sioux'. – Genet. Agr. *19* (4), 327–337.

Lehmann, Chr. O., 1955: Das morphologische System der Kulturtomaten (*Lycopersicon esculentum* Miller). – Züchter 3. Sonderheft, 1–64.

Lesley, J. W., 1938: The *midget* tomato, a new gene mutant. – J. Hered. *29*, 393–394.

Lesley, J. W., and M. M. Lesley, 1939: Unfruitfulness in the tomato caused by male sterility. – J. Agr. Res. *58*, 621–630.

– 1952: A cytogenetic study of a pleiotropic mutant of the tomato (*Lycopersicon esculentum* L.). – J. Hered. *43*, 273–276.

– 1956a: Effect of seed treatments with X-ray and phosphorus 32 on tomato plants of first, second and third generations. – Genetics *41*, 575–588.

– 1956b: A virescent tangerine mutant in R_2 from seed treatment with radioactive isotope P^{32}. – Rep. Tomato Genet. Cooper. *6*, 17–18.

1961: *Singed*, a mutant resembling *hairless* (*hl*). – Rep. Tomato Genet. Cooper. *11*, 15.

– 1965: A dominant virescent, V_3. – Rep. Tomato Genet. Cooper. *15*, 40–41.

Lesley, J. W., M. M. Lesley and F. M. Turrell, 1958: A blue-green mutant produced from radioactive phosphorus-treated seed. – Rep. Tomato Genet. Cooper. *8*, 24.

Lesley, M. M., and J. W. Lesley, 1958: Male sterile mutants in the tomato from seed treated with radioactive isotope p^{32}. – Proc. Amer. Soc. Hort. Sci. *71*, 339–343.

Lincoln, R. E., and J. W. Porter, 1950: Inheritance of Beta-carotene in tomatoes. – Genetics *35*, 206–211.

Linser, H., 1951: Epidermale Wucherungen bei Tomaten nach Besprühen mit Lösungen des Natriumsalzes der 2,4-Dichlorphenoxyessigsäure. – Mikroskopie *6*, 242–245.

Lippert, L. F., O. B. Bergh and P. G. Smith, 1965: Gene list for the pepper. – J. Hered. *56*, 30–34.

Lyall, L. H., 1965: Inheritance of *corky fruit* (*ck*) tomato mutant. – Rep. Tomato Genet. Cooper. *15*, 43.

Machold, O., and K. Gröber, 1964: Effect of nutrition on growth and chlorophyll production of the tomato mutant *xantha*$_5$. – Rep. Tomato Genet. Cooper. *14*, 18.

Martin, F. W., 1961: The inheritance of self-incompatibility in hybrids of *Lycopersicon esculentum* Mill. × *L. chilense* Dun. – Genetics *46*, 1443–1454.

Mathan, D. S., 1956: Inheritance of *lanceolate*, a new leaf-shape mutant. – Rep. Tomato Genet. Cooper. *6*, 19.

– 1961: Partial reversal of the effect of the *lanceolate* gene in tomato by the addition of tyrosine. – Genetics *46*, 880–881.

– 1965a: Phenylboric acid, a chemical agent simulating the effect of the *lanceolate* gene in the tomato. – Amer. J. Bot. *52* (2), 185–192.

– 1965b: Morphogenetic effect of phenylboric acid on various leaf-shape mutants in the tomato, duplicating the effect of the *lanceolate* gene. – Z. Vererbungsl. *97* (2), 157–165.

Mathan, D. S., and R. D. Cole, 1964: Comperative biochemical study of two allelic forms of a gene affecting leaf-shape in the tomato. – Amer. J. Bot. *51*, 560–566.

Mathan, D. S., and J. A. Jenkins, 1962: A morphogenetic study of *lanceolate*, a leaf-shape mutant in the tomato. – Amer. J. Bot. *49*, 504–514.

Matsuura, R. M., and T. M. Currence, 1962: A male sterile and an early ripening mutant from irradiation of tomato seeds. – Proc. Amer. Soc. Hort. Sci. *80*, 515–521.

Mayr, E., 1949: Systematics and the origin of species. – New York.

Müllerott, M., 1940: Vergleichende und entwicklungsgeschichtliche Untersuchungen über Zwischenfieder- und Stipellenbildung. – Bot. Arch. *40*, 258–288.

Nybom, N., 1954: Mutation types in barley. – Acta Agric. Scand. *4*, 430–456.

Paddock, E. F., and L. J. Alexander, 1952: *Cauliflower*, a new recessive mutation in tomato. – Ohio J. Sci. *52*, 327–334.

Persson, A. R., 1960: Physiological and genetical investigations on chlorophyll mutants. – Rep. Tomato Genet. Cooper. *10*, 27–28.

Phatak, S. C., M. E. Austin and S. Honma, 1964: "Top" forming tomato mutant – morphological and developmental observations. – Rep. Tomato Genet. Cooper. *14*, 22.

Phatak, S. C., S. H. Wittwer, S. Honma and M. J. Bukovac, 1966: Gibberellin-induced anther and pollen development in a *stamenless* tomato mutant. – Nature *209* (5023), 635–636.

Phillip, M. J., S. Honma and H. H. Murakishi, 1965: Studies on the inheritance of resistance to tobacco virus in the tomato. – Euphytica *14* (3), 231–236.

Rick, C. M., 1945a: A survey of cytogenetic causes of unfruitfulness in the tomato. – Genetics *30*, 347–362.

– 1945b: Field identification of genetically male-sterile tomato plants for use in producing F_1 hybrid seed. – Proc. Amer. Soc. Hort. Sci. *46*, 277–283.

Rick, C. M., 1948: Genetics and development of nine *male-sterile* tomato mutants. – Hilgardia *18*, 599–633.
– 1952: The grafting relations of *wilty dwarf*, a new tomato mutant. – Amer. Nat. *86*, 173–184.
– 1953: New *male-sterile* mutants. – Rep. Tomato Genet. Cooper. *3*, 19–21.
– 1956a: Genetics and systematic studies on accession of *Lycopersicon* from the Galápagos Islands. – Amer. J. Bot. *43*, 687–696.
– 1956b: Two new *male-sterile* mutants in the variety 'Earlypak'. – Rep. Tomato Genet. Cooper. *6*, 26.
– 1956c: New mutants. – Rep. Tomato Genet. Cooper. *6*, 22–23.
– 1958a: Segregation and linkage of a new anthocyanin deficiency, *ah*. – Rep. Tomato Genet. Cooper. *8*, 33.
– 1958b: Segregation and linkage of *solanifolia, sf*, a new seedling marker. – Rep. Tomato Genet. Cooper. *8*, 33–34.
– 1958c: *Dwarf sterile, ds*, a new mutant in group V. – Rep. Tomato Genet. Cooper. *8*, 28.
– 1959: Inheritance of *hastate, ht*. – Rep. Tomato Genet. Cooper. *9*, 42–43.
– 1960a: Hybridization between *Lycopersicon esculentum* and *Solanum pennellii*: phylogenetic and cytogenetic significance. – Proc. Nat. Acad. Sci. *46*, 78–82.
– 1960b: Inheritance and linkage relations of *white virescent, wv*. – Rep. Tomato Genet. Cooper. *10*, 32–33.
– 1960c: New *male-sterile* mutants. – Rep. Tomato Genet. Cooper. *10*, 35–37.
– 1960d: Inheritance and linkage of *chartreuse, ch*. – Rep. Tomato Genet. Cooper. *10*, 31–32.
– 1961: *Albifolium* and *wiry-4*, two new linked seedling mutants. – Rep. Tomato Genet. Cooper. *11*, 18–19.
– 1962a: New *male-sterile* mutants. – Rep. Tomato Genet. Cooper. *12*, 39–41.
– 1962b: Inheritance and linkage relations of *compact, cpt*. – Rep. Tomato Genet. Cooper. *12*, 37–38.
– 1962c: Inheritance and linkage relations of *Hirtum, Hrt*. – Rep. Tomato Genet. Cooper. *12*, 38–39.
– 1963a: Inheritance and linkage relations of *Jaundiced* (*Jau*). – Rep. Tomato Genet. Cooper. *13*, 19–20.
– 1964: Inheritance and linkage relations of *Lapageria*. – Rep. Tomato Genet. Cooper. *14*, 24–25.
– 1965a: A dominant allel at the *f* locus. – Rep. Tomato Genet. Cooper. *15*, 50.
– 1965b: Inheritance and linkage relations of *scurfy* (*scf*). – Rep. Tomato Genet. Cooper. *15*, 51–52.
– 1965c: Inheritance and linkage of *lyrate* (*lyr*). – Rep. Tomato Genet. Cooper. *15*, 50–51.
– 1966a: Abortion of male and female gametes in the tomato determined by allelic interaction. – Genetics *53* (1), 85–96.
– 1966b: Inheritance and linkage relations of *fy, mnt, Pn* and *pst*. – Rep. Tomato Genet. Cooper. *16*, 27–29.
Rick, C. M., and J. E. Boynton, 1965: A temperature-sensitive *male-sterile* mutant, *ms*. – Rep. Tomato Genet. Cooper. *15*, 52–53.
Rick, C. M., and L. Butler, 1956: Cytogenetics of the tomato. – Advanc. Genet. *8*, 267–382.
Rick, C. M., and W. H. Dempsey, 1960: New trisomic tests. – Rep. Tomato Genet. Cooper. *10*, 37–38.
– 1965: *Yellow tip* (*yt*) – inheritance and relationships on chromosome 7. – Rep. Tomato Genet. Cooper. *15*, 53–54.

Rick, C. M., W. H. Dempsey and G. S. Khush, 1964: Further studies on the primary trisomics of the tomato. – Canad. J. Genet. and Cyt. *6*, 93–108.

Rick, C. M., and A. L. Harrison, 1959: Inheritance of five new tomato seedling characters. – J. Hered. *50*, 91–98.

Rick, C. M., and G. S. Khush, 1965: Recent data on chromosome 8 linkages. – Rep. Tomato Genet. Cooper. *15*, 54–56.

Rick, C. M., and J. Robinson, 1951: Inherited defects of floral structure affecting fruitfulness in *Lycopersicon esculentum*. – Amer. J. Bot. *38*, 639–652.

Rick, C. M., and A. C. Sawant, 1955: Factor interactions affecting the phenotypic expression of the *jointless* character in tomatoes. – Proc. Amer. Soc. Hort. Sci. *66*, 354–360.

Rick, C. M., and P. G. Smith, 1953: Novel variation in tomato species hybrid. – Amer. Nat. *87* (837), 359–373.

Ritter, F., 1966: Die systematischen Kategorien der Art, der Rasse (Varietät) und der erblichen Form, am Beispiel der Kakteen. – Taxon *15* (8), 295–306.

Robinson, R. W., and C. M. Rick, 1953: New seedling characters. – Rep. Tomato Genet. Cooper. *3*, 23–24.

– 1954: New tomato seedling characters and their linkage relations. – J. Hered. *45*, 241–247.

Sagromsky, H., 1956a: Zur Chlorophyllbildung bei Aureaformen I. – Z. Naturf. *11*, 548–554.

– 1956b: Zur Chlorophyllbildung bei Aureaformen II. – Z. Naturf. *11*, 554–560.

– 1961: Bedeutung der Nährstoffversorgung für die Ausprägung der Mutationsmerkmale einer Chlorophyllmutante von *Lycopersicon esculentum*. – Kulturpflanze *9*, 273–286.

– 1963: Beziehungen zwischen Pigmentgehalt und Ertrag bei der Tomatenmutante *fulgens*$^{2}_{1}$ der Sorte 'Rheinlands Ruhm'. – Kulturpflanze *11*, 563–568.

Schaible, L., O. S. Cannon and V. Waddoups, 1951: Inheritance to resistance to *Verticillium* wilt in a tomato cross. – Phytopathology *41*, 986–990.

Scholz, F., und Chr. O. Lehmann, 1958: Die Gaterslebener Mutanten der Saatgerste in Beziehung zur Formenmannigfaltigkeit der Art *Hordeum vulgare* L. s. l. I. – Kulturpflanze *6*, 123–166.

– 1959: Die Gaterslebener Mutanten der Saatgerste in Beziehung zur Formenmannigfaltigkeit der Art *Hordeum vulgare* L. s. l. II. – Kulturpflanze *7*, 218–255.

– 1961: Die Gaterslebener Mutanten der Saatgerste in Beziehung zur Formenmannigfaltigkeit der Art *Hordeum vulgare* L. s. l. III. – Kulturpflanze *9*, 230–272.

Scholz, G., 1964: Versuche zur Normalisierung des Phänotyps der Mutante *chloronerva* von *Lycopersicon esculentum* Mill. 3. Mitteilung. Über Isolierung und chemische Charakterisierung des „normalisierenden Faktors“. – Flora *154*, 589–597.

– 1965: Über Aufnahme, Verteilung und Wirkung von Eisenchelat bei einer chlorotischen Tomatenmutante. – Kulturpflanze *13*, 239–245.

Schreiber, K., 1963: Identifizierung von β_1-Tomatin als Hauptalkaloid in einigen experimentell erzeugten Mutanten von *Lycopersicon esculentum* Mill. *Solanum*-Alkaloide. XXIX. Mitteilung. – Kulturpflanze *11*, 502–506.

Schreiber, K., U. Hammer, U. Hof, E. Ithal und W. Rudolph, 1961: *Solanum*-Alkaloide. X. Mitteilung: Über die Alkaloide von Tomatenmutanten. – Tagungsber. Dtsch. Akad. d. Landwirtschaftsw. Berlin 1959, *27*, 75–85.

Schroeder, W. T., R. Provvidenti and R. W. Robinson, 1964: *Necrodeformis* (*ned*) a new tomato mutant markedly responsive to temperature. – Rep. Tomato Genet. Cooper. *14*, 28–29.

Schwanitz, F., 1960: Darwin und die Evolution der Kulturpflanzen. – In: Hundert Jahre Evolution, 123–148, Stuttgart.

Seithe, A., 1962: Die Haararten der Gattung *Solanum* (L.) und ihre taxonomische Verwertung. – Bot. Jb. *81* (3), 261–336.

Seyffert, W., 1966: Die Simulation quantitativer Merkmale durch Gene mit biochemisch definierbarer Wirkung. I. Ein einfaches Modell. – Züchter *36* (4), 159–163.

Soost, R. K., 1951: Comparative cytology and genetics of asynaptic mutants in *Lycopersicon esculentum* Mill. – Genetics *36*, 410–434.

– 1957a: New mutants. – Rep. Tomato Genet. Cooper. *7*, 13.

– 1957b: Another allele of *Wo*. – Rep. Tomato Genet. Cooper. *7*, 13.

– 1958: Tobacco mosaic resistance. – Rep. Tomato Genet. Cooper. *8*, 35–36.

– 1959: Effects of gibberellic acid on genetic characters in two tomato lines. – Bot. Gaz. *121*, 114–118.

Stebbins, G. L., 1957: Variations and evolution in plants. – New York.

Stettler, R. F., 1963: Dosage effects of the *lanceolate* gene in tomato. – Amer. J. Bot. *51*, 253–264.

Stettler, R. F., and D. Imber, 1966: Available leaf-shape stock from the research of the late James A. Jenkins. – Rep. Tomato Genet. Cooper. *16*, 34–35.

Stringam, G. R., 1966: Mutants from chemical and irradiation treatments. – Rep. Tomato Genet. Cooper. *16*, 35–36.

Stubbe, H., 1952: Über einige theoretische und praktische Fragen der Mutationsforschung. – Abh. Sächs. Akad. Wiss. Leipzig, mathem.-naturw. Klasse *47* (1).

– 1954: Über die vegetative Hybridisierung von Pflanzen. – Kulturpflanze *2*, 185–236.

– 1957: Mutanten der Kulturtomate *Lycopersicon esculentum* Miller I. – Kulturpflanze *5*, 190–220.

– 1958: Mutanten der Kulturtomate *Lycopersicon esculentum* Miller II. – Kulturpflanze *6*, 89–115.

– 1959a: Mutanten der Kulturtomate *Lycopersicon esculentum* Miller III. – Kulturpflanze *7*, 82–112.

– 1959b: Consideration on the genetical and evolutionary aspects of some mutants of *Hordeum, Glycine, Lycopersicon* and *Antirrhinum*. – Cold Spring Harbor Symposia on Quantitative Biology *24*, 31–40.

– 1960: Mutanten der Wildtomate *Lycopersicon pimpinellifolium* (Jusl.) Mill. I. – Kulturpflanze *8*, 110–137.

– 1961: Mutanten der Wildtomate *Lycopersicon pimpinellifolium* (Jusl.) Mill. II. – Kulturpflanze *9*, 58–87.

– 1963: Mutanten der Kulturtomate *Lycopersicon esculentum* Miller IV. – Kulturpflanze *11*, 603–644.

– 1964: Mutanten der Kulturtomate *Lycopersicon esculentum* Miller V. – Kulturpflanze *12*, 121–152.

– 1965a: Kurze Geschichte der Genetik bis zur Wiederentdeckung der Vererbungsregeln Gregor Mendels. – Jena.

– 1965b: Mutanten der Wildtomate *Lycopersicon pimpinellifolium* (Jusl.) Mill. III. – Kulturpflanze *13*, 517–544.

– 1966: Genetik und Zytologie von *Antirrhinum* L. sect. *Antirrhinum*. – Jena.

Thompson, A. E., 1955: Inheritance of high total carotenoid pigments in tomato fruits. – Science *121*, 896–897.

Tomes, M. L., 1963: Temperature inhibition of carotene synthesis in tomato. – Bot. Gaz. *124*, 180–185.

Tomes, M. L., F. W. Quackenbush and T. E. Kargl, 1955: Action of the gene *B* on biosynthesis of carotenes in the tomato. – Bot. Gaz. *117*, 248–253.

Tomes, M. L., F. W. Quackenbush and M. McQuistan, 1954: Modification and dominance of the gene governing formation of high concentrations of beta-carotene in the tomato. – Genetics *39*, 810–817.

Tomes, M. L., F. W. Quackenbush, O. E. Nelson and B. North, 1953: The inheritance of cartenoid pigment systems in the tomato. – Genetics *38*, 117–127.

Troll, W., 1935: Vergleichende Morphologie der Fiederblätter. – Nova Acta Leop. N.F. *2* (3/4).

Vanterpool, T. C., 1957: A tomato plant with powder-puff type of inflorescences. – Plant Dis. Reptr. *41* (1), 481–482.

Verkerk, K., 1959: Neutronic mutations in tomatoes. – Euphytica *8*, 216–222.

Vries, H. de, 1901: Die Mutationstheorie, Band 1. – Leipzig.

– 1903: Die Mutationstheorie, Band 2. – Leipzig.

Walkof, C.:, 1965 A note on a semi-lethal dwarf tomato. – Rep. Tomato Genet. Cooper. *15*, 62–63.

Walkof, C., and R. B. Hyde, 1963a: Inheritance of acidity in tomatoes. – Canad. J. Plant. Sci. *43* (4), 528–533.

– 1963b: Acid inheritance under monogenic control. – Rep. Tomato Genet. Cooper. *13*, 30.

Wall, J. R., and C. F. Andrus, 1959: A temperature sensitive sublethal mutant in tomato. – Rep. Tomato Genet. Cooper. *9*, 48.

– 1962: The inheritance and physiology of boron response in the tomato. – Amer. J. Bot. *49* (7), 759–762.

Williams, W., 1958a: The manifold effects of major genes in relation to economic characters in plants. – Proc. X. Intern. Congr. Genet. Montreal *2*, 316.

– 1958b: Chromosome regions with multiple effects. – Rep. Tomato Genet. Cooper. *8*, 36–37.

– 1960: The effect of selection on the manifold expression of the „*suppressed lateral*" gene in the tomato. – Heredity *14*, 285–296.

Young, H. W., 1958: Inheritance of fruit cracking. – Rep. Tomato Genet. Cooper. *8*, 38–39.

Young, P. A., 1956a: Tomato fruits with exserted carpels. – Rep. Tomato Genet. Cooper. *6*, 33–34.

– 1956b: *ry*, a modifier gene for red color in yellow tomato fruits. – Rep. Tomato Genet. Cooper. *6*, 33.

– 1962: *Jagged*, *banana* and *lap-leaf* tomatoes. – J. Hered. *53*, 266–270.

Young, P. A., and J. W. MacArthur, 1947: Horticultural characters of tomatoes. – Bull. Tex. Agric. Exp. Sta. *698*.

Yu, S., and F. Yeager, 1960: Ten heritable mutations found in the tomato following irridiation with X-rays and thermal neutrons. – Proc. Amer. Soc. Hort. Sci. *76*, 538–542.

Zacharias, M., und Chr. O. Lehmann, 1962: Ein Beitrag zur Kenntnis der Gaterslebener Mutanten der Sojabohne, *Glycine max* (L.) Merr. I. Mutanten der Sorte 'Heimkraft I'. – Kulturpflanze *10*, 335–349.

– 1963: Ein Beitrag zur Kenntnis der Gaterslebener Mutanten der Sojabohne, *Glycine max* (L.) Merr. II. Mutanten der Sorten 'Heimkraft I' und 'Dornburger Weißblühende'. – Kulturpflanze *11*, 645–663.

Zielinski, Q. B., 1948: Fasciation in *Lycopersicon*. I. Genetic analysis of dominance modification. – Genetics *33*, 405–428.

XV. Mutanten-Register

Bei Fragen zur Produktsicherheit wenden Sie sich bitte an:
If you have any questions regarding product safety,
please contact:

Walter de Gruyter GmbH
Genthiner Straße 13
10785 Berlin
productsafety@degruyterbrill.com